KB271496
GUYANA
SURINAME
COLOMBIA
Iquitos
PERU
POLICE NATIONALE
Manaus
TAHITI FAA'A
13 JUIL. 1993
POLYNESIE FRANCAISE
M 006
BRAZIL
Lima
Cusco
BOLIVIA
BOURNEMOUTH
13.05.09
DORSET
Sucre
Rio de Janeiro
São Paulo
CHILE
GREAT BRITAIN
POSTAGE PAID
PB523089
KINGDOM OF BAHRAIN
ENTRY 42
27 AUG 2008
WELCOME TO
BUSINESS
friendly
BAHRAIN
ARGENTINA
URUGUAY
Montevideo
AIR MAIL
Santiago
Buenos Aires
Andes
Patagonia
CAYMAN ISLANDS IMMIGRATION
Permitted to Enter/Remain in
Cayman Islands until
Unauthorized Employment Prohibited
OCT 12 1996
ENTRY
CAYMAN ISLANDS
Ushuaia
DEC

GUYANA
SURINAME
FR GUINEA
POLICE NATIONALE
TI FAAA
13 JUIL. 1993
POLYNESIE FRANCAISE
M 006
BRAZIL
COLOMBIA
Iquitos
PERU
GREAT BRITAIN
POSTAGE PAID
PB523089
Lima
Cusco
BOURNEMOUTH
13.05.09
DORSET
BOLIVIA
Sucre
Rio de Janeiro
Sao Paulo
AIRPORT PASSPORTS
Entradas Visa
KINGDOM OF BAHRAIN
ENTRY 42
2 7 AUG 2008
WELCOME TO
BUSINESS
friendly
BAHRAIN
CHILE
ARGENTINA
PARAGUAY
Asunción
URUGUAY
Montevideo
AIR MAIL
Santiago
Buenos Aires
Andes
Patagonia
CAYMAN ISLANDS IMMIGRATION
Permitted to Enter/Remain in and
Leave the Cayman Islands until 29/10/96
Unauthorized Employment Prohibited
IMMIGRATION OFFICER
OCT 12 1996
ENTRY
CAYMAN ISLANDS
Ushaia
DEC

떠나도 괜찮아

그대가 남미를 꿈꾼다면

떠나도 괜찮아

초판 1쇄　2013년 2월 28일

지은이　손제영
발행인　김재홍
기획편집　이은주, 권다원
디자인　이현주
마케팅　이연실

발행처　도서출판 지식공감
등록번호　제396-2012-000018호
주소　경기도 고양시 일산동구 견달산로225번길 112
전화　031-901-9300
팩스　031-902-0089
홈페이지　www.bookdaum.com

가격　14,000원
ISBN　978-89-97955-43-5　03980

그대가 남미를 꿈꾼다면
떠나도 괜찮아
글·사진 손제영
SOUTH AMERICA
BRAZIL
PARAGUAY
URUGUAY
ARGENTINA
CHILE
CAYMAN ISLANDS IMMIGRATION
Unauthorized Employment Prohibited

지식공감
도서출판

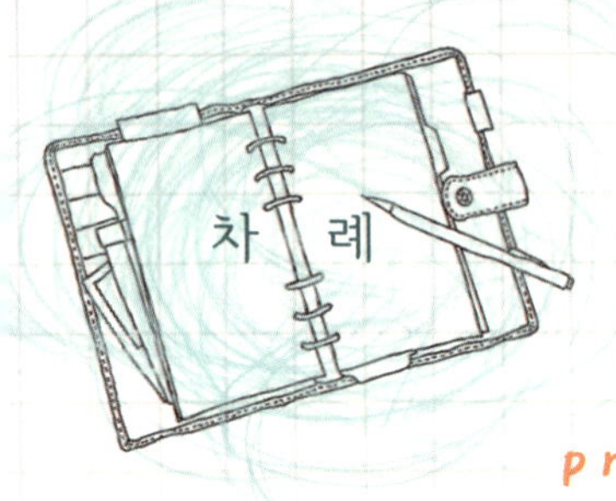

차 례

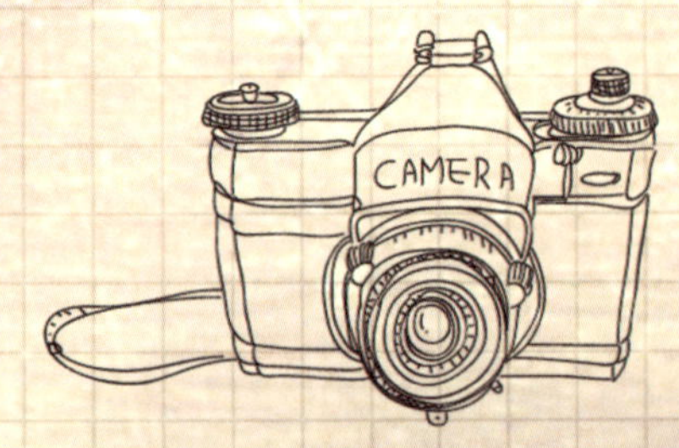

part 02 Venezuela

part 03 Colombia

part 04 Peru

part 05 Bolivia

통조림을 딸 때 손톱이 부러질 것을 미리 생각하는 사람은 바보다.
손톱은 부러진다 한들 언젠가 다시 자랄 것이며 그 잠깐의 아픔보다
그 맛을 못 보는 괴로움이 더 큰 고통이 될 것이다.

손톱이 당신을 옥죄이는 물리적 족쇄라 가정하고
부러질까 두려워하는 불안함을 정신적 족쇄라 했을 때,
당신은 그 족쇄들을 풀어헤칠 준비가 되어 있는가?

여기 세상에서 가장 맛있는 통조림이 있다.
이제 바로 당신이 그 환상적인 맛을 볼 차례다.

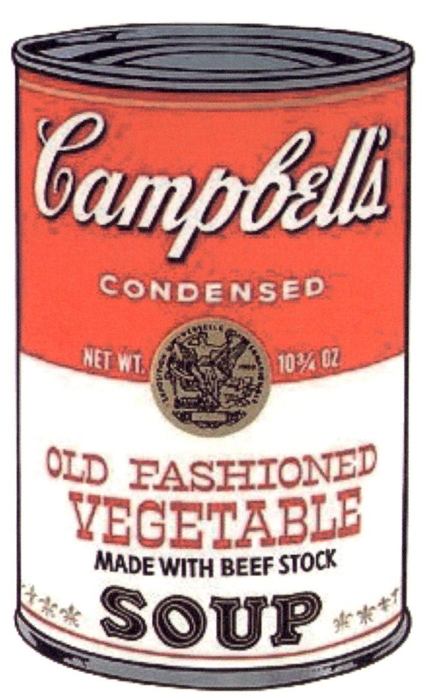

Andy Warhol [Campbell's Soup Cans]

Prologue

나는 왜 하라는 공부는 안 하고 여행을 떠났을까?

카오산로드에서 만나는 단기여행자로부터 혹은 볼리비아 시골에서 만나는 장기여행자로부터의 대화는 크게 다르지 않다. 그들이 만약 서로간의 공통점을 찾기 좋아하는 한국인이라면 인터뷰 같은 질문공세를 미리 감당해야 하지만 결론은 늘 비슷하다.

"사는 곳은 어디에요?"

"실례지만 나이가…."

"대학교는 어디 다니세요? 저도 고향이 거기인데 출신 고등학교가 궁금하군요."

마지막으로 묻는 그들의 공통적인 질문.

"왜 여행을 떠나셨나요?"

그 질문을 듣기 전까지는 내가 왜 그리도 여행을 갈망해야 했는지 정확히 몰랐다. 대학생활의 매너리즘이라고 일단은 그렇게 해 두자. 틀린 말은 결코 아니었으니.

내게 그런 질문을 한 이들에게 똑같은 질문을 하면 대답은 예상외로 다양했다.

"그냥요."

"저 다음 달에 군대 가요."

"생활이 답답해서요."

"내년부터 큰일을 앞두고 있는데…."

남미를 가기에 앞서 6개월간의 아시아 여행을 마쳤던 나. 오히려 여행의 매너리즘에 빠질 법도 한데 또다시 비행기 티켓을 끊었다. 부모님의 걱정이 유일하게 발목을 잡았다. 행여나 우리 아들이 남들보다 졸업을 늦게 해서 뒤쳐질까봐 두렵단다. 그렇지만 여행은 내게 아주 단순한 이론을 반복적으로 가르쳐주었다. 오직 앞만 보고 달리는 것. MP3를 숙소에 두고 오지 않는 이상 뒷걸음은 애당초 익숙하지 않았다. 미래에 대한 불안을 생각했다면 진작 포기했을 테다. 이런 내게 친구들은 불편한 걱정 대신 응원을 해 주었으니 때론 피상적인 대답도 좋을 때가 있었다.

남미가 그렇게 위험해?

사람들은 내게 남미는 위험한 곳이 아니냐며 수없이 묻는다. 그럴 때 마다 나는 똑같은 대답만 반복한다.

"진짜 가도 괜찮아."

한 술 더 뜨자면 그런 위험한 편견이 남미를 더 맛있게 만드는 양념 같기도 하다. 하긴 세상에 어디 안 위험한 곳이 있기나 할까? 오밤중에 초인종 벨소리가 울리면 반가운 친구가 놀러왔다고 생각하는 것 보다 수상한 사람이 찾아온 것이라 생각하는 우리는 이미 불안과 공포에 중독된 사람들이다. 그 불안함에 얼룩진 편견을 세탁기에 빨래 던지듯 던져버리자. 그리고 상상해보자. 탁한 포스터칼라 색보다 투박하고 자극적인 남미. 그리고 언제나 동경해 왔던 지구 반대편의 세계. 내가 여행지로 그곳을 택한 이유는 당신이 지금 생각하는 것과 똑같다. 남미는 정말 한번 가보고 싶었다.

Caracas
VENEZUELA
GUYANA
SURINAME
FR GUINEA
Bógota
COLOMBIA
Quito
ECUADOR
Iquitos
Manaus
PERU
Cusco
BRAZIL
BOLIVIA
Paz
Sucre
CHILE
Foz Do Iguacu
Rio de Janeiro
Sao Paulo
ARGENTINA
URUGUAY
Santiago
Buenos Aires
Montevideo
Andes
Patagonia
Ushaia

PART 01

떠나도 괜찮아

BRAZIL

상파울로 ▶ 포스 두 이구아수 ▶ 마나우스

그대가 남미를 꿈꾼다면.

내가 생각한 남미를 일단 지워버리자

20년 전 우리 가족은 대구로 이사를 왔다. 나의 첫 기억은 시끄러운 도심에서 시작했다. 동네의 지명마저도 촌(村)자가 들어갔던 대구의 한 외곽동네. 재개발이 이루어질 때쯤엔 어느덧 속셈학원을 갈 나이가 되어 있었다.

우리 집에서 학원을 가려면 오직 한 가지 길이 존재했다. 아스팔트로 잘 닦여진 대로를 따라가는 방법이었다. 그러던 어느 날 어머니와 함께 슈퍼를 가다가 우연히 적색 소나무가 가득한 오솔길을 알게 되었다. 그때부턴 학원을 갈 수 있는 방법이 두 가지로 늘었다. 비록 소나무 길은 학원을 가기엔 돌아서 가는 길이었지만 난 언제나 그곳을 동경했다. 하늘을 감싸는 붉은 소나무와 푸른 솔잎으로 뒤덮인 좁은 길은 7살짜리 소년에게도 아스팔트보다 좋다는 걸 쉽게 알려주었으니까.

그렇지만 어머니께선 꼭 대로변으로 가길 당부하셨다.

"결코 그 길로 가서는 안 돼. 불량청소년도 많으니깐 위험하단다."

마치 그곳에 가면 늑대가 튀어나올 것처럼 겁을 주시곤 하셨는데 그래서 더 가고 싶었는지도 모른다. 어느 날 나는 용기를 가지고 처음으로 두 갈림길에 서서 오솔길로 발을 들이려 했다. 교복을 입은 형들이 담배를 뻐금뻐금 피우고 있었어도 그날은 꼭 오솔길로 가서 소나무를 보고 싶었다. 몸집이 더 커지면 안전할 것이란 건 꼬마 시절에도 알고 있었지만 그러기엔 그 긴 시간을 기다릴 자신이 없었다.

그로부터 17년 뒤, 2011년 5월 1일. 내가 남미를 처음 도착했던 날은 소나무 길을 향하던 그날처럼 심장이 떨렸다.

'숨 막히게 덥군.'

후끈후끈 달아올랐다. 장시간의 비행이 추워서 껴입은 고어텍스 바람막이를 벗고 싶었다. 땀은 배출시키고 빗물은 차단하는 고어텍스란 소재는 적어도 공기랑은 따로 놀았다. 상파울로 과를료스 국제공항. 남미에서 가장 규모가 큰 공항이라 하기엔 조잡했고 회색빛의 탁한 외벽이 맑은 하늘과는 대조적으로 눈에 거슬렸다. 긴장하면 뒷머리를 비비꼬던 습관이 남아있어서 목덜미 뒤로 손을 갖다 대 보았다. 근데 머리카락이 손에 쥐어지질 않았다.

초심으로 돌아가고자 잘랐던 머리가 없어서 그랬는지 오히려 더 불안했다. 수십 번도 넘던 국경인데 왜 그리 쫄아야 했을까? 긴 머리를 찰랑거리며 위풍당당하게 국경선을 통과했던 모습은 하나도 기억이 나질 않았다. 잘려나간 머리카락은 그간의 여행 내공마저도 잘려나간 것을 의미하는 것인지 내심 초조하고 불안했다.

그렇게 남미를 공포스럽게 바라볼 필요는 없었는데 처음 내 머릿속에 박힌 남미의 이미지는 그리 좋지 못했다. 북미와 닮은 점이라곤 하나도 없을 남미. 남미에 관한 지나친 예습은 멀쩡한 사람마저도 괴한으로 만들 만큼 효과가 좋았다.

'내가 봤던 브라질 영화가 뭐가 있었을까? 그 내용이 뭐더라…. 빈민가의 아이들이 마약 때문에 총격전을 하던 장면? 맞아, 경찰도 분명히 부패했다고 들었어.'

공항을 서성거리는 경찰들이 몇몇 눈에 보였다. 수상한 청년 한 명이 내게 현란한 브라질리언 킥으로 목덜미를 마비시킨 후 달러를 내놓으라고 협박해도 그들은 나를 도와주지 않을 테지. 미련한 상상은 결국 도를 넘었다.

툭. 바쁘게 지나가던 한 여성과 부딪쳤다. 그녀는 잠시 뒤를 돌아보더니 미안하다는 말도 없이 갈 길을 가 버렸다. 손에 쥐고 있던 여권이 힘없이 땅에 떨어진 게 보였다.

'복선인가? 남미에서 여행을 다 해보지도 못하고 끝나는 것일까?'

"33헤알(2만 3천 원)이라고요?"

　무슨 공항버스가 이리도 비싼 것인지 황당해 하는 내게 직원은 당연하다는 표정으로 대신했다. 예뻐서 봐줬지만 탐탁지 않았다. 몇 시간은 달려야 할 것 같은 가격임에도 버스는 한 시간도 못가서 도착했고 그곳에서 다시 지하철을 갈아타야 했다. 내가 가고자 했던 곳은 리베르다지. 일본인타운이다. 적어도 동양인이 많은 그곳이 그나마 안전할 것이라는 판단에 낑낑대며 억지로 지하철에 탑승했다. 이주민들이 많고 혼혈인이 많은 이곳에서 주목을 받지 않아서 다행이었지만 지하철은 그리 안전해 보이지 않았고, 사람들은 저마다 핸드백과 백팩을 배 앞으로 가져다 놓고 있었다. 여긴 원래 이런 곳이라는 무언의 메시지 처럼…. 지하철 내부를 한 바퀴 휘둘러본 나 또한 익숙하다는 듯이 보조배낭을 배 앞으로 가져다 놓았다.

　리베르다지에 도착하자마자 머물 숙소를 찾았다. 물가가 비싼 브라질에서 그나마 2만 원 이하의 숙소가 있다고 들었는데 아쉽게도 이미 그만둔지 오래되었단다. 바글거리는 동양인들이 무수히 내 옆을 지나치고 있을 때 즈음 한국인으로 보이는 아주머니가 보였다. 가지런한 치열과 동그란 눈매를 보자 확신이 생겨서 다가갔다.

　"저기…. 혹시 한국인이시죠?"

　"어머! 안녕하세요? 여행 오셨나 보네요? 전 여기 사는 사람이에요. 무슨 문제라도 있으신가요?"

　다소 어설픈 한국어. 이곳에 산지 꽤 오래된 듯했다.

"저렴한 숙소를 찾고 있거든요. 여기 제가 찾던 숙소가 문을 닫는 바람에…. 여기랑 비슷한 가격대의 숙소가 있을까요?"

아주머니는 미간을 좁혀가며 가이드북을 유심히 보시더니만 경직된 어조로 말씀하셨다.

"이런, 여길 다녀오시다니! 여긴 리베르다지에서도 강도가 많기로 유명한 곳인데! 여기 사는 사람들조차 그 거리는 낮에도 잘 안가요. 이 도로가 그나마 안전할 텐데 숙소는 전반적으로 비쌀 거 에요. 이 블록을 웬만해선 벗어나지 마세요. 연락처를 드릴 테니까 무슨 문제가 있으시면 언제든 찾아오세요."

"아…. 감사합니다."

대낮에 강도라. 현지인들도 그렇게 말하는 수준이라면 나는 도대체 어디로 가야 하는 것일까? 도로의 구석에는 몇몇 러브호텔이 보였고 호텔의 입구에는 눈꼬리가 올라간 여성들이 탁한 입술 틈새로 뽀얀 담배연기를 뿜어내고 있었다. 화류계 여성들이라 직감적으로 느껴졌음에도 미친척하고 그리로 가보았다. 5만 원. 쓰러져가는 호텔 전부를 뒤져도 4만 원.

'이런 젠장. 강도가 있다는 말이 브라질 물가 자체가 강도란 이야기였군!'

아주머니의 조언을 무시한 채 처음 갔던 골목으로 발길을 옮겼다. 구석진 골목엔 중국인 노부부가 운영하는 호텔이 그나마 3만 원 정도를 제시해 주었다. 선택의 여지가 없었기에 그곳에 짐을 풀었고 방문이 제대로 잠기는지 수십 번도 더 확인을 해야 했다.

통상적으로 어느 도시에 체류할 때 이틀 정도면 동네 구석구석까지 길을 외우게 된다. 밤낮없이 돌아다녔던 탓에 잠을 제외한 시간 대부분은 숙소 밖에 있어서다. 그런데 남미는 상황이 틀렸다. 배낭여행자의 행동강령 첫째, 해가 진 뒤에는 돌아다니지 말 것. 아시아를 여행할 때만 해도 이런 규율은 지나치게 매력적인 미모를 소유한 젊은 여성 혹은 군대도 다녀오지 않은 약골 남성에게 국한된 것이리라 생각했었다. 하지만, 남미는 남미다. 밤늦게 어디를 다니다 강도를 만나는 것이 마주치지 않는 것보다 더 자연스러워 보였다. 때문에 며칠을 상파울로에 머물면서 주어진 시간은 한정적이었고 저녁 6시가 되면 일본인마트에서 벤또를 사들고와 노트북에 담긴 'MBC 무한도전' 따위나 보며 낄낄대는 것이 일상이었다. 밤은 유난히 길었고 사색할 시간도 많았다. 혼자 낄낄대던 와중 문득 스스로에게 물었다.
'브라질…. 내가 생각한 만큼 그토록 위험한 곳인가?'

남반구에서 가장 큰 도시인 상파울로. 안타깝게도 상파울로는 그렇게 매력적인 도시가 아니었다. 메트로폴리탄이란 건 진작 알고 있었지만 도시적인 냄새가 너무 강했다. 청각은 오로지 핸드폰에만 의지한 채 차가운 눈썰미로 스쳐 지나가는 사람들. 열정적이고 눈가에 흥이 묻어나는 브라질리언을 떠올리면 상당히 대조적이다. 사람들은 상파울로가 남미 금융의 중심지라 했다. 그래서인지 어디를 가더라도 높은 빌딩이 수놓고 있었다. 단지 건물을 지을 때 생활의 편리와 시각적인 매력을 모두 배제한 채 쌓아올린 잿빛 건물들은 당연히 재밌을 리 없었고 모던하지만 세련된 멋은 없었다. 재미없는 건물이 도시를 메워버리니 사람들도 닮아가는 것일까. 아침 7시의 신도림역 같은 익숙한 풍경은 서울과 꼭 빼닮았어도 나를 제외한 모든 사람들의 발걸음은 급했다. 영화 속의 한 장면처럼 나 혼자 슬로우모션으로 움직였던 분잡한 거리. 시선을 어디로 둘지 몰라 두리번거리고 있노라면 현기증이 밀려왔다. 그나마 유일하게 재미있는 건 분주히 이동하는 사람들의 피부색뿐, 그래! 브라질은 혼혈의 나라다. 그러한 혼혈이 바탕이 되었기에 다채로운 문화가 공존한다는 브라질이다. 그러나 상파울로는 획일화된 잿빛 건물들처럼 다채로움보다 삭막한 도시의 이미지만을 먼저 이야기해 주고 있었다.
나는 이런 도시가 갑갑했다. 또 여전히 불안했다. 사진으로 담고 싶은 풍경도 주위를 몇 번이나 살핀 뒤에 찍어야 했고 텅 빈 미술관에서도 가방 속의

지갑을 병처럼 확인했다. 골목 어귀에서 맛있는 냄새를 좇아 찾아간 포장마차에서도 주위에 사람이 없으면 함부로 들어가는 법이 없었다. 재미없는 출근길의 사람들보다 몇 배는 더 재미없을 하루를 끝내고 다시 리베르다지로 이동하려 했을 때다. 워낙 복잡한 지하철이 까다로워 지하철노선도를 보며 우왕좌왕하고 있었다. 갑자기 한 청년이 내게 말을 걸어왔다. 반사적으로 몸이 움츠러들었는데 그 사람의 눈매가 선했다.

"도와드릴까요?"

"저기 혹시…. 리베르다지로 가려면 어떻게 가야 하나요?"

그는 포르투갈어 냄새가 진하게 풍기는 악센트로 유창하게 설명을 마쳤다. 그리고 던진 한마디.

"분명히 상파울로의 매력에 빠지게 될 겁니다. 가급적이면 일회용 지하철 티켓을 끊지 말고 정액권을 끊으세요. 당신이 그 매력에 빠진다면 한 달도 부족할 테니까요. 여긴 정말 놀라운 도시입니다. 브라질을 즐기길 바랄게요!"

그 순간 나는 나 스스로가 이곳을 너무 왜곡하지 않는지 다시금 되물었다. 사람들이 중동을 왜곡된 시선으로 바라볼 때 그 순수한 모습은 쏙 빼놓고 테러리스트로 치부하는 것과 무엇이 다르겠는가? 나는 브라질을 왜 그리 어렵게만 다가가려 했었나? 이렇게 친절한 사람들은 언제든 누군가를 맞을 준비를 하고 있을 텐데 너무 겁부터 먹은 것은 아닐까?

스스로에게 약속했다.

'그래 내가 알던 브라질은 일단 지워버리자.'

브라질의 물건

칙칙하고 도도한 상파울로. 또 그런 도시 속에서 사는 사람들. 참 재미없는 민족이라고 단정 지으려 했었는데 그들은 나름대로 이유가 있었다. 모두 주말을 기다리며 평일 동안 꾹 참아왔던 것이다.

주말이 되면 칙칙한 남자들은 넥타이대신 축구클럽의 문양이 새겨진 머플러를 목에 걸었고, 도도한 여성들은 정장 대신 몸에 딱 달라붙는 축구유니폼을 입었다. 그리고 집결하는 성지는 오직 한 곳. 바로 축구를 시청하기 위해 모여드는 레스토랑과 카페들이다. 물론 텔레비전의 크기는 레스토랑의 인기와 비례할 수도 있다.

브라질을 떠올리는 수많은 키워드 중에서 축구를 빼놓고 설명되는 것이 있기나 할까? 브라질사람들이 축구를 사랑하는 정도는 한국인들이 소주를 향해 맹목적으로 던지는 아가페적 사랑을 초월할 수도 있다. 한국은 축구를 좋아하는 나라, 유럽은 축구를 사랑하는 나라라고 표현을 하지만 사람들이 브라질의 축구를 묘사할 땐 축구에 미쳤다고 이야기한다. 영상에서 수없이 봐왔던 브라질의 열정적인 응원문화. 축구는 브라질에서 차라리 종교다.

그런 종교적인 행사에 남녀노소를 불문하고 꼭 착용해야만 하는 축구유니폼. 몸매가 다 드러나다 보니 남자는 다분히 남성적이었고 여자는 다분히 여성적이었다. 소화하기엔 상당한 난이도를 필요로 하는 그 쫄쫄이 유니폼은 그들이 지난 일주일간 얼마만큼의 칼로리를 섭취했는가를 적나라하게 보여주곤 했지만 사람들은 개의치 않았다. 레스토랑에서 흘러나오는 삼바리듬보다 더 뚜렷한 기승전결이 그들의 자신감 넘치는 뒤태를 대신 설명해줬으니 말이다. 모든 생물은 환경에 따라 신체가 발달한다는 찰스 다윈의 진화론처럼, 사람과 환경 모두 정열적이었고 서로가 닮아가는 것처럼 보였다.

한반도 면적에 약 40배나 큰 브라질. 브라질의 첫인상은 무엇이든지 거대하다는 것이다. 사람들도 동양인보다 한 뼘 정도 키가 컸고 가로수의 나무들도 꼭대기를 바라보고 있노라면 고개가 아플 정도로 높았다. 게다가 오늘 아침 마주친 애벌레마저도 해삼만큼 거대했으니 알파벳으로 따진다면 브라질은 무엇이든지 대문자다. 이런 브라질이 가진 물건들 중 가장 거대한 물건, 이구아수 폭포가 남미의 한복판에 위치해 있다.

포스 두 이구아수(Foz do Iguaçú). 도시의 이름도 굳이 해석을 하자면 이구아수 폭포다. 전 세계의 폭포들 중 가장 큰 낙차와 수량을 자랑한다는 이구아수 폭포는 여행다큐멘터리나 잡지에서도 빈번하게 소개가 될 만큼 웅장하고 아름다운 곳이다. 명성을 얻어가는 만큼 잘 정비된 호스텔은 도시 곳곳에 자리 잡고 있었고 여행자들의 유동도 꽤 많았다. 오른손에는 핸드폰 대신 지도만 들

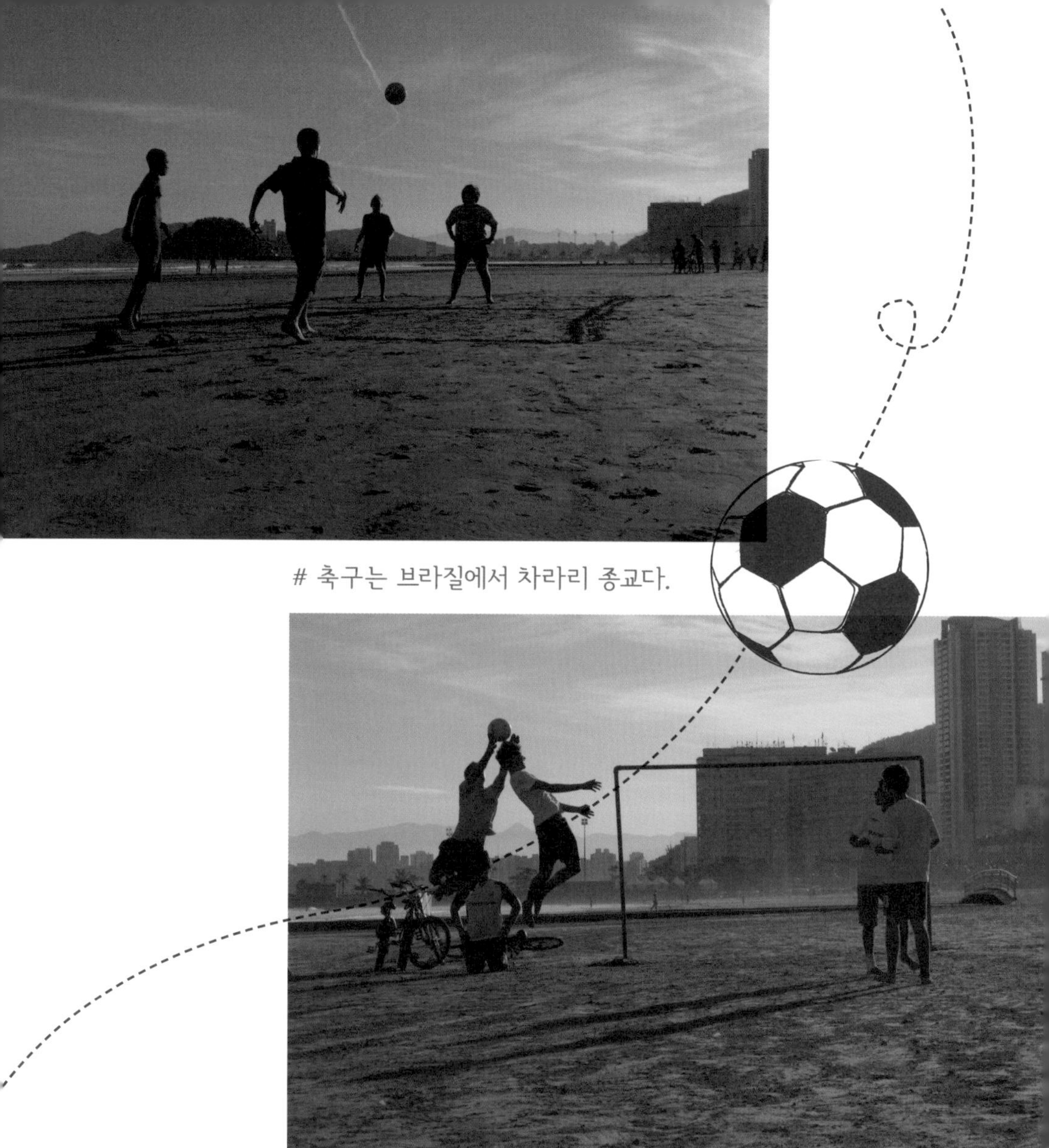

축구는 브라질에서 차라리 종교다.

었을 뿐인데 먼저 인사를 건네주는 유쾌한 여행자들. 호스텔 직원에게 물어봐
도 될 이야기를 괜히 그들에게 꺼내 보았다.

"이구아수 폭포를 보려면 어디로 가야 하나요?"

"어디를 원하시죠? 브라질? 아르헨티나? 아니면 파라과이? 어디를 가시든

간에 다양한 기준에서 감상할 수 있어요. 폭포는 세 나라의 국경이 만나는 지점에 위치해 있거든요.”

“지금 방금 와서 잘 모르겠는데…. 어디를 먼저 추천하세요?”

“브라질이요! 폭포를 자세히 감상하려면 아르헨티나를 먼저 가셔야 하고 전체적인 풍경을 보기 위해선 브라질부터 가셔야 해요, 브라질!”

상당히 곤란했다. 여자를 볼 때 얼굴을 먼저 보는지 몸매를 먼저 보는지와 동등한 질문이긴 한데 개인적으론 몸매부터 보는 편이여서 그냥 브라질로 향했다.

폭포를 감상하기에 앞서 잠깐의 트레킹을 요구하는 브라질의 이구아수 폭포는 잠시나마 밀림 속에 들어온 것과 같은 착각을 불러일으켰다. 희귀한 동물들이 지나칠 때는 먹다 남은 빵이라도 던져줘야 했지만 그러기엔 곧 나타날 폭포가 궁금해서 신경 쓸 여력이 없었다. 발걸음이 느려질수록 그리고 도착지점이 가까워질수록 점점 더 울려 퍼지는 엄청난 소음. 근원지를 가늠할 수 없는 그 소음이 굉음으로 변해가는 순간에는 선크림 국물마저도 폭포처럼 턱밑으로 낙하하고 있었지만 이게 바로 브라질답다는 생각이 들면서 상쇄시켜 나가는 중이었다. 얼마나 걸어왔을까. 영화보다 더 울창한 정글 사이사이이마다 흐르는 폭포들은 그 수가 몇 개인지도 가늠하기 어려웠다. 마침내 내 눈앞에 나타난 이구아수 폭포의 전경. 사방이 한눈에 들어오지도 않는 그 전경! 눈동자가 점점 커져 뒤통수에 주름이 생길 정도로 경이로운 전경에 넋이 나갔다. 곳곳에 보이는 무지개는 바라보는 시각에 따라 위치를 달리하였고 좀 더 가까이 다가서자 카메라를 꺼내기도 무서우리만큼 물보라가 휘몰아쳤다. 하긴 변기에 오줌을 진탕 싸도 허벅지에 물이 튀는데 폭포는 오죽할까….

브라질에서 바라보는 이구아수 폭포가 대자연의 위대함과 아름다움을 한눈에 바라볼 수 있는 곳이라면 아르헨티나에서 바라본 폭포는 또 다른 분위기로

이구아수 폭포 [Iguazu Falls, 一瀑布]

관광객을 맞이한다. 이튿날 나는 국경을 넘어 아르헨티나로 향했다. 멀리서 바라보면 그 아름다움만 선사했던 이구아수 폭포는 가까이 다가갈수록 대자연이 가지고 있는 본래의 에너지를 발산했다. 대자연이 가진 진정한 두 얼굴. 하나가 아름다움이라면 다른 하나는 단연 공포스러움이다. 흔히들 아르헨티나에서 보이는 폭포의 하이라이트를 두고 '악마의 목구멍'이라 일컫는다. 그 낙차하는 규모가 모든 것을 집어삼킬 만큼 커서 이런 이름이 붙여졌으리라. 악마의 목구멍은 도무지 10초 이상을 바라보기 힘들만큼 공포스러웠다. 낙차하는 물을 바라보고 있노라면 눈이 아팠고 잠재된 인간 본연의 공포를 최대한 끄집어내었기에 심장까지 요동치는 곳이었다. 감당할 수 없는 거대한 대자연의 힘! 한강 너비의 강이 동시에 한 곳으로 100미터 가까이 떨어진다는 가정을 하면 이해하기 쉬울 것 같다.

　이구아수 폭포는 정말 물건 중의 물건이다. 사실 이구아수 폭포는 관광업으로 벌어들이는 수입보다 그 수력에너지로 더 큰 의미가 있단다. 브라질에서 소비되는 전력의 상당한 부분을 차지한다는 이구아수 폭포. 힘의 상징이자 원천이 그곳은 남미대륙의 지정학적으로도 인체에 비교했을 때 세 몸뚱이가 만나는 국경지대에 위치하여 그런 것일 수도 있지만 강력한 에너지 줄기는 만물을 뚫어버릴 만큼 정력적이어서 브라질이란 나라가 가지고 있는 모든 힘의 상징이 되는 곳이라 믿었다. 강력한 굉음을 사진에 담아내지 못한 것은 현대문명의 한계라 생각하며 아쉬움을 달래보고 싶을 뿐이다. 이구아수 폭포…. 사람들이 내게 여행을 하면서 가장 놀란 곳이 어디었냐고 묻는다면 나는 주저 없이 그곳을 택하고 싶다.

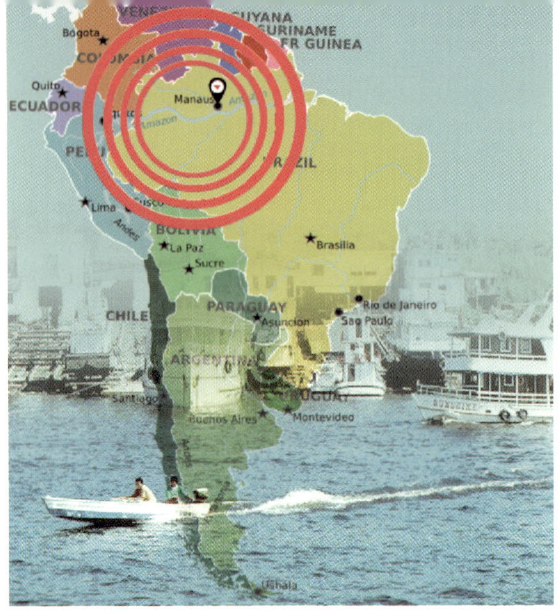

아마존의 향해 도전장을 던지다

아마존이 어디에 붙어 있을까? 일반적으로 사람들이 어떻게 생각하는지를 먼저 묻고 싶다. 대다수의 사람들은 당연히 브라질이라고 답하겠지만, 정확히 말하자면 오답이다. 아마존은 남미대륙의 절반을 차지할 만큼 방대한 규모이며 콜롬비아, 페루를 비롯하여 남미 9개국을 아우른다. 그래서 남미를 여행하는 사람들이 아마존 투어를 할 땐 상대적으로 비용이 저렴한 페루, 볼리비아에서 출발하는 경우가 많다. 그런데 왜인지 모르게 아마존은 브라질에서 가야 할 것 같은 막연한 의무감이 나를 유혹하고 있었다. 좀 더 억지스러운 변명을 붙여보자면, 남미여행을 마치고 사람들이 "브라질 어땠어? 아마존도 다녀왔겠네?"라고 물을 때 "아니, 아마존은 볼리비아에서 다녀왔어. 가격이 저렴해서 브라질이 아닌 볼리비아를 택했지. 게다가 브라질에서 아마존을 가려면 육로교통으론 진입이 불가능해서 반드시 비행기를 타야 되거든. 이래저래 고생인거지."라고 합리화시키며 돌려 말하는 에너지낭비도 생각해야 했다. 무엇보다 육로이동이 불가능하다는 점. 브라질에서 아마존

투어의 거점 도시인 마나우스는 오직 항공으로만 이동해야 한다는 사실이 나를 더 매료시켰다. 아마존은 아무나 갈 수 있는 곳이 아니기에 이 정도는 돼야 그 잘난 '지구의 허파'에 도전하는 멋이 되리라 생각해서다. 조금만, 아주 조금만 더 억지를 더하자면 상파울로에서 시계방향으로 돌아 페루에서 아웃하는 것보다 마나우스를 거쳐 시계반대방향으로 한 바퀴 돌아서 다시 상파울로에서 나가는 것이 더 남미스러워 보였다. 이곳은 변기의 물도 시계반대방향으로 내려가는 남반구니깐. 거듭된 고집과 스스로의 최면은 결국 나를 마나우스로 불러들였다.

 브라질 북부에 위치한 대도시 마나우스. 꽤나 큰 국제공항이 존재하는 걸 보면 이곳이 작은 규모의 도시는 아니라고 직감적으로 알았다. 가이드북을 펼쳐 마나우스의 정보를 찬찬히 읽어 내려갔다. 인구는 200만을 넘으며 과거 식민지시대부터 고무나무의 번성으로 급격한 성장이 이루어진 곳. 이 때문에 한때는 남아메리카에서 가장 잘 사는 도시를 꼽으라면 단연 마나우스였단다. 어찌나 잘 살았는지 그들은 빨래를 모아 프랑스 파리에 세탁을 맡길 정도였다는데 그 황금기는 상상하기 나름이겠다. 가이드북에 의하면 아직도 과거의 영광을 재현하는 화려한 오페라극장이 중심부에 위치해 있고 곳곳마다 역사의 흔적이 고스란히 잔재해 있단다. 그리고 최근에는 관세를 없애는 자유무역지대로 발돋움하여 북부지방의 경제중심지로 도약했다 하니 브라질에서 마나우스를 거쳐 가지 않았으면 꽤나 섭섭할 뻔했었다. 그러나 단순히 상파울로만 보고 온 나는 이러한 사실을 대수롭지 않게 여겼다. 메트로폴리탄 상파울로의 이미지가 너무 강해서 브라질은 '생각보다 괜찮게 사는 나라'라는 인식이 너무 강했던 탓이다. 아주 예전의 기억을 더듬어 보면 내가 국민학교시절, 그러니깐 1996년 정도 되겠다. 그때 TV에 소개된 브라질을 보고 어떤 나라인지 어머니께 여쭤 본 적이 있었다.

South American

"브라질은 엄청 잘 사는 나라지."

분명히 그때 어머니께선 브라질사람들은 잘산다고 이야기했었고 그런 기억은 성인이 된 지금까지 그러하리라 믿었다. 게다가 전공수업 시간 때마다 귀가 따갑게 들었던 그놈의 브릭스(BRICs)! 엄청난 천연자원과 더불어 남미의 선두주자가 아닌 세계경제의 선두주자로 도약한다는 이야기는 설득력을 높이기에 충분했다.

그런데 직접 마주한 브라질은 그게 아닌 것 같았다. 경제위기로 나라가 한 번 폭삭 망했다고는 하지만 마나우스의 도심은 판자촌이 난무하는 곳이었다. 탁하면서도 자극적인 색깔의 페인트들은 집집마다 감각 없이 칠해져 있어서 가난의 상징처럼 다가오고 있었고 백인만큼이나 흑인이 많은 그곳은 전체적으로 피부 톤도 어두웠다. 진짜 브라질을 마주한 것인지 혹은 브라질은 너무나 광대해서 어디를 가더라도 서로 다른 매력을 지니고 있는 것인지 분간이 가질 않았다.

가이드북에는 공항에서 버스를 타고 시가지에 진입하면 저렴한 숙소를 구하기가 쉽다 했다. 실제로 저렴한 숙소는 줄줄이 늘어서 있었는데 어딜 가나 싸구려 티를 냈다. 현기증이 날만큼 무더운 기온보다 더 머리를 아프게 하는 물가를 생각하면 에어컨 딸린 방은 아예 사치였고 몇 군데를 둘러봐도 그놈이 그놈이었다. 오렌지주스를 살 때 델몬트를 고를지 선키스트를 고를 지와 같이 아무 소득 없는 비생산적인 고민을 몇 번 거친 후 구한 숙소는 만 원이 조금 넘는 금액이었다.

가장 먼저 여행사를 찾아 무작정 길을 나섰다. 시가지 한복판에 있는 여행사에서는 충격적인 금액을 제시했다.

"1박당 300헤알(21만 원) 정도는 합니다."

미친 소린 줄 알고 도망치듯 도망 나왔다. 이윽고 경쟁업소로 가서 가격을

UM MUNDO DE VARIEDADES PARA VOCÊ
Material hidráulico · Material de pintura
em geral · Utilidades do lar · Tintas
em geral
Fone: 3622-4801 / Fax: 3635-9781

확인했다.

"손님이 어떤 프로그램을 하느냐에 따라 차이는 있는데 제일 저렴하게 하시면 1박당 200헤알은 하지요. 학생이세요? 학생이니깐 특별히 180헤알에 해 드리죠! 뭐."

적어도 2박을 한다면 360헤알, 한화로 25만 원 해당하는 꼴이다. 맙소사. 치열한 배낭여행자들이 줄줄이 페루와 볼리비아에서 투어하는 데는 이유가 있는 법이다. 가까운 인터넷카페를 들렀다. 각종 블로그와 여행자클럽에 올라온 글이라도 봐야 진짜 그 가격에 대한 신빙성이 있으리란 판단에서다. 아쉽게도 마나우스에서 아마존 투어를 경험한 여행자들은 가뭄에 콩 나듯 드물었으며 본인도 충격적인 가격에 울며 겨자 먹기로 해서 그런지 가격에 대한 말을 아끼는 듯 했다. 눈앞의 스크린이 흐릿해지면서 멍 때리고 있을 때다.

"투어리스트(관광객)?"

영어가 들렸다. 그는 대뜸 내게 아마존을 보러 이곳에 왔냐며 묻는 중이었다.

"나도 정글가이드인데 네가 원하면 싼 가격에 맞춰줄게. 참, 난 친한 친구 중 한 명이 마나우스에서 거주하는 한국인이야. 지금 당장 전화를 걸어주지."

별로 달갑지 않은 친절에 사양하려 말하던 찰나 이미 수화기 너머로 한국말이 새어 나오고 있었다.

"안녕하세요. 안드레 홍이라 합니다. 무슨 일로 전화를 주셨나요?"

"아, 제가 건 게 아니라 이 친구가 갑자기 전화를 걸었네요. 아마존 투어를 알아보는 중이고요. 저는 배낭여행자입니다."

"허허 이런, 배낭여행객이 마나우스에서 아마존 투어를 하기는 쉽지 않을 텐데…. 여기 많이 비싸요. 학생이시죠? 학생이시면 여기서 투어 하시는 게 조금 힘드시지 않겠나 싶어요. 뭐 일단은 한 번 알아보시고 궁금한 게 생기시면 이리로 언제든 전화주세요.”

‘이건 또 무슨 소리지? 투어를 하기 힘들다니.’

전화를 건 청년은 유창한 영어로 자신이 추천하는 프로그램을 열심히 설명하는 중이었지만 귀에 들어올 리 없었다. 단지 마지막에 한 마디 겨우 들은 그의 말은 혹시나 자신과 함께 투어를 할 생각이면 언제든 이곳으로 오란 말뿐.

아예 마나우스에 있는 전 지역의 여행사를 다 뒤져 볼 계획이었다. 무더운 땡볕 아래 여행사를 찾아다니는 것도 고생스러웠고 여행사들이 죄다 여행사 냄새가 나질 않는 것도 문제였다. 구멍가게 마냥 움푹 들어간 작은 골방에 직원 한 두 명이 앉아있는 것이 전부인 마나우스의 여행사들. 이곳이 정말 여행사인지 궁금해서 들어가면 그제야 아마존 투어에 대한 팸플릿을 보여주기도 했으니 여행사를 전부다 뒤져보았다고 확신할 수도 없는 노릇이다. 무엇보다 그 골방에서 제시하는 것 치곤 어울리지 않는 가격들. 차라리 아마존 투어를 하지 않고 베네수엘라로 넘어갈 생각이 들곤 했다. 그러기엔 여기까지 온 비행기의 티켓 값이 너무 아까웠고 결국 무모한 상상마저 낳게 만들었다.

‘그래, 혼자서 가보자 혼자서! 투어라는 게 별건가? 그냥 배타고 들어가서 며칠만 버티고 나오면 그게 투어지.’

알 수 없는 자신감이 불끈불끈 솟아올랐고 급기야 나는 그날 오후 다시 인터넷카페를 찾았다. 어제 만났던 그 청년이 있으리라 생각해서다. 운 좋게도 현관 앞 1번 자리에 그가 앉아있었다.

“저기…. 나 기억하겠어? 이름이 후안이라고 그랬던가?”

“아, 난 네가 나를 찾을 줄 알고 있었지. 다른 여행사 다 가보니깐 어때?”

“정말 미안한데 투어를 할 생각으로 널 찾은 게 아냐. 단지 아마존으로 혼

자 갈 방법을 너에게 좀 물어보고 싶어서….”

“아마존을 혼자 가겠다고? 내가 정글가이드 경력이 15년째인데 너같이 미친 소리하는 여행자는 처음 보는군! 거길 정말 혼자서 갈 수 있다고 생각해?”

그는 어이없다는 코웃음을 치면서 눈앞의 모니터만 집중했다. 나라도 그랬을 테다.

“내가 제시한 가격이 비싸다면 아마 아마존 투어는 어디서든 불가능할 거야. 이 봐 친구. 난 네가 학생이라서 이성적인 금액을 제시하려고 노력 중이라고…. 좋아, 1박에 150헤알(약 10만 원)로 해줄게.”

고개를 끄덕이며 집중하면서도 자존심을 건드리는 그의 말이 괜히 거슬렸다. 혼자서 갈 수 없다면 그곳에 사람이 사는 곳으로 데려달라고 하면 어떨까? 어차피 사람이 사는 곳이라면 그도 인정은 해 줄 거란 생각에 생각지도 못한 대답이 방정맞은 입에서 튀어나오고야 말았다.

“아, 좋아. 네가 제시한 금액이 정말 좋은 건 알아. 그래도 내겐 여전히 비싸. 대신에 다른 테마를 잡아보면 만족할 수 있을 것 같은데…. 원주민부족이 사는 마을로 들어가서 일주일 정도 지내보고 오는 방법은 없을까?”

뱉어놓고도 어이없는 말에 스스로 눈치를 살폈다. 반전은 거기서부터다.

“물론 있지. 난 그쪽에 아는 부족사람들이 몇 있어. 내게 충분한 서비스차지(Charge)만 제시한다면 충분히 가능한 일이야. 대신 너 혼자 거기서 버텨야 돼. 난 여기서 관광객을 찾아야 하니깐.”

“음…. 좋아, 너 아직 식사 안 했지?”

흥분에 겨워 무작정 그를 불러낸 나는 그의 말이 일단 사실인지 아닌지를 확인하고 싶었다. 다큐멘터리에서나 일어날 법한 일을 현실로 받아들이는 데는 시간이 필요한 법이다.

“이봐 진짜지? 진짜 맞는 거지? 그게 가능한 거야?”

“마나우스 시내에 원주민이 얼마나 거주할 것 같아? 자그마치 5만 명이 도시로 이주했고 시내에 정착해서 사는 이들은 3만 명이나 돼. 이들은 전부 고향이 아마존 강 유역의 부족마을이지. 네가 어떤 걸 원하는지 이제야 알 것 같군. 나를 믿어 봐 친구.”

흥분된 마음을 티 내지 않기 위해 나는 최대한 침착하려 애를 썼다. 여행사와 흥정을 하다 보면 갑과 을의 관계가 순식간에 뒤바뀌는 건 일도 아니니깐.

“좋아, 몇 가지 짚고 넘어가 보자. 원주민들에 대해 설명 좀 해 줘봐. 어디까지 갈 수 있는지. 혹은 예산은 얼마나 필요한지.”

그는 식당의 점원에게 종이 한 장과 볼펜을 빌려왔다. 오히려 흥분된 건 그였다.

“크게 문명과 접촉한 부족, 접촉하지 않은 부족으로 나눌 수 있지. 문명과 접촉하지 않는 부족은 아마도 네가 다큐멘터리서 봤던 그런 부족일 거야. 마나우스에서 배로 5일 정도 걸려. 콜롬비아 국경지대까지 가야 되는데 여기서 1,700km나 떨어져 있지. 문제는 정부에서 허가가 나기 힘들다는 거야. 아마존은 푸나이(FUNAI)이라는 단체에 의해 보호받는 곳이거든. 그런데 여

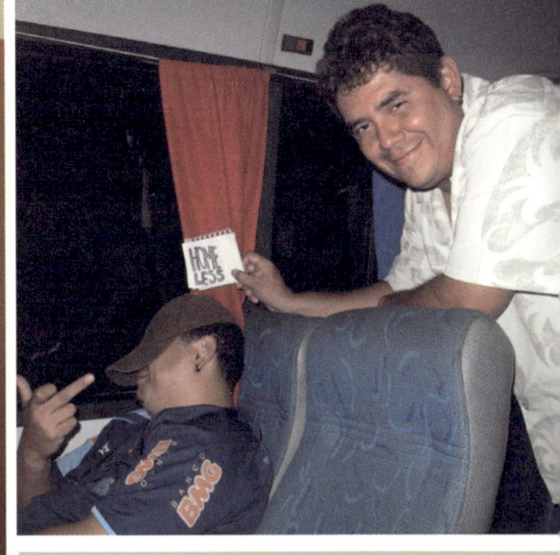

후안(Juan).
나는 그를 절대적으로 믿고 싶었다.

긴 뒷돈만 좀 챙겨주면 가능해. 푸나이에 내 친구가 있으니깐."

그는 그 사실을 굉장한 메리트라는 듯이 말하며 '갑'이 되기 위해 노력 중이었다. 그렇지만 후진국을 반년 가까이 여행하면서 그런 나라일수록 정부는 더 개판이라는 사실을 익히 경험한 내겐 특별히 놀랄 일이 아니었다.

"좋아. 생각보다 굉장히 멀리 떨어져 있네. 예산은 얼마나 필요해?"

그는 종이에 기름 값과 식량, 뱃삯 등을 열심히 적어내려 가더니 최종적인 금액을 당당히 제시했다.

"1달간 2,000헤알(140만 원)."

"안 돼. 너무 비싸. 마나우스 근처에는 없어? 결국 이곳도 아마존의 한가운데에 있는 도시잖아. 다시 한 번 말하겠지만 난 충분한 돈이 없어."

"흠…. 정글에 내 롯지가 있어. 거기서 조금만 더 들어가다 보면 몇 개의 부족이 있지. 전통생활을 완벽히 고수하는 이들은 분명 아니야. 생활은 옛날 방식은 따르지만 젊은 세대는 포르투갈어를 쓰고 현대문명과 접촉도 어느 정도 되어 있긴 해. 거긴 어때?"

그는 좀 더 상세하게 부족의 특징에 대해 열거했고 신빙성을 주기 위해 직접 그림까지 그려 보이며 생활상을 설명했다. 게다가 그쪽은 왕래하는 배가 있기에 금액도 훨씬 저렴했다. 그에게 챙겨줄 서비스차지와 푸나이에 쥐어줄 금액, 뱃삯 등을 다 포함해도 500헤알(35만 원). 머물 수 있는 기간은 열흘 정도 가능하다 했으니 어떤 식으로 계산하든 저렴한 편이리라 생각한 것이다. 다행히 그는 서비스차지를 많이 요구하지 않았다. 어제 전화를 연결시켜 준 한국인 사장님 밑에서 가끔 일을 도와주기 때문에 한국인을 상대로 비싼 가격을 제시하고 싶지도 않는단다. 그래도 그는 한 가지 요구 조건이 있었다. 그의 롯지에서 사흘만 머물면서 롯지 보수를 도와 달라는 것이었다. 일손이 부족한 그곳에서 나는 딱 적격이라는 말이 끝나기 무섭게 그의 오른쪽 입꼬리가 살짝 올라가고 있었다.

　이튿날 후안은 나의 숙소를 직접 찾아오는 성의를 보였다. 그가 종전에 전화를 걸어준 안드레 홍이란 사장님을 직접 만나게 해 줄 것이란다. 사실 나를 소개해주기보다는 그가 안드레 사장님의 옛 집으로 이사를 가게 돼서 그런 것이다. 이윽고 파비오라는 그의 남동생이 나의 숙소를 찾았다. 둘은 나와 함께 그의 집에 있는 짐정리를 함께 도와줄 것을 요구했다. 서비스가 생명인 여행사 입장에서 고객을 이렇게 다루는 일이 처음인지라 오히려 그 뻔뻔함에 순순히 그들을 따랐다. 너무 당당해도 기에 눌리기 마련이다.

　그들은 마나우스 시가지 한복판에서도 완벽한 빈민촌에 거주하고 있었다. 쓰레기 냄새가 뇌의 주름까지 자극하는 습한 골목을 돌아서자 대형할인마트의 지하주차장 같은 입구가 나왔다. 그 길을 계속 걸어갈수록 온도는 점점 올라갔다. 오후 내내 뙤약볕을 받아 열 받은 건물 외벽은 괜한 우리에게 입김을 뿜어댔다. 더위를 못 이긴 사람들은 창문을 열어두고 있었으며 그 창틀 안으로 보이는 원룸은 죄다 불이 꺼진 채 텔레비전 소리만 흘러나오고 있었다. 이런 구역에서 적응이 가장 잘 된 이들은 오직 어린아이들뿐. 아이들의 산만한 소리 이 외엔 어떠한 인기척도 들리지 않았다. 잠시 후 복도의 끝자락에 위치한 후안형제의 작은 원룸이 보였다. 하루에 20헤알(1만 4천 원)을 줘야 한단다. 매캐한 악취가 진동하는 그 골방에서 억지로 살고 있는 두 형제의 짐도 특별할 게 없었다. 이민 가방에 옷을 주섬주섬 싸 넣으면 그게 끝이었다. 그의 집에서 나오자마자 그는 누군가와 열심히 통화를 했다. 곧이어 우리 앞에 한 대의 차가 정차하더니 작은 체구의 한 동양인이 내렸고 정중하게 악수를 건네주었다.

　"안녕하세요. 안드레 홍입니다."

　안드레 사장님은 이곳 마나우스에서만 13년째 거주하고 있다고 했다. 그러

곤 나보고 얼른 짐을 챙겨 이들의 집에서 같이 생활하는 것도 나쁘지 않을 것 같다며 조언했다. 한두 푼이 아까운 내 심정을 어쩜 이리도 잘 알고 있을까? 이 또한 타국에서 오랜만에 마주한 한국인의 끈끈한 정이라 여기고 얼른 짐을 챙겨 다시 안드레 사장님 차에 올랐다. 문제는 차에 타고난 뒤다.

"아, 지금 가는 곳이 시내에서 좀 외곽에 떨어져 있긴 해요. 그 동네가 조금 위험하긴 해도 여기 숙소들보단 훨씬 좋을 거 에요. 에어컨도 있거든요. 사실 제 가족이 얼마 전까지 거기 살았는데 밤에 강도가 들었어요. 소총으로 위협해서 있는 돈이랑 가전제품을 다 가져가 버렸지 뭐에요. 저야 뭐 괜찮은데 제 아내가 너무 무서워하더군요. 급하게 새집을 구하는 바람에 지금 그 집에 주인이 없어요. 애네들이 갈 곳이 없어서 일단 거기 살라고 했는데…."

강도라니. 소총이라니! 그런 심각한 사건을 두고 이토록 대수롭지 않게 말하는 그의 이야기가 처음엔 거짓인 줄 알았다. 차량을 정차한 뒤에 진지하게 경고해도 모자랄 판에 흔한 일상이라며 웃어넘기는 사장님의 말을 어떻게 인정해야 할까? 이미 짐은 싸들고 나온 상태인데 차를 돌려달라고 말하기도 애매했다. 할 수 없이 그를 따랐다.

자동차도 긴장하며 길을 찾아야 하는 좁은 골목. 불을 밝히는 가로등보다 깨진 가로등이 더 많았던 황량한 동네는 강도랑 꽤 잘 어울릴 만큼 괜찮은 궁합을 선보였다. 코흘리개 아이가 쌓아올린 것 같은 조잡한 벽돌건물과 촘촘하게 놓여진 슬레이트 지붕들 아래로 한참을 더 올라가자 그중에선 나름 고급티를 내는 허름한 가옥이 눈에 들어왔다. 우리가 살 집이란다. 방으로 안내받은 나는 안드레 사장님께 앞으로의 계획을 줄기차게 설명했다. 아마존 투어를 전문으로 가이드하시는 사장님은 오히려 걱정하는 눈치였다.

"저 같은 경우는 주로 대기업을 상대로 일을 해요. 대부분의 고객이 브라질에 파견된 사람들이니 상파울로나 리우 데 자네이루에서 휴가차 며칠 들리는 고객들이죠. 비싸게 투어 하면 하루에 60만 원짜리 숙소도 제공하기

도 하는데 글쎄요, 이 가격에 이렇게 무모하게 아마존을 가는 여행자는 저도 처음 보네요. 많은 정보는 줄 수가 없을 것 같아요.”

말씀하시는 한마디 한마디가 재차 나를 흥분시키는 중이었다. 한국어가 통하니 나는 사장님에게 가장 묻고 싶은 것을 물었다.

“그나저나…. 이 친구들 믿을 수 있을까요?”

“얘네들 데리고 일한 지 꽤 됐어요. 가진 건 없어도 남의 돈으로 장난칠 사람들은 절대 아니니 안심하세요.”

이튿날 초인종 소리가 요란하게 울렸다. 후안형제를 대신해서 현관문을 나서자 이른 아침부터 안드레 사장님의 승용차가 문 앞에 있었다. 사장님은 다급하게 어서 나갈 준비를 해라며 재촉했다.

“손 군, 마침 잘 됐어요. 어제저녁에 한국의 한 대학병원에서 아마존 투어를 예약했거든요. 돈은 이미 다 지불 된 상태라서 몸만 따라가면 되는데 지금 함께 가지 그래요? 쾌속정을 빌려서 가는 거라서 며칠을 투자해야 할 아마존 투어를 하루 만에 끝낼 수 있는 기회이니 사양 말고 준비해요.”

학생인 내게 이토록 큰 배려를 해 준 사장님이 너무 고마웠다. 돈은 이미 다 지불된 상태란다. 세상에 공짜는 없다지만 수년 전 대학입시에서 나를 한 방에 보내버린 그 대학이라서 같잖은 복수심을 무장한 채 사장님을 따랐다. 고작 인사만 나눴던 사이였는데도 한국인이라는 명함 때문에 더없는 친절을 베풀어주신 안드레 사장님. 대한민국이라는 국적은 고국과 멀리 떨어져 있을수록 끈끈한 정이 더 끈적거리는 것 같다.

“먼저 아침식사를 중앙시장에서 해결하고 이동하도록 합시다. 아마존에서 잡히는 물고기는 맛이 좋거든요. 참, 그리고 내일도 특별한 계획 없지요? 내일은 삼성전자 사람들이 단체로 낚시를 가는데 후안이랑 파비오 데리고 같이 인솔 좀 부탁해요. 제가 내일 다른 스케줄이 있어서요.”

　분에 넘친 과도한 호강은 때론 의심스러워 걱정이 밀려왔지만, 그놈의 끈 끈한 정을 무기 삼아 애써 자위를 했다. 후덕한 내 인상은 어르신들이 좋아 할 캐릭터니깐 합당한 천운이라 믿었다. 안드레 사장님은 약속된 시간에 호 텔에서 오늘 투어에 참여할 사람들을 픽업했고 선착장으로 안내했다. 그리 고 반나절 동안의 아마존 예행연습이 시작되었다.

　“아마존 강은 건너가는 것부터가 시간이 꽤 걸려요. 시야가 좋아서 강 건 너편이 보이긴 해도 실제론 한강의 몇 배나 될 만큼 강폭이 크지요. 아마존 은 비가 많이 오는 우기와 비가 오지 않는 건기로 나뉩니다. 그때마다 강수 량의 차이는 어마어마해요. 이 큰 강이 최대 19미터까지 차이가 난 적이 있 다면 믿으시겠어요?”

　아마존에 대해 해박한 지식을 가지신 베테랑 사장님은 무더운 날씨에 땀을 뻘뻘 흘려가며 설명 중이었다. 사람들도 평생을 살며 언제 또 아마존을 직 접 마주하겠느냐는 반응으로 경청하고 있었고 나 또한 유난히 청명한 하늘 에 감사하며 물살을 가로질렀다. 곧이어 보트의 시동이 꺼진 뒤에 그 유명 하다는 아마존의 강기슭으로 진입했다. 벌써 이마에 땀이 송골송골 맺힌 안 드레 사장님은 겨드랑이가 흠뻑 젖어가는 와중에도 설명을 멈추지 않았다.

　“아마존이라는 어원 자체가 물에 잠긴 숲이라는 뜻입니다. 지금은 우기라 서 물 밑에 자세히 보시면 잠긴 나무가 빼곡하거든요. 아마존이 생태계에서 아주 중요한 역할을 하는 건 다들 아시죠? 산소를 배출하는 것뿐만 아니라 하늘과 땅의 균형을 맞춰 주는 중요한 곳이지요. 강물의 50%는 식물이 흡 수하고 25%는 하늘로 증발해 비를 만들어요. 나머지 25%는 바다로 유입되 지요.”

　사장님의 말씀대로 아마존은 모든 대자연이 순환이 되는 곳이다. 그래서 엄밀히 말하자면 ‘지구의 허파’라는 별칭보다 ‘지구의 심장’이라 표현하는 것 이 더 정확해 보인다. 투어는 속성으로 끝내야 했기에 발길이 닿는 곳마다

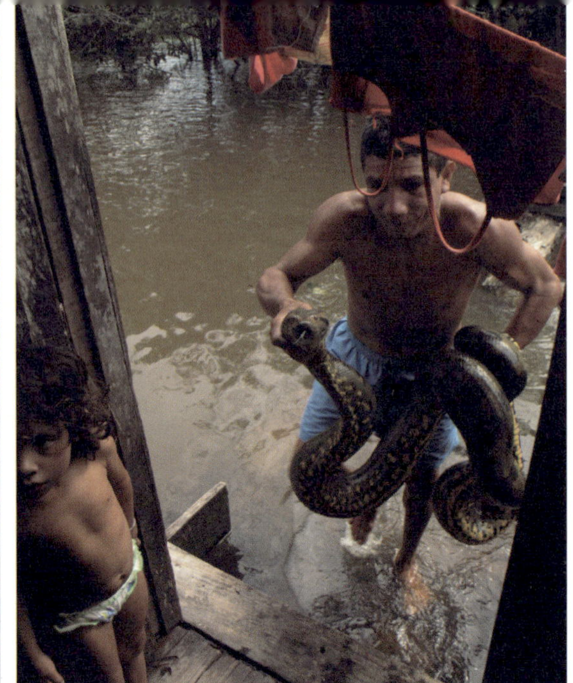

세팅이 다 된 상태였다. 일반적인 수상가옥을 방문하면 한 곳에서는 보관 중인 아나콘다가 나왔고 또 한 곳에는 나무늘보가 나오기도 했었다. 수상가옥의 사람들도 이렇게 투어를 하는 사람들로 하여금 동물들을 보여주며 생계를 이어나가는 중이었던 것이다.

자본주의 시대가 도래하면서 돈이란 물질은 결국 세상 모든 만물에 가치를 매겼다. 그리고 그 가치는 현대에 이르면서 더욱 천연 그대로의 대자연을 끌어들였다. 80년대의 사람들이 마트에서 맑은 생수를 판다는 것을 상상도 못했지만 지금은 너무나 자연스런 현상이 되어버린 지금. 아나콘다와 나무늘보를 보여주며 돈을 받는 수상가옥의 사람들도 결국 자연을 돈으로 환산하는 지금의 시대를 어느 정도 반영한 게 아닐까. 아마존 투어가 비싼 이유도 마지막 남은 대자연을 값으로 매긴 결과물일지도 모르겠다. 무엇이든 돈으로 가치를 형성하는 건 지구 위의 어느 곳도 피해갈 수 없어 보였다.

돈의 양면성

　다음날 약속대로 후안형제를 따라 다시금 선착장으로 이동했다. 안드레 사장님은 내 수중에 200헤알(14만 원)을 주셨는데 이 돈으로 낚시하는 동안 사람들에게 맥주를 대접하고 남는 돈은 용돈으로 쓰라고 하셨다. 돈이 손에 쥐어지자 의무감이 발동한 나는 사람들이 낚시를 할 때 필요한 장비를 손수 운반했고 꽤나 분주하게 일을 해야 했다. 마침 마나우스의 최대 관광지 '두 개의 강'을 지나고 있을 때 후안이 사람들 앞에서 열심히 설명하는 중이었다.

　"이곳이 바로 두 개의 강입니다. 마나우스는 두 개의 아마존 강이 만나는 교차점이지요. 콜롬비아에서 내려오는 네그로강과 페루에서 내려오는 솔리몽강이 만나는 곳이랍니다. 색깔이 다른 두 강은 유속과 온도가 달라서 서로 만나질 않는 것이죠."

　팔짱을 낀 채 고개를 끄덕이던 사람들과 하루 치 방값을 지불하기 위해 열심히 설명하는 후안. 마치 그가 방금 설명한 두 개의 강처럼 같은 하늘 아래 공존하면서도 섞일 수 없는 것과 비슷해서 안타까운 생각이 들던 찰나 어느새 보트는 낚시터로 정박하고 있었다.

　입질이 남다른 그곳에서 사람들은 하나같이 팔뚝만한 메기를 낚아 올렸고 나 또한 대형어종의 손맛을 느끼고 싶어서 낚싯줄을 강에 던져보았다. 넣자마자 손끝에서 느껴지는 미세한 진동. 잼싸게 낚아챈 바늘에는 손가락만한 물고

기가 바둥거리며 살려 달라 애원하고 있었다. 망둥어처럼 이상하게 생긴 물고기의 동그란 눈알이 나와 눈이 마주쳤고 먹기도 아까울 만큼 귀여워서 아빠미소로 흐뭇하게 바라보고 있을 때였다. 후안이 난데없이 칼로 물고기의 머리통을 잘라버리더니 강물에 휙 던져버렸다. 후안의 못된 취미 중 하나인 아마존 겁주기가 다시 발동하면서 내게 진지한 표정으로 설명을 해댔다.

"이 봐 손, 아마존에서 제일 무서운 물고기가 피라냐로 착각하고 있지? 절대 아니야. 무서운 건 따로 있어. 바로 이 물고기, 깐디루라고. 이건 사람의 구멍이란 구멍은 다 찾아다니는 물고기거든. 때론 항문으로 들어가기도 하고 목구멍에 들어가면 숨통을 막아버리지. 어떤 식으로든 사람을 죽게 만드니깐 항상 조심해야 해."

 낚시를 마친 뒤 우린 다시 원래의 자리로 돌아와야 했다. 호화롭게 아마존 강을 바라보며 낚시와 함께 맥주에 취하는 시간은 하루살이 알바생에겐 제한된 영역이었으니까. 그리고 다시 찾은 파벨라(Favela). 파벨라는 브라질의 빈민가를 뜻하는 말인데 빈부격차가 극심한 브라질을 있는 그대로 보여주는 곳이다. 가난한 사람들이 사는 곳이다 보니 마트에서 사는 간식거리는 도심과는 비교도 안 될 만큼 저렴했지만 그래도 감수해야 할 조건들이 많아 보였다. 갓난아기를 품에 안은 아주머니들도 피부색이 다른 나를 쳐다보는 눈매가 건조했고 쓰레기더미를 뒤지던 고양이들마저도 날 보는 시선이 딱딱했다. 짙은 먼지가 흩날리는 대로변을 건너 다시 집으로 돌아오자 파비오는 처가에 들려야겠단다. 그런데 그가 자리에 털썩 주저앉더니 어린애처럼 펑펑 울어댔다.

"오, 마이 피시! 마이 피시(내 물고기)!"

 삼성직원들이 잡은 물고기를 아내에게 가져다 주려했는데 버스에 두고 왔다는 그의 울음은 그칠 줄 몰랐고 급기야 후안이 역정을 내며 다그쳤다.

“어차피 지금은 찾을 수 없어! 바보같이 울지 좀 마!”

“마이 피시! 마이 피시….”

서른을 훌쩍 넘긴 어른이 오늘 당장 아내에게 건네 줄 음식이 없다며 훌쩍이는 그 모습은 모양새가 빠졌지만 그가 짧은 영어로 읊어댄 ‘마이 피시’란 단어가 어찌나 애처롭던지. 당장 아기의 기저귀 살 돈도 없다기에 나와 후안은 오늘 받은 일당을 그의 손에 쥐어주었고 그제야 파비오는 울음을 뚝 그쳤다.

후안은 파비오를 따라 처가에 같이 인사를 드리러 갔고 나는 다시 안드레 사장님께 연락을 드렸다. 그날 저녁은 안드레 사장님께서 아마존을 가기 전에 식사라도 한 끼 하자고 하셨기 때문이다. 사설 경비원이 딸린 고급 집으로 들어서자 안드레 사장님은 오늘의 특식이라며 한국에서 온 컵라면을 꺼냈다.

“후안이 사는 지금 그 동네…. 믿을 수 없어요. 무섭다기보다는 그냥 어떻게 사나 싶을 정도에요. 사장님은 어떻게 그곳에 사셨어요?”

“대게의 동양인 이주민들은 이곳 브라질에서 다들 상류층에 속해. 오히려 표적이 되기 쉽지. 나도 예전에는 큰돈을 못 만졌는데 몇 년 전부터 일이 늘어나면서 수입이 괜찮아졌어. 소문이 퍼지자마자 그렇게 당한거야.”

“그래도 거긴 물가가 상당히 저렴해서 좋은 것 같아요. 실은 브라질 오자마자 높은 물가에 충격을 꽤 많이 먹었거든요.”

“브라질 중산층이 한 달에 제대로 돌아가려면 한화로 얼마가 필요한 줄 알아? 넉넉잡아 천만 원은 필요하지. 서울물가의 두세 배는 돼. 핸드폰 수신료도 분당 700원꼴이야. 그래서 다들 콜렉트 콜을 써. 있는 사람만 피해본다니깐! 나 같은 경우는 하루에 받는 전화가 50통이 넘으니 전화비만 백만 원 가까이 깨지는 셈이지. 브라질의 빈부격차는 상상을 초월해. 상파울로나 리우 데 자네이루 같은 경우는 성비가 엉망일뿐더러 남부지방의

EXECUTIVO
020 REDENÇÃO / FRANCESA CENTRO
010709

한 도시는 남성의 평균연령이 마흔을 넘기지 못한다고 하더군. 마약이랑 총격이 난무해서 젊은 남성이 수없이 죽어나간 거지. 서민들이 돈이 필요하다 보니 마약이랑 총에 쉽게 손을 대서 그래. 얼마나 위험한 줄 인식하지 못한 채 말이야.”

공교롭게도 때마침 TV에서는 리우 데 자네이루로 향하던 버스 한 대가 강도들에게 습격을 당해 모두 털렸다는 방송이 나오고 있었다. 이제는 이런 광경이 무섭지도 않았다. ‘저들은 원래 저렇게 산다.’라는 생각과 함께 꾸역꾸역 라면을 목구멍으로 삼켰다. 사설 경비원이 딸린 부촌에선 그런 살벌한 뉴스도 결국 방관적으로 바라볼 수 없는 내가 우스웠다. 저녁엔 어차피 빈민가로 들어가야 하는 입장임에도 고급스런 새장 안의 내가 언제나 안전을 보장받고 있다는 착각은 지독한 최면과도 같았다. 그 새장 밖으론 고양이가 득실대는데도 말이다.

해가 진 뒤 다시 후안 형제를 만난 나는 파벨라로 향했다. 마을의 한 어귀에는 야외식당에 TV가 설치되어 있었고 사람들은 자신의 축구팀을 응원하는데 열중이었다. 생전 처음 보는 사람과도 자연스레 인사를 하는 것인 이곳에선 당연한 브라질. 처음 보는 내게 악수를 청하기도 하고 시종일관 미소를 잃지 않는 모습만이 눈에 들어오고 있었다. 분위기가 꺼림직해서 얼른 방으로 들어가고 싶었지만 후안이 굳이 축구를 보자며 보챘다. 분위기가 급변하는 것을 감당하지 못한 나는 억지로나마 그곳에서 축구경기를 시청해야 했다.

높은 물가는 때론 이들에게 깐디루마냥 숨통을 졸이는 장애물이 된다. 그리고 그런 가난한 사람들이 모여 사는 파벨라는 브라질의 숨통을 졸이는 장애물이다. 빈부 격차는 곧 돈 많은 관광객에도 장애물이 되니 어떤 식으로든 문제를 야기하곤 한다. 두 개의 강처럼 서로 섞일 수 없는 두 집단이 아슬아슬하게 공존해야 하는 브라질. 재밌는 것은 모든 것이 상대적이라는

데 있다. 이곳에서 밤은 가진 자들에게는 두려움의 대상이 되지만, 가지지 못한 자들에게는 밤늦게도 돌아다니는 특권을 누리게 하고 이렇게 마을 사람들끼리 모여 소통할 수 있는 장소를 제공하기도 한다. 그들은 경제적으로는 힘들지만 삶은 오히려 더 흥겨워 보였다. 해가 지면 경비원에 의존한 채 창문을 굳게 닫아야 하는 부촌 사람들은 잃어버린 시간. 반면 빈민가의 사람들에겐 즐길 수 있는 권리가 되니 나름대로 공평할 수 있겠다.

적당히 여유 있고 적당히 가난한 사람들이 공존하는 사회에서 돈은 행복의 기준이 될 수 있을는지 몰라도 그 차이가 극심한 이곳 브라질에서 '돈'이란 존재는 행복의 필수조건이 되지 못할 수도 있다. 그렇다면 마지막 제3세계의 사람들은 정녕 행복의 모든 조건을 갖추고 있을까? 다시 말해, 화폐의 통용이 거의 없다고 봐야 할 아마존의 원주민들은 행복의 가치를 어디에 두고 생활하는 것일까?

2011년 5월 13일, 나는 아마존 원주민에게 가장 궁금했던 질문을 안고 후안형제와 함께 마나우스를 떠났다.

 하늘은 하늘이요 구름은 구름이다

"물론 다 그렇지는 않겠지. 미국 같은 나라는 흑인들도 대접받고 사니까. 근데 내가 돌아다녀 보니 얼굴이 검은 사람들은 아직까진 가난하게 살더라고. 인도사람들도 그래. 전 세계 어디를 가든 간에 가장 힘든 일을 도맡아 하는 이들은 얼굴이 검은 인도사람들이야."

처음 여행을 시작하고 얼마 되지 않았을 때 만난 어떤 어르신은 이와 같은 이야기를 하셨다. 인종차별적인 발언은 전혀 아니었을지라도 그 말은 자극적이었다. 얼굴이 검은 사람은 꼭 그들의 생활마저도 검게 타들어가야 하는

SOUZA-Q

걸까.

　정말이지 그런 법칙(?)이 존재하긴 하나 보다. 다양한 인종이 모여 사는 브라
질에서도 유독 흑인들은 음산한 곳만 골라서 있었다. 시가지에서 택시로 30분
가량 떨어져 있던 외곽의 한 선착장의 입구. 사람들의 시선을 피하고 싶어도
어두운 골목 사이사이로 가로등에 비친 그들의 눈동자가 반사될 때면 겁에 질
리곤 했다. 양손에 쥐고 있던 비닐봉지를 말없이 꾹 움켜쥐었다. 행여나 도중
에 잃어버리지 않을까 애지중지하던 비닐봉지는 정글로 향하기 위한 입장료나
다름없었다. 비닐봉지 안에 든 내용이라고 해 봐야 설탕과 소금, 커피 그리고
아이들을 위한 조약한 장남감들. 공짜로 숙식을 제공받기에 앞서 첫인상을 좋
게 만들기 위한 나름의 꼼수이자 남의 집에 빈손으로 가면 안 된다는 철두철
미한 가정교육의 결과물이었다. 내 앞에서 길을 안내하는 청년은 역시나 후안.
빈민가의 악취보다 몇 배는 더 지독할 셔츠의 쉰내가 그의 동선을 따라갈 때
마다 고스란히 자취를 남겼다. 그날 오후, 배의 출항시간이 다가와 서두르자고
졸라대자 게으름을 피우던 그가 마지못해 덜 말린 셔츠를 꺼내 입었으니 자업
자득이다. 그런 대책 없는 행동이 눈에 거슬린다 한들 믿을 건 후안뿐이었으니
그 음산한 골목에서 그의 등은 유난히 넓어 보였고 심지어 믿음직하기까지 했
다. 내 뒤로는 두 명의 청년이 더 있었다. 후안의 동생 파비오와 정글롯지의 주
인이라는 카를로스. 본디 이런 환경에 적응된 그들은 침침한 어둠이 가득 찬
골목이 입에 맞는 것 같았다. 물 만난 물고기처럼 그러한 환경을 어찌나 반기
던지. 묵묵히 지나쳤으면 좋을 것 같던 동네 사람들과도 유쾌하게 인사를 나
누며 한참을 이야기하곤 했다.

　우리는 증류수에서 생물이 살지 못한다고 배웠다. 그래서 열대어를 사육
하는 사람들은 일부러 어항에 박테리아를 뿌려주고 물의 급수를 낮춰주기
도 한다. 원래 1급수에 사는 물고기의 종류는 아주 드물고 대부분 예민하
다. 반면 물이 탁한 3~4급수에는 메기나 가물치 같은 물고기가 살기에 안

성맞춤이다. 중요한 사실은 1급수에 사는 쉬리보다 3급수에 사는 메기가 훨씬 더 생명력이 질기다는 점이다. 만약 같은 어항에 어떠한 장애물도 없이 같이 합사시킨다면 메기는 한입에 쉬리를 꿀꺽 삼켜버릴 것이다. 마치 "난 더 이상 잃을 게 없어요. 어차피 탁한 물만 먹고 사는 비루한 인생이니 생명력이라도 질겨야지 않겠어요?"라고 말하는 것 같다. 공교롭게도 메기나 가물치도 1급수에 사는 물고기와 비교하면 색깔이 검다.

출항을 준비하는 선착장의 주민들의 얼굴도 하나같이 검었고 내가 가고자 하는 정글 속의 원주민들도 얼굴이 검다. 신은 공평하니깐, 또 세상은 언제나 하나를 내어주면 하나는 받아가는 음양의 이치를 중요하게 생각하니깐 얼굴이 검은 그들도 세상에서 가장 질긴 생명력을 기반으로 가난함 이면에 무언가를 가지고 있으리라 여겼다. 그런 곳은 쉬리를 닮은 백인들이 접근조차 불가능 곳일 테니.

해먹(그물침대)을 배 안에서 연결하며 옆자리에 누운 사람들과 눈이 마주쳤다. 가벼운 인사를 건네자 그들은 하얀 이를 드러내며 환하게 웃었다. 아마도 이런 생각을 했겠지.

'뭐야? 얼굴이 노랗잖아? 쉬리는 못 돼도 미꾸라지는 되겠군. 적어도 3급수에서 죽지는 않겠어! 환영해 친구여!'

마나우스에서 200km 떨어져 있다는 카를로스의 롯지. 그 거리를 가늠하지 못한 채 잠을 청했는데 난데없이 뱃고동 소리가 울려 퍼졌다. 출렁이는 배에서 부스스 일어나 후안을 찾았다. 시계를 보니 어느덧 6시간을 달려온 뒤였다. 기지개를 펼치며 동쪽 하늘을 바라봤다. 환하게 금빛으로 물든 저 하늘 아래가 마나우스라 생각하자 꽤 멀리 온 모양이라 여겼다. 하늘에선 갑자기 비가 뚝뚝 쏟아졌고 우리 네 명은 육지에서 새촘하게 삐져나온 롯지에 정박했다. 직사각형의 합판을 이어 연결한 수상가옥. 한국에서 고속열차를 타고 지나칠 때 가끔씩 눈에 익혔던 수상낚시터와 꼭 닮은 롯지는 네 명이 발을 디디자 중심을

잃고 한 곳으로 기울어질 만큼 불안하기 짝이 없었다. 정박과 동시에 한 남성이 랜턴을 들고 마중을 나왔고 우리를 안내했다. 니울슨이라는 남성. 카를로스의 부탁에 의해 롯지를 관리하는 원주민이란다.

롯지에 들어서자마자 니울슨이 부엌으로 안내했고 주홍색 백열등으로 불을 밝혔다. 반갑다고 인사를 하는 그의 얼굴 뒤로 벽면에는 수십 마리의 바퀴벌레가 사방으로 흩어지는 게 먼저 보였다. 내 이름을 제대로 알릴 새도 없이 눈을 어디다 둬야 할지 몰랐다. 허기에 굶주린 파비오와 카를로스는 니울슨이 먹다 남긴 빵조각에서 바퀴벌레를 털어내고 우걱우걱 먹어댔으니 나 또한 저렇게 동화되려면 시간이 필요해 보였다. 정말 적응을 하려면 시간이 필요했다.

후안은 뻔뻔한 게 매력이었다. 그러니까 그 뻔뻔함이 너무 과해서 본인 스스로가 투어 가이드임을 망각할 때가 많았다.

"손! 여태까지 자면 어떡하자는 거야? 벌써 9시라고! 부엌에 크래커와 커피가 있으니 어서 먹지그래. 아침을 먹으면 바로 뒤뜰로 나가서 나무 자르는 걸 도와줘. 오늘 마침 비가 오지 않으니 할 수 있을 때 부지런히 롯지를 보수해야 돼!"

참, 잊고 있었다. 나는 여기에 3일간 롯지를 보수하러 왔다는 것을. 강물에 고양이 세수로 대충 얼굴을 닦은 후 부엌으로 향했다. 너부러진 크래커조각을 보는 순간 전날 밤의 바퀴벌레가 상기되면서 식욕이 싹 사라졌고 곧장 뒤뜰로 발걸음을 돌렸다. 나를 제외한 네 명의 청년들은 각자 자기 할 일에 열중이었다. 보수라고 해 봐야 별거 없었는데 사람 허리만한 통나무를 잘라 롯지의 아래에 밀어 넣어 부력을 높이는 게 전부였다. 물론 통나무를 모양에 맞게 자르고 다듬는 과정은 꽤 오랜 시간이 필요하긴 했다.

그래도 아마존에 왔으니 눈에 들어오는 건 통나무가 아닌 강물이었다. 수

족관에서나 봐 왔던 열대어가 맑은 강물 아래로 노니는 게 어찌나 신기하던 지. 크래커 부스러기를 가져와 물고기의 밥을 주는 나를 두고 게으르다며 뻔뻔하게 질책하는 게으름의 왕 후안. 똥 묻은 개가 말도 많았다. 나도 뻔뻔 한 게 매력이니깐 이런 상황에서 내가 하고 싶은 일을 하며 그들의 심기를 적당히 조율하며 하루를 마쳤다.

아마존은 지나치게 평온했다. 평온함 속에는 고요함도 품고 있었고 때론 무섭기도 했지만 노을지는 아마존 강을 바라보고 있노라면 나의 마음도 붉 은 노을처럼 따뜻하게 물들곤 했다. 생각난 김에 카메라를 찾았다. 플라스 틱 흔들의자에 앉아 서쪽 하늘을 바라보며 쉴 새 없이 셔터를 눌렀다. 어쩜 이리도 아름다울 수 있을까. 맞아, 아마존은 대자연의 보고니깐 아무렇게 오토로 눌러대도 이 정도의 사진은 당연한 결과물일 수도 있겠지. LCD창에 뜬 멋진 사진을 보고 나도 모르게 히죽거렸다.

'이 사진은 혼자 보기에 아깝군. 한국에 가면 사진공모전에라도 신청해야 겠어.'

지구 상에서 가장 맑다는 아마존 하늘. 투명한 강물이 그 하늘을 비춰내고 하늘과 강 사이에 공존하는 대기는 오염되지 않은 비옥한 신선함으로 세상의 모든 풍요로움을 포용하고 있었다. 그렇게 몇 장의 사진을 찍었을까. 문득 LCD를 바라보는 내 머릿속에 뭔가가 스쳤다.

'왠지…. 서울 하늘과 참 많이 닮았네.'

사실 그렇다. 자연은 별반 다르지 않다. 내가 365일 바라본 서울의 탁한 하늘도 노을은 언제나 존재했다. 그땐 노을을 감상할 여유조차 없어서 놓치고 살았었다. 그래서 굳이 여행을 통해 마음의 여유를 찾으니깐 그제야 노을이 아름다운 걸 느끼고 그 아름다운 노을을 가진 아마존을 특별하게 여겼는지도 모르겠다. 굳이 아마존이 아니라도 여행 중에 바라봤던 모든 하늘과 노을은 그곳에서만 볼 수 있는 것이라 여기며 사진으로 담았으니 미련한 착각일 수도 있겠다.

모든 것은 여유의 차이일수도 있다. 바쁘게 움직이며 하늘 한번 바라볼 수 없는 서울, 하늘은 어디를 가도 하늘이고 구름은 어디를 가도 구름인데 괜히 여행이란 매개체를 통해 그 아름다움을 느낀 내 입장이 참으로 난처했다. 아름다움은 진정 생활 속에 언제나 존재하는데 그것을 모르고 살았던 내가 한편으로 한심스럽기까지 했다.

나는 아마존으로 들어서기 전에 그 천연의 대자연을 갈망했고 또 그 순수함을 안고 살아갈 원주민을 동경했다. 그래서 난 아마존을 '아직 때 묻지 않은 대자연이 마지막까지 존재하는 곳'이라 여기며 스스로에게 최면을 걸어왔는지도 모른다.

차라리 잘 됐다. 좋은 편견이라고 할지라도 색안경을 낀 채 모든 것을 바

라봤더라면 상처는 더 깊게 패였을 테니깐. 이미 원주민을 만나러 가기 전부터 '그들은 언제나 순수하겠지. 그들은 결코 때 묻지 않았을 테니 외부인에게 따뜻하게 대해 줄 거야'라고 그려왔던 나는 그 미련한 편견마저도 노을지는 사진 한 장에 정리할 수 있음에 감사했다. 사람은 어디를 가도 사람이고 자연은 어디를 가도 자연이니까. 있는 그대로의 그들을 만날 수 있도록 마음의 준비를 할 수 있었던 나는 좌우지간 운이 상당히 좋은 놈이었다.

헬로 카라파냐스!

브라질에선 영어를 쓸 일이 거의 없다. 영어를 할 줄 아는 현지인도 만나기 어려웠고 간판도 영어보단 포르투갈어의 손을 들어주는 편이다. 나는 오래전 포르투갈어를 잠깐 동안 공부한 기억을 무기 삼아 가방 속에서 묵혀둔 포르투갈어 사전을 꺼냈다. 암 그렇고말고, 로마에 왔으면 로마법을 따라야 한다.

나는 브라질에 도착한 순간부터 시간을 내어 포르투갈어를 조금씩 공부하고 있었지만 역시나 현지사람들과 대화를 하기엔 턱없이 부족했다. 롯지에서 보수가 마무리되면 후안의 옆으로 가서 포르투갈어를 꽤 진지하게 수업받았는데 다 나름의 이유가 있어서다. 당장 다음날이면 이동해야 하는 부족마을에선 오로지 나 혼자 버텨야 하기에 기본적인 포르투갈어는 필수였으니까. 내가 가는 부족마을은 본디 원주민언어를 쓰는 부족이지만 현대화가 진행되면서 젊은이들은 포르투갈어의 구사가 가능하단다. 이쯤에서 나에 대한 칭찬도 좀 섞어갈 겸 독자분들께 이런 이야기 해 보려 한다. 똑똑한 배낭여행자는 부지런해야 하고 한 수 앞을 내다봐야 합니다. 여행만 한다고 언제나 노는 건 아니라고요.

하늘이 체했는지 이튿날은 억수 같은 비가 쏟아졌다. 내가 마나우스에 도착한 날부터 대부분 청명한 하늘을 유지하고 있었으나 그날따라 아침부터 세찬 빗소리가 롯지의 합판을 두드리며 잠을 깨웠다. 열대우림인 이곳에서 하루에 한 번 내린다는 스콜성 소나기는 필수라는데 하늘도 딴 짓을 하다 그동안 잊고 지냈나 보다. 밀린 비를 세차게 뿌려대는 그날 아침, 후안은 창문의 커튼을 열어젖히더니 걱정스런 말로 나를 불렀다.

"이런, 비가 오는 군. 쉽게 그칠 것 같지가 않아. 아마 오늘은 롯지 보수를 못 할 것 같네. 내일 일을 좀 도와주고 그 다음날 부족마을로 가는 게 어때?"

"그건 안 되지 후안! 내겐 주어진 시간이 한정적이라고. 비가 와서 보수를 못 도와주는 건 매우 안타깝군. 일손이 부족한 것도 알아. 그렇지만 너는 약속을 지켰으면 좋겠어. 나는 아마존여행이 목적이고 이미 우린 계약을 한 상태란 말이야."

작고 동그란 동양인의 긴장한 눈을 본 그는 잠깐 생각을 하더니 한 발작 물러서고 있었다.

"네가 원한다면야⋯. 우린 친구, 아니 형제니깐. 좋아, 비가 그치면 바로 출발하도록 하자."

여기서 똑똑한 배낭여행자의 조건을 하나 더 짚고 넘어가야겠다. 배낭여행자는 감성적일 땐 한없이 감성적일지라도 언제나 이성을 잃으면 안 된다. 피가 되고 살이 되는 팁이니깐 어디다 적어두어도 좋다.

비는 늦은 오후까지 내리다 점점 소리가 낮아졌고 소리가 낮아질수록 나는 배낭을 더 여미게 정리하며 갈 준비를 마쳤다. 니울슨은 자신의 카누(쪽배)에 고인 물을 바가지로 퍼냈고 이내 출발하자며 소리쳤다. 드디어, 드디어 그들을 만나러 가는 순간이 다가온 것이다. 행여나 문전박대를 당하진 않을까 조마조마 심장을 졸이며 30여 분을 달리자 보이는 작은 마을. 촘촘한 가

옥들이 눈에 들어올 때 후안이 엔진소리보다 훨씬 더 큰 목소리로 나를 불렀다.

"손! 저기가 네가 머물 카라파냐스 부족이야! 어때? 마음에 들어?"

엔진소리가 점차 줄어들면서 카누는 육지로 정박을 했고 역사적인 첫발을 내딛었다. 비행기에서 착륙할 때면 으레 내가 그 나라에 밟은 '첫발'이 닐 암스트롱만큼이나 역사적인 일이라며 항상 의미를 두었는데 카라파냐스 부족에 내딛은 첫발은 그보다 몇 배 더 의미심장했다.

배낭을 메고 마을로 들어서자 사람들은 경계 어린 시선으로 나를 주시했고 후안은 잘 아는 친구를 부르더니만 내가 머물 거처를 정해주었다. 나를 거두어준 이들은 마을에서 제일 어르신인 한 노부부. 할아버지는 내게 딱히 마땅한 거처가 없다며 몰루카라 불리는 전통움막의 아래에 그물침대를 쳐주었고 그곳에서 짐을 풀었다. 움막의 내부에는 의식 때 쓰이는 장신구와 사냥용 화살이 제멋대로 걸려 있었는데 그 사이엔 일반인이 정부의 허가 없이 출입을 금한다는 거대한 팻말이 놓여있었다. 딱 그 장면만 눈에 담고 있으면 이곳은 완벽하게 원주민을 연상시키는 마을이었지만 그 뒤로 늘어서 있는 가옥들은 합판을 이용해 만들어져 있었으니 카라파냐스 마을은 아마존에 존재하는 2천여 개의 부족들 중 현대와 과거 그 중간에 놓여 있는 곳일 테다. 나는 그런 분위기가 어색하면서도 왜인지 모르게 익숙했고 또 한편으론 설레기도 했다. 내가 머물러야 할 곳, 내가 이들과 어떤 식으로든 같이 지내야 할 곳이라 생각하자 밀린 아드레날린이 온몸으로 뿜어져 나왔다. 부족을 만나기 전까지 긴장을 너무 많이 한 탓에 체내의 아드레날린도 체한 모양이었다.

그런 나를 두고 후안은 할아버지와 몇 마디를 섞더니 내가 준비한 선물을 건네주었고 곧이어 떠날 채비를 하고 있었다.

"손, 이제 우리는 가야겠어. 우린 내일 보수가 끝나면 밤에 지나가는 배를

이용해 다시 마나우스로 갈 거야. 정확히 7일 뒤에 너를 데리러 이곳으로 올 테니 걱정하지 마. 참, 여긴 강 주변에 악어가 많아. 악어밥이 되지 않게 조심하라고! 악어는 동양인 고기를 좋아할지도 몰라."

장난스런 그의 농담을 어떻게 받아쳐 줄까 잠시 고민하던 찰나 이미 니울슨의 카누는 시동이 걸렸고 그들은 큰 물살을 가로지르며 서서히 사라져갔다. 그리고 다시 등 뒤를 돌았을 때 마주친 할아버지와 할머니. 건네준 비닐봉지를 손에 쥔 채 눈빛으로 하고자 하는 이야기가 "뭘 이런 걸 다."라고 말하며 내심 선물을 궁금해하는 한국의 어르신들과 꽤나 비슷해 보였다.

할아버지의 이름은 마누아, 할머니의 이름은 모칠리아다. 할머니는 환영의 인사로 물고기를 손질하시며 저녁을 준비하셨고 그동안 나는 마을 한 바퀴 돌았다. 가옥들은 대략 스무 채 남짓 되니 인구는 대략 50명. 모든 가옥마다 해가지는 서쪽을 향해 창문이 뚫려 있었고 그 창문 틈으로 사람들의 눈과 내 눈이 마주치면 그 정적은 생각보다 길었다. 폐쇄적인 사람이었으면 창문을 닫았을 테고 유쾌한 사람이었으면 손을 흔들었을 텐데 이것도 저것도 아니니 이것마저도 딱 중간 정도 되겠다. 아니지. 그들이 진짜 유쾌한 사람이어서 내게 다가와 말도 걸고 환영의 인사로 뭐라도 떠든다면 더 민망할 수도 있었다. 나는 말을 못 하니깐. 할 줄 아는 포르투갈어도 몇 마디 없으니깐. 그제야 실감했다. 대관절 무슨 배짱으로 이곳에 홀로 오게 된 것일까. 후안이 지나간 강물로는 서서히 석양이 지고 있었고 정확히 6시가 되자 어둠이 찾아왔다.

"드륵, 드륵, 드르르륵!"

갑작스러운 고요함을 맞이하기엔 마을 사람들도 마음의 준비가 덜 되었는지 마을 뒤켠에서 세찬 엔진소리가 울려 퍼졌다. 발전기를 돌리는 소리란다. 그리고 몇 분이 채 안 되어 마을의 전구마다 하나 둘 불이 밝혀졌고 모칠리아 할머니는 저녁식사를 들라며 나를 불렀다. 식사시간이 되자 할머니의 가

centro
cultural
Indígena
Karapãna
Aldeia Kuanã

ZONA RURAL

족들이 모였는데 할머니는 슬하에 3명의 아들이 있었고 그 중 막내 힐라리오는 이 마을의 실질적인 우두머리였다. 식사라 해 봐야 볼품없는 생선죽이 전부였지만 맛있게 식사를 마친 아들들은 전구가 불을 밝히는 1시간 동안 할머니로부터 언어를 배우는 데 열중이었다.

"무엇을 배우는 거죠?"

"카라파냐스 부족이 과거부터 써왔던 원주민언어요. 투카노라고 하죠. 저희 부모님이 투카노를 쓰셨던 마지막 세대인데 저희도 알아야 해서 이렇게 배우고 있습니다. 대신 부모님은 포르투갈어가 서툴러요. 혹시나 불편한 점이 있으시다면 언제든 저를 불러주세요."

할머니의 장남 아바카지(원래 이름은 지니에. 아바카지는 별칭이다)는 내게 최대한 친절하게 다가서며 긴장을 풀어주고 있었다. 그러나 내가 긴장한 건 마을 사람들과의 생활이 아니었고 단지 이 마을에 제대로 온 것인지 안 온 것인지에 대한 스스로의 확신이었다.

'이왕 정글로 갈 거면 더 깊숙이 들어갈 걸 그랬나…. 젠장, 생각보다 너무 발전되어 있잖아! 저놈의 발전기와 전구는 사진을 찍기에도 굉장히 거슬리는군. 이 사람들 정말 원주민이 맞긴 맞는 거야? 그냥 여기서 사는 사람들 아냐?'

카라파냐스 마을에서의 첫날, 내가 가장 두려웠던 건 이 마을이 진정 원시생활을 고수하는 원주민들의 마을인지 혹은 그냥 아마존 안에서 현대인들이 사는 마을인지 였다. 도대체가 인간의 욕심은 어디까지일까. 예고 없이 혼자 찾아온 주제에 나는 그들의 생활이 눈에 보이는 것보다 더 불편했으면 좋겠다는 생각을 지울 수 없었다.

아마존의 역할

　남미여행을 떠나려는 나를 향해 사람들은 걱정이 항상 먼저였다. 칭찬과 용기를 북돋는 말은 뒷전이고 어떻게 그런 곳을 혼자 여행하겠냐며 경고하기 바빴다. 솔직히 그럴 땐 뭐라고 대응해야 할지 잘 몰랐다. "이 시기가 아니면 언제 또 가겠어요?"라는 진부한 대답도 해 봤고 "떠나지 말아야 할 이유가 더 생기면 평생 못 갈 수도 있으니까요."라는 문학적인 대답도 해 봤지만, 가슴에서 말한 솔직한 대답은 아마 '거기도 사람이 사는 곳인데 위험해 봤자….'일 것이다.

　사람이 사는 곳은 나름의 근거가 존재한다. 모든 인류가 비옥하고 따뜻한 곳만 골라서 이동했다고 가정하면 전 세계 60억 인구는 적도 부근에만 분포했을 테고 좀 더 오버하면 인구가 골고루 퍼지지 않아 지구의 자전에도 미

세한 영향을 미쳤을 테다. 고로 지금 내 눈앞에서 아침을 맞이하는 카라파냐스 마을의 원주민들도 여기에 정착해야만 했던 이유는 명백히 존재한다.

　마을 사람들은 일제히 해가 뜨는 순간부터 움직였다. 시계를 보니 정확히 아침 6시에 동이 텄다. 그렇군! 적도니깐 일몰과 일출이 12시간 차이가 나는 거다. 적도란 게 지구의 중앙에 위치해 있어서 그런 거다. 어제부터 궁금했던 수수께끼는 억지 평행이론으로 정리가 되어 버렸다. 그들의 모습이 현대와 과거 사이의 중간에 있는 것도, 그들의 성격이 폐쇄와 유쾌 사이의 중간에 있는 것도 어쩌면 카라파냐스 마을이 지구의 중간인 적도에 위치해 있어서 그럴 수도 있으리란 상상력을 낳았다. 그 상상력은 곧 전날의 불안을 덮어주기도 했으니 인간은 탐욕스럽기도 하거니와 때론 미련하기도 한 것 같다.

　그래도 이들은 우리가 살고 있는 현대의 문명과는 상당히 거리가 멀었다. 그 흔한 스마트폰도 없었고 집집마다 아침을 깨워주는 조간신문과 텔레비전 따위도 없었다. 이곳은 정글이니깐 그리고 맹수들과 벌레들이 득실대는 열대우림이니깐 사람들은 이곳을 갈 때 나를 걱정했을 수도 있다. 하지만 아까 말했듯이 이곳 또한 사람 사는 곳 이였고 마을 사람들은 살기 위해 하루를 시작했다. 말 그대로 살기 위해.

　할아버지는 줄낚시를 챙겨들고 강물로 나갔다. 하나씩 건져 올리는 물고기를 잡아 아침식사를 준비하고 있었고 세 명의 아들들은 전날에 설치해 둔 통발과 그물을 확인하며 하루를 시작했다. 냉장고가 없는 그들은 그날 하루 먹을 양을 너무나 자연스럽게 자연으로부터 빌리고 있었다. 딱 먹을 만큼의 물고기를 잡아 올리는 시간은 그리 길지 않았다. 하긴 엄청나게 많은 수의 물고기를 잡으려면 경제활동이란 명분이 있어야 하는데 이 사람들은 화폐의 통용도 없었다. 경제적인 활동이 필요 없다 보니 사람들은 욕심을 낼 일이 없고 또한 남의 밥그릇을 뺏기 위해 그물을 여러 군데 설치할 필요도 없었다.

이곳에 온 지 3일이 지났다. 어느덧 사람들은 내게 먼저 다가와 말도 건네 줬고 무언가를 하려 한다면 나와 동행하는 일이 잦았다. 아니 생각보다 인 기스타였다. 그들은 단순한 약재와 생활에 필요한 소모품을 구하기 위해서 가끔씩 정글로 향했다. 때론 누구를 따라갈지 내가 선택하는 상황도 발생 했으니 이만하면 꽤나 잘 적응된 거라 믿고 싶었다. 그런 소소한 이벤트거리 가 있었음에도 그들의 단조로운 일상은 숨길 수가 없었다. 급변하는 세상에 서도 가장 변화의 물결이 빠른 대한민국에서 사는 내게 카라파냐스 마을의 사람들은 이해가 가지 않을 만큼 생활이 심플했다. 동이 트면 그물을 확인 하고 식사를 한 뒤에는 다시 점심거리를 찾아 사냥을 나가고 오후에는 마을 의 일거리를 조금 돕다가 저녁때가 다가오면 또 그물을 확인하러 가는 원주 민의 삶. 더군다나 나는 말도 안 통하다 보니 도대체 무슨 재미로 남은 며칠 을 버틸까 생각하고 있던 때였다.

그러던 와중, 슬프고도 반가운 뉴스를 전해 들었다. 마을의 우두머리 힐라 리오가 간밤에 입이 돌아갔단다. 구안괘사(口眼喎斜)에 걸린 그는 하루아침에 몰골이 말이 아니었다. 입이 돌아가 말도 제대로 못 하는 그를 보자 모칠리 아 할머니는 얼굴을 어루만지며 걱정했고 강둑으로 나가 그물을 낚는 아바 카지를 불렀다. 그리고 아바카지는 힐라리오를 데리고 또다시 정글로 들어 가려 했다. 궁금함을 못 이기며 그에게 물었다. 아바카지가 손짓으로 겨우 설명한 내용은 주술사를 만나러 간다는 것. 꽤 깊은 정글로 들어가야 하기 에 그는 내게 따라갈지 말지 생각할 시간을 주었고 평소에는 잘 쓰지도 않 던 정글도(칼)의 날을 분주하게 갈았다.

힐라리오에겐 굉장히 미안한 이야기지만 당시의 내겐 그만한 이벤트도 없었 다. 흥분을 힘겹게 감추며 나는 아바카지의 뒤를 따라가기로 결정했다.

"에은… 께루… 세우바(나는 정글을 원한다)."

"에은… 께루… 빠제(나는 주술사를 원한다)."

내 서툰 포르투갈어를 알아들은 아바카지는 내 옷매무새를 점검하더니 긴 소매 옷을 입어라며 설명했고 곧이어 그를 따라 깊숙한 정글로 발걸음을 옮 겼다.

정글은 너무 고요했다. 또 너무 고요해서 무서웠다. 인기척을 내면 동물들이 이동하는 소리가 나무 너머로 들려왔고 그 소리의 근원지가 지저귀는 새들의 울음소리로 밝혀지면 다시 심장박동수가 안정되곤 했다. 앞장선 아바카지는 가는 동안 기다란 칼로 큰 나무의 측면에 표시를 해 두었는데 길을 잃어버리지 않게 해 두는 것이란다. 그를 따라 한 시간 가까이를 걸었을까. 나무와 줄기가 점점 희미해지는 길을 따라 걸어가니 마침내 양지바른 곳에 작은 움막이 놓여 있는 게 보였다. 그곳이 주술사가 살고 있는 곳이라 했다. 확실히 사람이 사는 흔적이 고스란히 드러나 있는 주술사는 철저히 문명과의 접촉을 끊어버린 채 이곳에서 거주하고 있었다. 나무줄기와 잎사귀로 만든 삼각형의 움막은 앙상 한 나뭇가지에 겨우 버티고 있었으며 움막 내부는 생활에 꼭 필요해 보이는 주 전자 하나도 없을 만큼 휑했다. 아바카지는 마을 사람들이 희귀한 병에 걸리

거나 아플 땐 가끔 주술사의 도움을 받는다 했다. 그는 아쉬운 표정과 함께 일단은 기다려 보잔다. 원래 만나기 쉽지 않다는 그의 말에 따라 우리는 움막의 근처에서 2시간가량을 보냈다. 아끼던 담배를 꺼내 심심함을 달래도 보고 움막 속을 들여다보며 시간을 보냈지만 끝내 주술사는 나타나질 않았다. 힘겹게 여기까지 온 게 아쉬웠는지 아바카지는 돌아오는 길에 약재로 쓸 만한 나무줄기 몇 가지를 채집했다. 간혹 도심과의 왕래가 있는 이 마을에선 양약이 존재하긴 해도 비싼 값을 지불해야 하기에 웬만해선 민간요법으로 치료하는 방법을 고수한단다.

마을로 돌아가는 길은 온전히 왔던 길에 표시해둔 칼자국을 바라보고 가야 했다. 왔던 길이 생각이 잘 나질 않으면 아바카지는 의심되는 길목에서 칼자국을 찾는데 대부분의 시간을 허비했다. 행여나 잘못 길을 들어서면 꼼짝없이 정글에 갇히게 되니 말이다. 이것은 곧 원시시대 즉, 태초의 남녀 역할을 보여주는 행동일 수도 있겠다. 남자는 사냥을 하고 여자는 가사 일을 하는 것. 지금은 이런 생각이 보수적이겠지만 사실 '보수적'이란 말의 뜻도 전통을 고수한다는 것이다. 전통적이고 원시적인 게 그들의 생활이니 당연할 수도 있다. 그날, 내 앞에 앞장서던 아바카지는 오래 전 인류의 모습을 행동으로 말해주고 있었다.

한 치 앞을 보기 힘든 울창한 정글에서 오직 칼자국에 의해 방향을 체크해야 하는데 생물학적으로 방향감각이 그리 좋지 못한 여성의 경우 십중팔구 맹수의 밥이 될 가능성이 높다. 다행히도 현대에는 내비게이션의 발명으로 여성이 동대문에서 종로까지 가는데 정글도로 나무를 찍어갈 만큼 어렵지는 않다. 방향감각 때문에 남자들이 원시생활을 하면서 사냥을 나선 것인지 혹은 여자들이 사냥을 더 이상 나가지 않아 방향감각이 퇴보된 것인지는 확실히 모르겠다. 닭이 먼저인지 달걀이 먼저인지 캐내는 것만큼이나 곤란한 질문이니 한번 쯤 생각해 볼 필요는 있어 보인다.

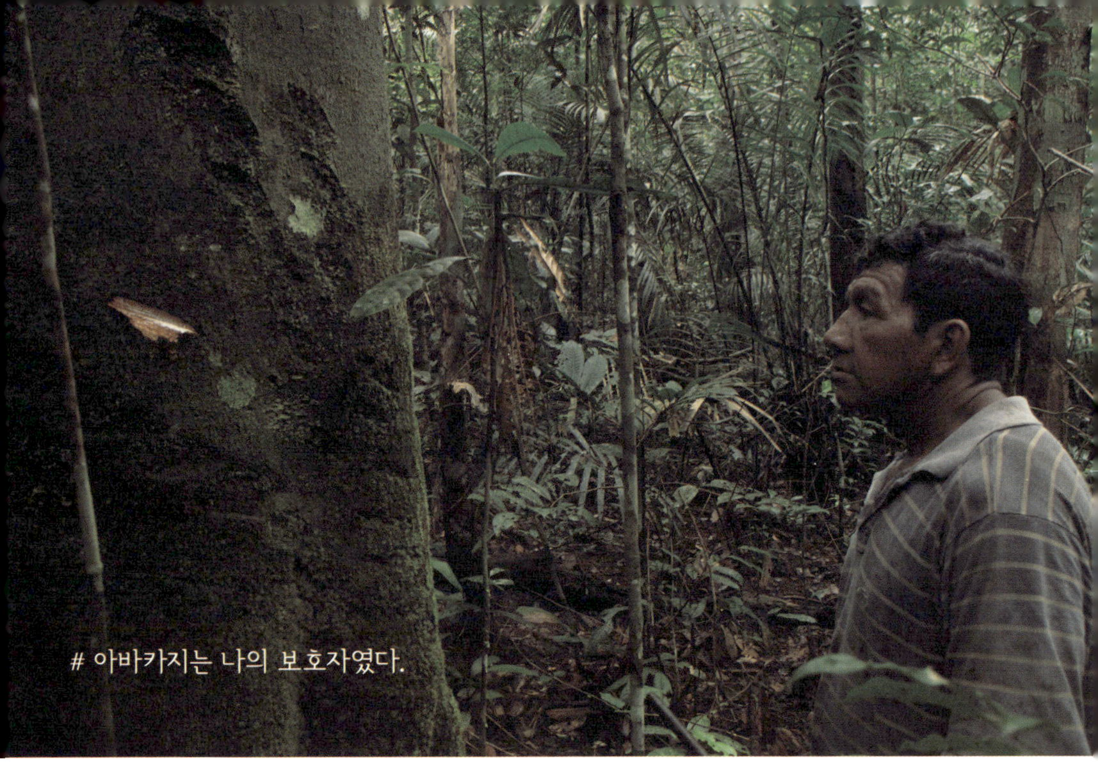

사람들은 방송을 통해서 간혹 접하는 아마존을 보고 지구상에서 마지막 남은 대자연의 보고라며 열을 올린다. 원시에는 전 세계 모든 곳이 아마존과 같았을 터인데 이미 자연을 개발하고 난 뒤에 돌아보니 아마존만큼 소중한 곳도 없다며 보존하려 노력한다. 대지의 산소를 책임지고 오염을 정화시켜주는 아마존의 역할은 실제로 지구를 지탱하는 거대한 에너지자원이나 다름없으니깐. 그런데 우리가 미처 알지 못했던 아마존의 역할은 하나 더 있는 것 같다. 화폐와 문명이 없던 시절부터 인류의 기원을 알 수 있는 곳. 바로 대자연의 원리를 가르쳐 주는 곳이 아마존이 아닐까. 그 대자연 속에서 사람이 사는 곳. 또 앞으로 살아가야 하는 곳. 언젠가 문명의 편리를 받아들일지라도 더디게 발전하는 그들은 우리가 발전하는 만큼 상대적이기에 세월이 지날수록 더 소중할지도 모르겠다. 아마존은 모든 것을 개발하려 드는 우리가 결코 알 수 없는 땅이기에 특별하게 다가오는 것이리라.

"두둑이 먹어 둬. 어차피 훈련소 들어가면 눈물 나게 그리울 거야."

2007년의 무더운 한여름, 의정부의 보충대 앞에서 나는 부대찌개와 한바탕 씨름을 해야 했다. 그리고 며칠 지나지 않아 그 부대찌개가 얼마나 생각났는지 모른다. 남자라면 누구나 공감하듯이 군대에서 가장 고통스러운 것 중 하나는 끝없이 생각나는 '바깥 음식'이다.

삼시 세 끼 물고기로만 배를 채워 온 나는 정글에 오기 전에 먹었던 치킨이 그렇게 그리울 수 없었다. 물론 정글에는 닭이 없다는 걸 미리 알고 있었다. 덥고 습한 기후 탓에 달걀의 부화가 불가능해서 그렇단다. 그런데 그날은 웬일인지 느낌이 좋았다. 마누아 할아버지가 직접 내 손을 잡고 식탁으로 안내했는데 뭔가 대단한 게 있으리라 생각했다. 이럴 수가! 식탁에는 치킨이 올라와 있었고 어디서 났는지 모를 머스타드 소스와 달달한 맥주도 놓여 있었다. 할머니는 행여나 부족할까 봐 소시지를 기름에 들들 볶고 있었고 아바카지는 내게 담배 한 갑을 선물로 주었다. 왜 내게 갑자기 이런 호강이 닥치는 것일까. 감격스러움에 사무쳐 함부로 입에 넣기도 어려웠다.

"언제 이런 걸 다…. 고마워 아바카지, 잘 먹을게요 할머니 그리고 할아버지!"

이제 곧 떠날 시간이 다가옴에 따라 그들이 마련한 특식일지도 모른다는 생각에 나는 할아버지께 고맙다고 꾸벅꾸벅 인사를 드렸다. 할아버지는 고개 숙이는 내 머리를 정성스레 쓰다듬었고 점점 할아버지의 얼굴이 흐릿해지더니 다시 주름진 얼굴이 더욱 선명하게 눈앞에 다가오고 있었다.

"봉지아(좋은 아침)!"

가수 박정현은 그녀의 히트곡에서 이런 말을 했다.

'이건 꿈인걸 알지만 지금 이대로 깨지 않고서 영원히 잠잘 수 있다면….'

맙소사! 얼마나 치킨이 그리웠으면 치킨 먹는 꿈을 다 꿀 수 있을까. 잠이 덜 깬 상태로 할아버지의 두 눈을 응시했다. 대롱대롱 흔들리는 낚싯바늘을 들이밀며 나를 깨우는 할아버지. 레드썬! 드디어 최면에서 깨어나고 나서 어쩔 수 없이 할아버지 뒤를 따랐다. 내 출신이 동방예의지국이라서 그럴 수밖에.

꿈은 현실과 반대라고 누가 그랬던가. 그날 아침은 여느 때보다 영 입질이 좋지 않았다. 처음에는 큼지막한 피라냐 한 마리가 걸려오더니 그 뒤론 아무리 낚싯줄을 던져 봐도 반응이 없었다. 사람들은 낚시란 게 세월을 낚는 작업이라고 했다. 할아버지와 나는 잔잔한 강물을 응시하며 아무 말 없이 걸터앉아 세월을 낚고 있었다. 그때다.

"부아아아아앙!"

오랜만에 보이는 배 한 척이 강물로 지나쳤고 그제야 감상에서 깬 할아버지는 자리를 털고 일어났다. 나도 낚싯줄을 정리하면서 집으로 갈 채비를 했고 떡진 머릿결이 거북해 머리도 감았다. 슬슬 강물을 돌아서는 찰나 찰랑찰랑 발목을 적시는 작은 파도. 몇 분 전에 지나친 배의 물살이 이제야 강둑을 잔잔하게 쳐내고 있었다.

결국 그날 아침 온 가족이 먹을 수 있는 물고기는 오직 한 마리. 그물을 확인하러 간 아바카지는 간밤에 악어가 그물을 헤집어 놓았다며 불평이 심했고 가족들도 점점 떨어지는 식량을 고민하기에 이르렀다. 가족들은 오늘 하루 만주오까를 캐러 가자고 했다.

"만주오까?"

"그…. 우리가 찍어 먹는 거, 메주! 너네는 만주오까를 뭐라고 부르니?"

원주민들에게 가장 흔한 뿌리 작물인 만주오까. 다큐멘터리를 통해서 한 번 본 기억이 있었지만, 그동안 생선국에 찍어먹던 그게 만주오까인줄은 꿈에도 몰랐었다.

만주오까밭은 마을에서 그리 멀리 떨어져 있지 않은 곳에 존재했는데 언제나 부지런한 마누아 할아버지는 오늘도 땀을 뻘뻘 흘려가며 뿌리를 캐고 있었다. 그들이 이 작물을 캐기 위한 것은 탄수화물을 공급하기 위해서다. 만주오까를 몇 바구니 채취하면 껍질을 까고 물에 불린 뒤 독성을 제거하는 데만 반나절이 걸린다. 그리고 그 만주오까를 곱게 갈아 뜨거운 철판에 볶으면서 일정한 모양을 만들면 꼭 누룽지와 같은 팬케이크가 완성되는데 이것을 그들의 언어로 메주라 불렀다. 우리의 밥상에서 꼭 빠지지 않는 된장의 메주처럼 그들의 생활에서도 중요한 역할을 하는 메주는 생선국을 찍어 먹는 용도로 쓰이기도 하고 때로는 간식거리가 되기도 하니 대자연이 이들에게 준 가장 큰 선물일 테다. 그렇다고 그들이 만주오까를 재배하기 위해 따로 경작지를 일구는 일은 없었다. 만주오까는 그 성장 속도가 매우 좋아서 어디를 가던 쉽게 발견할 수 있었으니 우리의 농경문화와 다른 점이다.

그런 그들을 보면서 문득 이들이 추구하는 삶의 방식이 과연 수렵과 채집을 영위하는 구석기시대의 모습인지, 아니면 농경사회를 형성하며 취락을 형성한 신석기시대의 모습인지 구분이 서질 않았다.

'가축을 사육하면 안 되나? 뒤뜰이 저렇게 넓은 데 감자를 심어 놓으면 더 좋을 텐데…. 설마 감자를 본 적이 없어서 그런 걸까?'

하긴 맹수가 득실대는 정글에서 가축을 사육하는 건 말이 안 된다. 농경지의 개간 또한 강수량이 제멋대로인 이곳에선 제한적이기도 했다. 무더운 날씨 덕에 망고와 바나나와 같은 열대과일의 당도도 매우 떨어지니 그들이 할 수 있는 범위 내에서 최선을 선택한 것이다.

사람들은 농경사회를 문명의 시작이라 일컬었고 이를 두고 인류의 혁명적인 사건 즉, '제1의 물결'이라 이름 붙였다. 그에 반해 농경문화의 특징 중 하나인 정착을 고수하면서 식재료는 수렵과 채집을 통해서 얻는 아마존의 원주민들. 어떻게 보면 원시시대와 농업혁명 사이에 존재하는 0.5의 물결 정도

로 해석할 수 있겠다. 물론 그 농업혁명이 혁명적인 이유는 거기서 파생되는 일들이 더 컸기에 가능했다. 농경지를 개간하면서 사람들은 정착을 시작했고 사유재산을 확립하며 경제적인 활동을 이어나갔다. 이것은 곧 자본주의 시대의 태동을 알렸으니 인류의 역사에서 굉장히 중요한 사건이다.

하지만 카라파냐스 부족의 사람들은 그 세찬 물결을 타지 않고 더디게 생활하기를 고수했다. 세찬 물결을 타지 않는다는 것. 마치 오전에 배가 지나칠 때 마주했던 더딘 물결처럼 그들의 삶 또한 그 잔잔한 파도처럼 보이곤 했다. 그런 파동에 익숙한 그들이다 보니 급한 변화의 바람을 갈망하지 않고 이곳에서 정착을 했을지도…. 그들은 이미 중요한 사실을 하나 알고 있었을 것이다. 거품을 내뱉는 세찬 파도는 때때로 그 물결의 변화를 주체하지 못해 쓰나미처럼 모든 것을 집어삼킬 만큼 위험한 부작용을 초래한다는 것을….

미래학자 앨빈 토플러는 그의 저서 '제3의 물결'을 통해 문명의 혁신이 가져다줄 편리와 훌륭한 미래사회의 구현을 언급했다. 그러면서 그는 현대화가 가속화되면서 그가 언급한 제3의 물결 즉, 과학기술의 발달이 야기하는 문제점도 분명 존재한다고 서술한다. 문제점들은 우리가 이미 알고 있을 가족관계의 붕괴와 인간사회의 분열 등이다. 아니 모든 물결은 각각 부작용이 존재하긴 했었다. 사유재산의 확립은 '부(富)의 분배'라는 새로운 문제를 야기했고 분배의 문제는 곧 불평등의 척도가 되곤 했다.

일찍이 나는 이곳을 오기 전에 '화폐가 없는 그들의 삶'을 궁금해 했다. 화폐가 불평등을 야기하는 것이라 한다면 그것이 없는 그들은 모두가 서로를 도우며 생산물을 평등하게 나누는 이상적인 삶을 살아갈까? 사실 유토피아 같은 세상도 분명히 장단점은 있다. 자본주의가 바탕이 되었기에 세상은 치열해진 반면 더 발전해왔다는 건 누구도 부정할 수가 없으니 말이다. 그렇다 해도 원주민들은 우리가 생각하는 것만큼이나 생활이 고달프고 불편하지는 않아 보였다. 단조로운 일상도 현대에선 찾아보기 힘든 매력이며 그 심플한 일상이 나를 당황하게 만든 것도 내가 급변하는 도심의 생활에 이미 익숙해져 있기 때문일 것이다. 여기서 하나만 더 묻고 넘어가 보자. 인류가 새로운 물결을 추구하는 것은 궁극적으로 어떠한 목적 때문일까? 생활의 편리, 좀 더 나은 삶의 영위 등 좋은 수식어는 참으로 많지만 결국 인간이 가장 행복해 질 수 있는 방법을 찾기 위한 것일 테다.

　가장 행복해질 수 있는 방법을 이미 알고 있는 아마존의 원주민들. 문명을 더디게 받아들이는 그들의 삶은 이론적으로 풀이하기엔 뒤죽박죽일지라도 그들 나름대로 환경에 맞게 적응방법을 찾은 '정글혁명'이나 다름없어 보였다.

나의 핸드폰을 만지는 아이들.
　그들에게 문명은 호기심으로 부터 시작된다.

　기다렸던, 아니 한편으론 오지 말았으면 했을 마지막 날이 밝았다. 아바카지는 그날따라 그물을 확인하지 않았고 분주하게 화살촉을 다듬었다. 낡은 소총도 어깨에 둘러멘 그는 사람들과 함께 사냥을 나갈 것이라 했다. 나는 정중히 사양했다. 몇 번 따라가 봤지만, 매번 허탕만 치던 게 눈에 아련해서 그랬다.

　그런데 꼭 행운은 이럴 때 나를 비껴간다. 몇 시간이 지나지 않아 환한 미소로 카누에서 내리던 아바카지. 그의 어깨춤에는 소총 대신 큼지막한 동물이 놓여 있었고 움막에서 수다를 떨던 아녀자들은 하나같이 박수를 치며 좋아했다.

　'뭘까? 도대체 뭘까? 멧돼지? 설마 원숭이는 아니겠지?'

　세상에나! 자세히 들여다보니 그건 다름 아닌 쥐였다. 그런데 쥐라고 하기엔 너무 컸던 그 쥐. 길이가 대략 1미터는 되어 보였다(한국의 친구들은 이 말을 결코 믿으려하지 않는다). 아마존의 서식하는 대형 쥐인 카피바라와 유사한 파카라는 동물. 생쥐 같은 긴 꼬리만 없을 뿐이지 엄연히 설치류 과에 속하는 쥐다. 하긴 뭐 매일 물고기만 먹다 보니 다른 종류의 단백질이 간절하긴 했었다. 그렇지만, 쥐는 쥐다. 쥐를 어떻게 먹을 수 있을까?

　힐라리오의 아내는 큰 솥에 쥐를 내장까지 통째로 넣고 펄펄 끓였다. 그리고 건져 올린 뒤 조각을 냈는데 나를 유난히 예뻐하시던 할머니께서 쥐의 대가리를 칼로 잘라 직접 내게 대접을 하셨다. 무슨 말을 하는지 정확히는 모르겠지만, 이 부위가 제일 맛있다는 내용인 것 같았다. 할머니는 손수 쥐의 볼살을 곱게 뜯어 내 입으로 넣어주시려 하셨다.

　"에우 농 고스토(저 별로 안 좋아해요)…"

　나의 간절한 대답에도, 고개를 절레절레 흔들며 굳은 표정을 짓는데도 할머

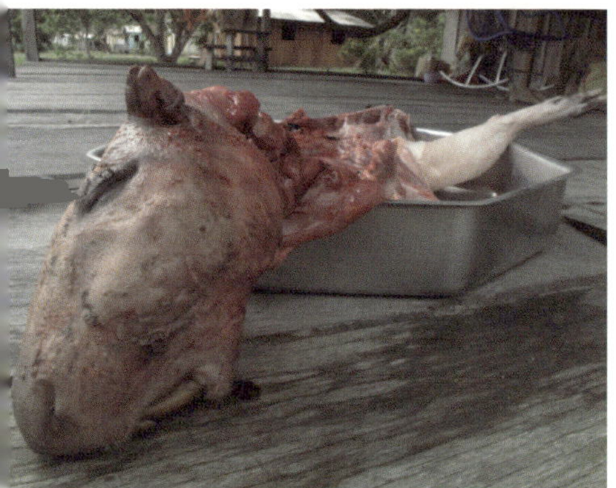

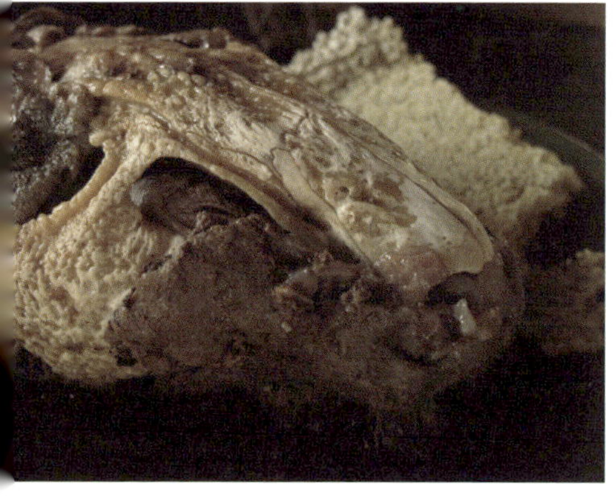

니는 아랑곳하지 않고 내 입으로 쥐고기를 넣어주셨고 나는 질겅질겅 씹으며 생전 처음 맛보는 식감에 좌절해야 했다. 몇 점만 먹어도 배가 불러왔던 쥐고기. 정체를 모르고 먹었다면 돼지고기 수육과 별반 다를 게 없었을 테지만 이미 쥐라는 사실을 인정한 나는 구역질이 날 것 같았다. 비위가 강했던 원효대사도 해골을 먼저 봤더라면 그 물을 결코 마시진 못했을 것이다.

그렇다고 남길 수는 없었다. 가족들이 모두 내가 떠나는 것을 알고 어렵게 구해 온 고기임을 알아차려서 나는 할머니께 최대한 맛있는 표정으로 대신하려 했다. 할머니와 나는 말이 통하질 않으니깐 표정으로 서로가 원하는 대답을 할 때 미소가 자연스레 펴지곤 했다. 끝까지 나를 주시하시는 할머니께 정말 맛있는 표정으로 방긋방긋 웃자 그제야 할머니도 같이 웃어 보였다. 정말 그 어떤 명배우도 이렇게는 못한다!

약속시간이 다가왔다. 속이 울렁거리는 걸 뒤로 한 채 너부러진 배낭을 정리했다. 깔끔하게 정리된 배낭을 움막 아래에 두고 가방에선 작은 기념품들을 꺼내 친하게 지냈던 마을 사람들께 나눠주며 작별을 고했다. 정들었던 사람들은 내 여행에 행운을 빌어주며 인사했고 선물을 챙겨주는 이들도 있

었다. 고맙다는 표현을 녹음기처럼 읊어대고 잔잔한 강물로 나가 후안이 오
길 기다려보았다. 어차피 해질녘에 온다고 그랬으니 시간이 좀 남아있어서
두 번 다시 볼 수 없을 아마존 강을 바라보며 카라파냐스 사람들과의 추억
을 가슴 속에 담아보았다. 그렇게 몇 시간 뒤, 날이 어둑어둑해지면서 악어
가 한두 마리 수면으로 올라올 때 즈음 그리고 강이 붉게 물들며 노을이 질
때 즈음, 나는 다시 배낭을 손에 잡았다. 배낭 속의 침낭을 꺼내야 했다. 약
속했던 그날…. 후안은 오질 않았다.

화요미스테리

이상하게도 그날따라 기분이 묘했다. 손목시계에 표시된 날짜를 바라봤
다. 5월 24일 화요일. 13일에 출발을 했으니깐 벌써 열흘이 넘었다. 나는 불
안하고 초조했다. 그러다가도 막상 사람들과 노닥거리다 보면 진정이 되었고

다시 불안해지곤 했다. 왜 마을 사람들은 이리도 시큰둥할까. 사람들은 후안이 오지 않는 것에 대해 크게 신경 쓰지 않는 눈치였다.

'그는 왜 오지 않았을까? 혹시 무슨 일이 생긴 건 아닐까?'

만주오까를 다듬는 아바카지에게 다가갔다. 바쁜 줄 알면서도 그에게 부탁을 했다.

"까사 지 니울슨(니울슨의 집), 바모스(가자)."

후안은 게으른데다 대책이 없으니 지금쯤 니울슨이 있는 롯지에서 퍼질러 잠을 잘 수도 있으리라. 전속력으로 내달리는 카누의 뱃머리에서 세찬 바람을 맞아가며 실눈을 뜬 채 롯지를 주시했다. 너무나 고요한 롯지. 니울슨도 그리고 9살 난 그의 아들도 집을 텅 비운 채 아무것도 없었다. 부엌에는 크래커 부스러기도 없는 걸 보니 집을 비운지 며칠이 되었나 보다.

'뭐지? 왜 아무도 없을까?'

다시 불안하고 초조했다. 아바카지에게 후안의 전화번호를 혹시 아느냐고 손짓으로 물었다. 그는 알리가 없었다. 그때 알았다. 아주 엄청난걸!

'아뿔사! 난 후안의 핸드폰 번호도 몰랐구나….'

짐 캐리 주연의 영화 〈트루먼 쇼〉가 있다. 거대한 스튜디오 안에서 그는 결코 나올 수 없으며 그의 일상은 모두 거짓으로 얼룩진 하나의 연출이다. 그의 부모도 그의 아내도. 심지어 그의 소소한 일상 하나하나가 계획된 의도에 의해서만 움직여진다. 내가 정글에서 갇히게 되어 버린 것도 어쩌면 모든 사람들이 꾸며낸 브라질판 트루먼 쇼이지 않을까? 그것이 아니라면 내게 원한이 있을 누군가가 계획적으로 담합하여 나를 이리로 이끌었을까? 찔리는 게 있으니까 더 불안해지는 게 사람이고 털어서 먼지 안 나오는 사람 없는데 그날은 눈에 보이는 모든 것들을 믿고 싶지 않았다.

다시 카라파냐스 마을로 들어서 짐을 풀어놓은 움막으로 향했다. 배낭 옆의 테이블에는 식사 후에 꼬박꼬박 챙겨 먹던 말라리아 약통이 놓여 있었

다. 나는 약통을 들고 강물로 나가 100정에 가까운 모든 항생제를 강물에 녹여버렸다. 심각한 부작용을 예감해서다.

정글에 온다면 모기가 1억 마리는 있을 줄 알았다. 더군다나 '카라파냐스'라는 어원도 모기를 뜻해서 이쪽 동네는 모기가 많다고 했다. 말라리아 약을 결코 꺼내들 일이 없을 줄 알았는데 정글에 오고 나서부터는 계획적으로 복용했었다. 그런데 일주일이 지나자 심각한 부작용이 나타나고 있었다. 머리를 긁으면 긴 머리카락들이 우수수 낙엽처럼 떨어졌고 머리를 긁은 두피의 부근으로는 머리숱이 휑했다. 놀란 마음에 머리를 감고 다시 만져도 보았지만, 주체할 수 없이 빠지는 탈모증상. 걱정과 근심으로 인한 합병증상일 테다. 더 큰 문제는 속도 좋지 않았다는 점이다. 독한 말라리아 항생제의 부작용은 탈모뿐만 아니라 심각한 소화불량도 초래하는데 정글에서는 치명적이었다. 글쎄다. 정글에서 가장 위험한 병들이 몇 가지 있을 줄로 안다. 황열병도 있고 전염병도 있을 수 있다. 하지만 난 변비가 가장 위험한 질병이라고 손꼽는다.

마을의 뒤뜰에는 성인남성이 간신히 들어갈 만한 간이 화장실이 마련되어 있었다. 구덩이를 파 놓고 널빤지 두 개를 발판삼아 일을 보는 전형적인 푸세식 화장실이다. 그곳은 사방에 나무판자로 둘러싸여 있었는데 들어가기 전에 살충제를 방사하면 놀라운 광경이 펼쳐졌다. 엄지손가락만 한 모기부터 날아다니는 벌레들이 비둘기 떼처럼 우르르 나오곤 했다. 살충제로 아무리 방사를 하여도 화장실에 들어가는 순간 양쪽 귀에는 윙윙거리는 소리가 들렸고 바닥에는 바퀴벌레와 거미가 성큼성큼 걸어 다녔다. 삐질삐질 흘러내리는 땀도 닦을 시간도 없이 빨리 일을 처리하지 않는 이상 십중팔구 평생 물릴 모기는 다 물리게 되는 게 이곳의 이치인 것이다.

한편의 호러영화처럼 정신이 붕괴된 나는 모든 것이 지긋지긋하게 무서웠다.

그날 오후, 해먹에 누워 왼편에 길게 늘어진 아마존 강을 주시하며 말없이 시간을 보내고 있었다. 멀리서부터 퍼져오는 작은 뱃고동 소리가 점점 세게 들려오고 있었다. 정신을 차리고 다시 강물로 향했다. 작은 쾌속정 하나가 이리로 오고 있었다.

'설마…. 그렇군, 드디어 후안이 오는구나!'

해피엔딩처럼 모든 것이 이렇게 극적으로 끝나리라 생각하자 티 안 내려던 미소가 입가에 번졌다. 생각 같아서는 그를 한 대 치고 싶었는데 사람이 간절해지다 보니 그렇게는 못 할 것 같았다. 있는 힘껏 꼬옥 안아줄 준비를 마치며 보트를 향해 손을 흔들었다. 이내 보트는 정박했고 그 안에서 한 남성이 내렸다. 수염이 덥수룩한 한 백인 남성. 후안은 보트에 없었다.

"무슨 일이시죠?"

"당신을 조사하러 왔습니다."

그는 두툼한 서류뭉치를 들고 테이블로 나를 안내했다. 그도 이 마을은 처음인지 화살과 장신구를 몇 번 만지작거리더니만 곧 본론으로 들어갔다.

"당신은 어떻게 이곳으로 오게 되었나요?"

"그야…. 후안이라는 친구를 따라 같이 오게 되었어요. 아마존 보호단체의 허가도 받았고요. 후안에게 돈을 지불하고 온 거에요."

"흠…. 여권만료날짜와 지금 가지고 있는 돈 그리고 한국에서의 직업을 말해주세요."

"왜 말해야 되죠?"

"묻는 말에만 대답하도록 해요."

그는 도대체 왜 그런 것을 궁금해 했을까? 또 내 배낭은 왜 뒤졌을까? 다시 그 백인 남성을 바라보았다. 이탈리아 계통의 이주민이라는 그는 영어도 악센트가 강해서 도무지 알아듣기 힘들 정도로 난해했다. 마피아영화를 많이 본 탓에 그의 국적이 무서워 한껏 겁먹은 나는 묻는 말에 충실히 대답을 마쳤다. 그러던 와중, 난 그가 갑자기 낯익었다. 아주 잠깐 그를 본 기억이 있었다. 바로 마나우스 시내에서 말이다. 필름을 돌려보면 내가 후안과 함께 돌아다니던 와중 한 여행사를 방문한 적이 있었다. 후안의 친구가 운영하는 그곳에서 커피 한잔을 마시고 있었는데 바쁘게 빠져나갔던 한 백인 남성이 있었다. 그가 바로 지금 내 앞에서 조사를 하고 있는 그 이탈리아인이었다.

그는 궁금한 게 많아 보였다. 어떻게 이곳까지 오게 되었는지와 어떻게 마을주민들로부터 허락을 받아서 같이 생활을 하게 되었는지도 캐물었다.

"마나우스에서 장을 봐 왔어요. 한 15만 원 가까이요. 그걸 먼저 부족사람들께 선물로 드렸는데 이렇게 움막 아래 그물침대를 놓아 주셨어요."

"확인해 볼 수 있을까요?"

설탕이나 커피와 같은 걸 확인하면 좋으렸만 그는 마을 아이들이 가지고 놀던 조약한 장난감에 먼저 시선이 갔다. 피식 웃으며 휙 던져버리곤 그는 말을 이어나갔다.

"이 집의 주인이 누구죠? 공짜로 여기서 머물렀다면 사람들에게 다른 보상을 좀 해 줬으면 좋겠군요. 사람들의 생활에 진정으로 필요한 것 말입니다.

아시다시피 이 사람들 경제적으로 많이 힘들어요.”

　그때 아바카지와 힐라리오는 자리를 비운 상태였고 오직 할머니만 집에 있었다. 이탈리아 남자는 할머니를 불렀다. 할머니의 서툰 포르투갈어, 이탈리아 남자의 어려운 영어, 나의 조잡한 영어가 두 다리를 거쳐 통역이 되다 보니 서로 말이 잘 통할 리 없었다. 어쨌든 그가 말한 보상은 가솔린이었다.

　“많이는 필요 없고 한 10만 원 정도만 보상해 주시면 좋겠는데.”

　과연 그가 그런 말을 할 권리가 있을까? 그의 정체부터 묻고 싶었다. 그는 원주민을 보호하는 기관에서 파견된 사람이며 상부의 지시에 따라 나를 조사하러 온 것이라 했다. 나는 구체적으로 더 캐묻고 싶었지만, 그는 최대한 대답을 애매하게 해댔다. 그는 단지 나를 거두어 준 마을사람들에게 ‘인간적’측면에서의 ‘경제적’보상을 요구했으며 농담 반 진담 반이라 더욱 나를 혼란스럽게 하고 있었다. 그는 할머니께 부지런히 통역을 했는데 할머니도 고개를 끄덕이며 가솔린을 원한다는 뉘앙스를 남겼다.

　‘그래 그건 뭐 중요하지 않지. 지금 내 상황부터 이 사람에게 말하는 게 먼저야.’

　“저기요. 저 지금 상황이 매우 곤란해요. 후안이라는 친구가 있는데 그가 데리러 오질 않았어요. 그를 만나게 해 주세요. 보니깐 쾌속정을 타고 오셨네요. 지금 같이 마나우스로 가서 후안의 여행사친구를 만나게 해 주면 안 될까요?”

　“오…. 그건 불가능하지요. 저흰 정부에서 파견된 사람이지 구조원이 아니라고요. 게다가 당신은 무료로 여기서 숙식을 했으니 보상을 해주지 않으면 나가기 곤란해요. 참, 우리는 마나우스를 가기 전에 다른 부족들도 살펴봐야 한답니다. 정신이 없단 말이에요!”

　고개를 절레절레 흔드는 그는 테이블 위에 있는 내 소중한 담배를 허락 없이 한 대 태웠다. 담배를 모두 태우는 시간까지 서류에만 집중하던 그는 가방에서 캠코더를 꺼냈고 마을의 전경을 하나씩 담아냈다. 곧이어 그 볼록한 렌즈는 나를 향했다.

"아까 제게 말했듯이 여기에 온 목적과 개인신상을 모두 말하세요. 물론 나갈 계획도요. 후안이라는 친구에게는 제가 찾아보고 영상으로 전해드리지요. 하고 싶은 말을 하세요."

"그냥…. 후안에게 하고 싶은 말은 편지로 쓰면 안 될까요? 그렇게 하고 싶어요."

"캠코더에 대고 말하세요."

나는 세상에서 가장 처절한 영어로 카메라 렌즈를 향해 돌아오란 말만을 내뱉었다. 처절한 내 행동을 보면서 그가 씨익 웃자 치석 낀 이빨 틈으로 금니가 빤짝였다. 그가 웃는 의미는 단지 지금의 내 모습이 우스워서였을까….

녹화신호를 알리는 빨간불이 꺼졌다. 침착하게 그에게 내가 궁금한 사항들을 정렬했다. 전에 방문했던 여행사의 전화번호라던가 후안의 연락처를 알 수 있는 방법 등 있는 대로 다 물어보았지만, 그는 알지 못했다. 지푸라기라도 잡는 심경으로 마나우스에서 이곳으로 출항하는 배편을 물어보았다. 다행히도 그는 그건 알고 있었다. 꼼꼼하게 날짜를 기입해 주면서 정확히 일주일 뒤인 31일에 후안이 여기로 올 것이라며 그는 확신에 찬 목소리로 이야기했다. 후안이 바쁘다면 그의 친구라도 보내줄 테니 걱정하지 말라고 위로했다. 난 그를 절대적으로 믿고 싶었다.

이탈리아 남자는 떠나는 길에도 담배 두 개비를 챙겨 들고 보트에 올라탔다. 마나우스에서 다시 보자는 기약 없는 인사를 건네주며 유유히 사라지는 미스테리한 남성. 추리소설처럼 비비꼬인 퍼즐조각 같은 그의 행동들이 해석될 리 없었다. 나는 후안의 전화번호도 적어 놓지 않은 미련하고 멍청한 여행자니깐.

'그는 왜 느닷없이 이곳을 방문했을까? 정부에서 파견된 사람이라면 나를

의심해서였을까? 외부인인 내가 여기서 밀입국한 채로 숨어 지내는 것이라 생각 한 걸까? 그게 아니라면 모든 것들이 딱딱 들어맞는데 정말 한편의 트루먼 쇼일까?'

똑똑한 여행자가 아닌 나는 결코 해답을 찾을 수 없었다.

치졸, 옹졸, 졸렬의 하모니

원주민 언어라는 투카노를 배우고 싶었다. 말이라도 유창하게 할 줄 알면 할머니께 딱 물어보고 싶은 게 있었다.

'정말 가솔린을 원하시는 거죠? 그렇다면 드릴 수 있어요. 하지만, 지금은 수중에 돈이 없으니까 후안이 오면 드리도록 할게요. 근데…. 정말 원하시는 거 맞으시죠?'

좀 더 냉정하게 현실을 분석했다. 내가 정글에 온 것을 일종의 투어라고 생각한다면 매일의 숙식비를 지불함은 물론이요 그 사람들 생활에 어떠한 방식으로든 방해가 되어서는 안 되었다. 장기여행을 하는 이들이 현지인들의 가정에서 혹은 오지에서 다이내믹하게 생활해 보는 것을 자신의 만족이라는 기준을 제거하고 냉철히 바라봤을 때 그들의 생활에는 변동이 없어야 했다. 나는 당연히 가솔린을 드려야 했다. 아주 당연히….

의심되는 건 정말 할머니가 어제 이탈리아 남자가 캐물었을 때 그 말을 제대로 알아듣고 대답했냐는 것이다. 포르투갈어가 서툰 할머니는 그저 고개만 끄덕이고 멀뚱멀뚱 쳐다본 것이 전부인데…. 그럴 땐 스스로에게 질문했다.

'그래. 내가 아무리 여기서 일손을 돕고 마을 사람들에게 선물을 준비했다지만 애당초 공짜로 숙식을 제공받으며 무엇을 하려던 자세가 잘못된 거야. 내가 기분 좋게 드려야 그들도 기분 좋게 받을 테지.'

그렇게 쉽게 생각하면 마음이 편해졌다. 후안이 오기만 한다면 가솔린에 상응하는 금액을 쥐여주면 되는 것이었다.

그런 생각도 잠시, 점심식사를 챙겨주던 할머니께서 내게 나지막하게 물었다.

"델리시오스(맛있어)?"

왜 할머니는 단 한 번도 묻지를 않았던 그 말을 꺼냈을까? 괜히 우리의 관계가 가솔린 값으로 맺어지자 관계를 재정리하려든 것일까? 그래서 음식이 맛있냐며 물어볼 수 있으리란 못난 상상력을 그려내고 있었다. 마음속으로는 돈을 드리는 게 당연하다고 여기면서도 정작 겉으로는 이해관계를 따지는 졸렬한 티를 어김없이 내고 있었다. 그 졸렬한 티는 그날 저녁식사에서 고스란히 드러났다.

완전히 무기력해진 나는 마을 사람들을 따라 정글로 들어가는 것도 흥미가 없었고 어느 순간부터 할아버지를 도와 물고기를 낚는 일도 하지 않았다. 단지 강을 바라보며 하루 종일 먼 산을 바라보는 게 일상처럼 정형화되고 있었다. 그날 오후 할머니는 동전 지갑과 같은 작은 주머니를 가지고 오더니 그곳에서 구겨진 5헤알(3,500원) 지폐를 아바카지에게 건네주었다. 큰 부족으로 가서 냉동 닭을 사오라는 것이었다. 할머니는 내게 슬프냐며 물었고 저녁은 맛있는 것을 해 줄 테니 기운을 내라는 말을 했다. 손짓으로 최선을 다해보는 모칠리아 할머니. 정말 그날 저녁은 처음으로 닭고기가 식탁에 올라왔다.

카라파냐스 마을로 와서 열흘 동안 물고기를 어림잡아 50마리 정도는 먹었다. 질리도록 물고기만 먹어서 몸에서 비린내가 날 지경이었는데 눈앞에 있는 닭고기는 경이로워서 정신을 차리기 힘들었다. 아바카지와 내게 어서 식사를 하라는 할머니. 할머니께 먼저 맛보시라는 말도 없이 우걱우걱 닭고기를 삼켰다. 너무 맛있었다. 너무 맛있어서 주체를 못했다. 한 조각을 놓고 물렁뼈까지 아삭아삭 씹어대는 아바카지와는 달리 나는 먹을 수 있을 만큼 더 먹어볼 작정이었다.

'어차피 내가 돈을 내야 하는 관계인데 닭고기 한 조각 더 먹을 권리는 있어.'

치졸한 마음가짐을 등에 업고 닭의 날개를 하나 더 접시에 담았다. 아바카지는 두 조각을 먹었고 나는 다섯 조각이나 먹은 뒤에 자리에서 일어났다. 하나 더 먹을 수 있었지만 그래도 할아버지 할머니의 몫이라 여겼으니 적당히 먹은 것으로 생각한 채 담배를 태웠다. 내게 담배를 배운 아바카지가 하나 얻어 태울 수 있냐는 말을 꺼냈는데 그날만큼은 왠지 그냥 주기가 조금 아까웠다. 어쩜, 이리도 치졸할 수 있을까.

그런데 그때 난 못 볼 것을 보고 말았다. 뒤늦게 방에서 우르르 나오던 힐라리오의 가족들. 그리고 힐라리오의 가족들과 같이 착석한 할머니와 할아버

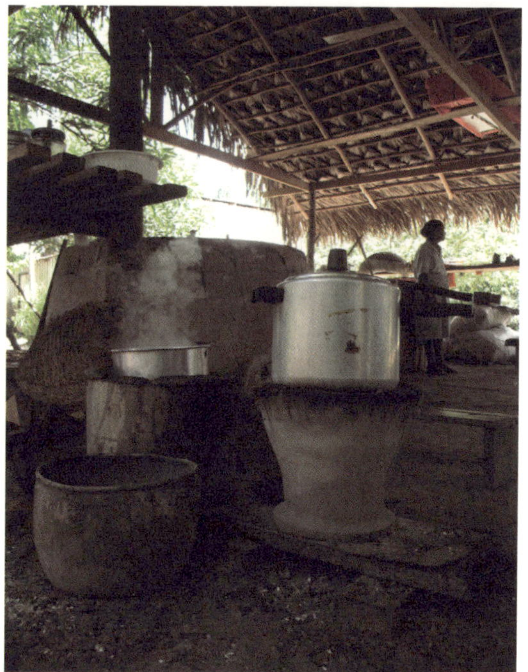

지. 여섯 명의 식구들은 몇 조각 안 남은 닭고기를 보고 너무 좋아하며 아낌없이 먹고 있었고 메주를 꺼내 국물에 비벼 허겁지겁 삼키는 게 눈에 들어왔다. 내가 닭고기를 원했던 것보다 훨씬 더 간절했을 그들. 시간을 정확히 10분만 돌렸더라면 그렇게 치사한 행동을 멈출 수 있었을 텐데….

　사람은 언제나 지난날의 과오를 후회한다지만 그날 하루 종일 마을 사람들에게 졸렬하게 행동한 나는 후회하기엔 너무 멀리 와 버린 상태였다. 가슴을 치며 후회했다. 그들이 그렇게 닭고기를 좋아하는 줄 미처 몰랐기 때문이다.

　힐라리오에게 죄책감이 들었다. 그는 가장이라는 명분하에 자녀들에게 큼지막한 닭고기를 내어줬을 텐데 얼마나 배가 고팠을까…. 안드레 사장님이 말하길 아마존의 인디오들은 영양소의 공급이 원활하지 못해 70%가 영양 실조로 허덕인단다. 그만큼 그들에게 오늘과 같은 특식은 특별할 수 있는데 항상 남들보다 70% 높은 칼로리를 접하는 나는 정말 비겁했다. 가방을 뒤져 여행 중에 샀던 엽서 한 뭉치를 꺼냈다. 아직 발전기가 돌아가고 있어서 힐라리오의 방안으로 작은 불빛이 새어 나오고 있었기에 용기를 가지고 그의 방으로 향했다.

　"힐라리오!"

　"무슨 일이야?"

　"선물을 주고 싶어서…. 이건 엽서야. 여기에 보이는 나라는 터키라는 나라지."

　장신구를 만들고 있던 그의 아내는 사진이 너무 예쁘다며 좋아했고 가족 사진이 놓여 진 벽면에 나의 엽서를 가지런히 정렬해 두었다. 그 가족사진을 본 나는 또다시 마음이 무거웠다. 폴라로이드 사진으로 즉석에서 인쇄된 흐릿한 사진이 그들의 가족사진이었다. 평소에는 결코 입을 일이 없을 나뭇잎 옷을 입고 젖가슴을 드러낸 힐라리오의 아내. 사진 속의 넷은 억지로나마

웃고 있었지만 그들의 진실한 삶과는 거리가 멀었다. 아마도 관광객이 찍어서 선물을 한 모양이다.

그들은 경제활동을 하지 않는다. 그래도 가솔린 값을 충당해야 하기에 어느 정도의 돈은 꼭 필요하다. 마을사람들은 장신구를 만들어 시내에서 팔기도 했고 힐라리오의 가족사진처럼 행사가 있으면 가족끼리 전통의식을 선보이며 돈을 받기도 했다. 진정성이 결여된 의식을 하는 그들은 얼마나 고달팠을까….

힐라리오의 아내는 마을·우두머리의 아내답게 짧은 영어를 몇 마디 구사했는데 마침 내일 마나우스로 갈 예정이라 했다. 노란 마대자루를 꺼내 보이면서 이번에 나가서 팔 것들이라며 내게 자랑을 늘어놓았다. 내 상황을 아는 그녀는 이와 같이 말했다.

"Go together(같이 갈래)?"

방글방글 웃으며 이야기하는 그녀의 그 말 한마디. 나는 갈피를 못 잡고 있었다. 정말 그들을 따라 마나우스로 갈지 말지 고민이 되었다.

그때 나의 상황을 돌이켜보면 힐라리오의 가족을 따라나서는 게 맞았다. 하지만 멍청한 여행자인 나는 크나 큰 실수가 하나 더 있었다. 먼 길을 떠나야 했기에 여권과 노트북 등의 중요한 귀중품들은 죄다 안드레 사장님의 집에 보관을 하고 왔다는 점. 그리고 나는 안드레 사장님의 전화번호도 모른다는 점. 어떻게든 후안이 와야 연락이 가능했고 후안이 와야 이탈리아 남자가 말한 대로 적절한 보상금액을 손에 쥐여줄 수 있었다.

물건을 팔고 일주일 뒤에 다시 돌아온다는 힐라리오의 가족들. 다음날 아침 정기선이 지나갈 때 나는 말없이 그들에게 손을 흔들어 주었다.

거울아 거울아

뙤약볕이 내리쬐는 마나우스의 시가지에는 노점상이 줄줄이 늘어서 있다. 노점상 사람들은 파는 물건이 다 제각각이지만 장신구를 파는 사람들도 반드시 존재해 있었다. 그들의 얼굴은 카라파냐스 마을의 사람들처럼 검었는데 아마 힐라리오의 가족도 마나우스로 나간다면 그와 같은 일을 할 모양이었다. 힐라리오는 9살 난 큰 딸과 6살 난 막내딸이 있었다. 학교공부를 장려하는 힐라리오는 두 딸에게 학업에 필요한 것들을 사러 가야 한단다. 세월이 변하면서 그 또한 딸들에겐 더 넓은 세상을 보여주고 싶은 마음이 컸나 보다. 인디오들의 삶은 변할지라도 결코 변하지 않는 한 가장의 삶. 강둑에서 그들을 배웅했던 나는 전날 밤의 잘못이 상기되면서 또다시 마음이 무거웠다.

그들을 보내고 투명한 강물에 얼굴을 비췄다. 콧수염은 사방으로 정신없이 나 있었고 인상은 좋지 못했다. 거울처럼 맑은 아마존 강을 보며 혼자 생각에 잠겼다.

'거울아 거울아. 세상에서 누가 제일 치사하니?'

'손제영이요. 돼지같이 처먹기만 하거든요. 양심도 없나 봐요.'

'거울아 거울아. 세상에서 누가 제일 멍청하니?'

'아까 그 돼지요. 뭘 믿고 안드레 사장님께 여권과 돈 그리고 노트북까지 맡겼데요? 게다가 집 주소도 모르잖아요. 마나우스는 서울보다 6배가 넓은데 절대 못 찾을 걸요? 그런 바보는 또 없습니다.'

몇 분이 지났을까. 강물 위로 작은 뱀 한 마리가 유유히 헤엄치는 걸 보자 그제야 정신을 차리고 다시 마을로 들어섰다.

며칠만 더 버티면 31일이었다. 후안이 그날 반드시 올 것이라 믿었다. 마을 사람들보다 더 단조로운 생활을 하면서 가끔 그들의 일손을 도우며 하루를 보내곤 했다. 어느새 그들이 내게 가장 많이 묻는 말은 "슬퍼?"였다.

그런 내게 아바카지는 꽃향기가 그윽한 비밀의 화원으로 안내하기도 했고 마을의 어린이들은 화살을 들고 와 같이 활쏘기를 하며 최선을 다해 놀아주기도 했다. 잠깐이지만 그때 나는 여기서 영원히 못 나갈 수도 있다는 생각이 들곤했다. 이곳에서 이들과 계속해서 살 경우 어떻게 생활해야 할지 고민이 되기도 했으니까….

5월 31일이 오기까지 내가 마을에서 가장 많은 시간을 할애했던 건 역시나 강물을 바라보며 감상에 빠지는 것이었다. 안드레 사장님이 아마존 강에 대해 설명하던 그때가 생각났다.

"아마존은 대기의 순환이 이루어지는 곳이죠. 끊임없이 돌고 돈답니다. 강물은 증발해서 구름이 되고 구름은 곧 비가 돼서 다시 강물이 되지요."

물과 대기의 순환이 이루어지는 이곳 아마존. 아마존 강은 온 세상을 거울처럼 잔잔히 강물 위로 다 비춰냈다. 마치 나의 인생이 투명하게 비춰지듯 강을 바라보고 있노라면 씻지 못할 상처들이 다시금 수면으로 떠오르곤 했다.

바람직하게 사는 척했지만 내겐 감추고 싶은 큰 그늘이 많다. 태어나 처음 어머니를 울린 기억. 초등학생 때 부잣집 친구의 집에 생일파티를 다녀와 어머니께 왜 우리 집은 친구를 초대할 수도 없을 만큼 형편없냐고 따졌을 때 어머니는 그저 미안하다는 말만 내뱉으며 나를 끌어안았다. 10살이라는 나이는 가난의 인식은 있지만, 철은 없는 그런 나이다. 그리고 학창시절 학급 친구를 괴롭혔던 과오. 그때 친구는 호소하듯이 울면서 내게 이런 말을 했었다.

"지금도 자다가 니 생각을 하면 벌떡벌떡 깨…."

성인이 되어서도 그 못된 버릇은 고스란히 남아 군대 후임에게 씻을 수 없는 고통을 안겨주었다. 전투화 굽으로 너무나 많이 정강이를 때린 나머지 상처가 아물지 않자 나는 그에게 한여름에도 긴 바지를 입고 다니라고 명령했었다. 그의 부모님이 면회 왔을 때 선임이라는 이유 하나만으로 나의 두 손을 잡고 "우리 아들 잘 부탁한다."라는 말하기 전까지 나는 그에게 평생 아물지 못할 상처를 주었다. 살면서 지은 죄가 이렇게 많았는데 나는 항상 운과 기회가 좋았다. 내게 상처받은 이들은 어찌할 방법도 찾지 못한 채 가슴만 움켜쥐어야 했을 텐데.

결국 인생은 인과응보다. 지난날의 과오를 내 인생에서 가장 화려한 이 시기에 되돌려받는 것이 아닐까. 후안이 내 가슴에 못을 박은 것도 지난 과오가 너무 커서일까…. 아마존의 강이 증발하면서 하루 한차례 내리는 소낙비가 되듯

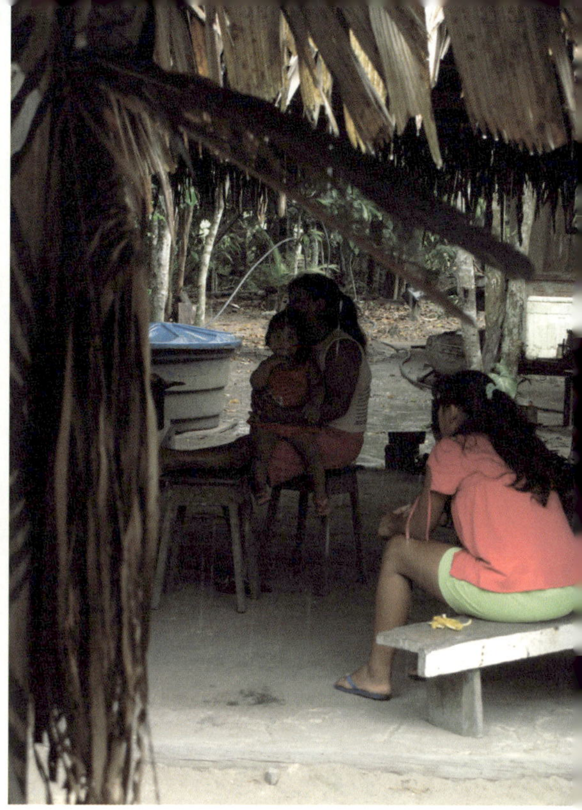

이 사람이 저지른 일은 너무나 당연한 자연의 순리대로 이동하기 마련인 것일까? 세상 모든 것을 비춰내서 항상 아름답게만 느껴졌던 아마존 강. 그날 하루 아마존 강을 바라볼 때면 미친 듯이 괴롭고 가슴이 아려왔다.

약속했던 31일. 한동안 무기력했던 나는 아침부터 에너지가 넘쳤다. 식사를 하면서도 오늘은 마나우스로 갈 것이라며 당당하게 이야기하곤 했다. 그렇게라도 해야 마음의 진정이 되었으니 내심 불안했나 보다.
예기치 못하게 이들과 보름 넘게 보내버린 나는 헤어진다는 것이 익숙하진 않았다. 그래도 나는 정말 간곡히 마나우스로 돌아가고 싶었다. 후안이 오면 어떻게 반응해야 할까? 물론 그 나름대로 사정을 늘어놓을 테지만 끝까지 경청하는 자세를 유지하리라. 그리고 그의 말을 수긍하며 또 이해하며 와락 껴안으려 했다. 와줘서 고마운 그에게 아쉬운 마음도 선상에서의 맥주한 캔으로 털어 넘기려 했다.

　일주일 전보다 더 긴장된 마음으로 강둑에서 그를 기다렸다. 괜히 목 빠지게 기다리다 보면 지난번처럼 상처가 더 클까 봐 다시 사람들에게 향했고 마을의 소일거리를 도우며 오전을 보냈다. 작업은 오후까지도 이어졌지만 나는 후안이 올 것이라 믿었다. 만주오까를 철판에 볶고 있으면 후안이 멀리서 터벅터벅 걸어올 테고 난 능청스럽게 흑인풍의 손 인사를 건네면 깔끔해보였다. 자, 당신은 이다음 이야기가 어떻게 전개되길 원하는가? 간단히 말하겠다. 그날 오후, 후안은 또다시 오질 않았다.

　머리가 쭈뼛쭈뼛 곤두섰고 등골이 오싹했다. 할머니는 걱정스러운 눈빛으로 식은 커피를 마시고 있었고 아바카지는 움막에 기대어 한숨을 내쉬며 같이 걱정하고 있었다. 해지기 전에 양치질할 겸 다시 강물로 나갔다. 여전히 거울처럼 맑게 세상을 비추는 잔잔한 아마존 강. 어제보다 더 인상이 안 좋은 내 모습이 또렷이 비춰지고 있었다.

　'거울아 거울아. 후안은 왜 오지 않았을까...?'

헤어짐을 인정하는 방법

　밤잠을 설치는 건 하루 이틀이 아니었는데 그날은 더 심했다. 가슴이 아려왔고 답답했다. 사춘기시절에 시험을 망쳐버리고 집으로 터벅터벅 걸어올 때보다 딱 세 배 더 큰 고통, 훈련소에 입소할 때보다 딱 다섯 배 더 큰 막막함이 나를 괴롭혔다. 어느덧 새벽 1시가 넘었으니 발전기가 꺼지고 6시간 가까이 잠을 설치고 있었던 것이다. 겨우 쪽잠에 들려던 와중 멀리서 미세한 소리가 울려 퍼졌다. 시계를 바라보니 새벽 2시가 조금 넘었는데 강의 동쪽에서 반짝반짝 빛나는 무언가가 뱃고동 소리를 내며 다가오고 있었다. 나는 꿈

이리라 생각했다. 너무 간절해서 헛것이 다 보이는 게 아닐까 싶었다. 십 여 분이 지났을까. 몽롱한 정신 줄을 겨우 부여잡은 채로 반대편에서 거슬러 올라오는 배를 다시 바라보았다. 좀 전보다 더 반짝이는 큰 배. 물살을 가로 지르는 소리까지 들리는 걸 보니 확실히 이곳을 지나치는 배였다.

‘반대편으로 거슬러 올라가면 마나우스를 들리지 않을까?’

후안이 영원히 못 올수도 있다는 가정을 한 나는 고민에 휩싸였다. 나 혼자 그 큰 마나우스 시내에 떨어진다 한들 어찌 안드레 사장님을 만나겠냐만은 그래도 이곳을 탈출하고 싶었다. 며칠만 발품을 팔면 어떻게든 찾을 수 있으리라 생각했다. 나는 잠자고 있던 아바카지를 깨웠다.

“아바카지! 저 배가 마나우스로 가는 거야?”

“모르겠어…. 정박을 시킨 뒤에 물어보면 되지.”

아바카지는 잠에서 덜 깬 상태였지만 직접 랜턴을 들고 가 배를 불렀다. 그 시간 동안 나는 허겁지겁 배낭을 정리하고 있었는데 마침 모칠리아 할머 니께서 촛불을 들고 와 비춰주었다. 할머니가 물었다.

“지금 마나우스로 갈 거야?”

그렇다고 대답을 하며 배낭을 다 정리할 때 즈음 아바카지가 강둑에서 다 시 올라와 말을 건넸다.

“마나우스로 간데!”

하늘이시여! 나는 마나우스로 갈 수 있는 희망이 보였다. 정기적으로 운항 하는 배를 타려했다면, 분명 돈을 요구했을 테니 지금 이렇게라도 마나우 스를 가는 게 현명했다. 선원들만 가득한 그 배는 정기적으로 운항하는 배 처럼 보이지 않아서 조금은 미심쩍었지만 그래도 하늘이 내게 준 기회라 여 겼다. 그런데 내가 배에 짐을 옮기려는 그 순간 선원들은 갑자기 여객선인양 행동하려 들었다.

“마나우스까지 가는 뱃삯으로 20헤알을 주셔야 합니다.”

‘20헤알(1만 4천 원) 이라니…’

 가진 돈이 한 푼도 없다는 걸 망각한 나는 다시 막막했다. 신용카드도 없어서 출금한 뒤 주겠다는 약속조차 할 수 없었다. 나와 선원 그리고 아바카지의 이야기를 어깨너머로 듣던 할머니가 촛불을 들고 다시 방안으로 다녀오셨다. 할머니는 동전 지갑에서 꾸깃꾸깃 구겨진 지폐 한 장을 꺼내어 내 두 손에 쥐여주셨다. 20헤알을.

 “마나우스, 마나우스…. 망이(엄마), 빠이(아빠).”

 할머니는 세상에서 가장 무거운 손짓으로 어서 가라고 하셨다.

 ‘할머니! 이 돈이면 닭고기를 네 마리나 사 드실 수 있는 돈이잖아요. 맨날 물고기만 드시는 거, 제가 아는데…’

 그들의 삶에서 그 돈의 가치를 어떻게 환산할 수 있을까…. 가방에서 돈이 될 만한 기념품은 모조리 꺼내 보았다. 손거울을 받아 든 할머니의 눈가에 눈물이 고였다. 주홍색 촛불 빛 사이로 주루룩 흘러내리는 할머니의 눈물을 보자 끝내 참아왔던 울음이 터져 나왔다. 할머니와 나는 계속해서 서로의 표정으로 이야기를 하고 있었다.

 ‘어서 가 어서. 엄마, 아빠…’

 ‘정말 고마웠어요. 할머니, 그리고 너무 고마워요.’

 할머니의 두 손을 부여잡았다. 울지 말고 어서 가라면서 정작 할머니는 소녀처럼 눈물을 글썽이며 나를 안아주었다. 서로 말이 잘 통하질 않기에 하고 싶은 말이 있어도 제대로 하지 못했고 가끔 오해를 사기도 했었는데 사람의 표정으로 말을 한다는 게 이토록 진실한 이야기인 줄 미처 몰랐다. 내가 뱉어내는 눈물은 정말 할머니께 미안한 마음이 너무 커서였을 테다.

 할머니를 뒤로 한 채 아바카지에게 인사를 건네고 탑승한 뒤 배가 출발하기만을 기다렸다. 그때 갑자기 멀리서 아바카지가 허겁지겁 내게 달려와서 무언가를 건네주었다. 10헤알짜리 지폐 한 장과 작은 약통. 이게 뭐냐는 표정으로 그를 쳐다보았다. 그가 급한 포르투갈어로 무언가를 분주히 설명했지만 나는 다 알아들을 수 있었다. 적어도 그때만큼은.

"여기서 마나우스까지 가려면 꼬박 반나절은 걸려. 가는 도중에 배고프면 이 돈으로 뭐라도 사먹어. 그런데 중간에 정박하는 식당은 거의 다 물고기를 팔 거야. 그렇지만, 너 비린 물고기 못 먹잖아. 물고기가 비려서 튀긴 거 아니면 못 먹잖아…. 네가 항상 물고기 위에 뿌려 먹던 향신료야. 이거 꼭 뿌려 먹어야 돼."

아바카지! 그를 부둥켜안고 사정없이 울었다. 그는 내 등을 토닥여주며 이제는 괜찮을 거라며 그리고 꼭 언젠가는 다시 볼 날이 있을 거라며 나를 위로했다. 아바카지는 눈물을 닦으면서도 빙긋이 웃어 보였고 보이지 않을 때까지 손을 흔들며 배웅해 주었다.

세상에서 가장 비겁하고 슬픈 건 일방적으로 이별을 이야기할 때다. 상대방은 말할 기회조차 얻지 못하고 자신의 감정도 제대로 표현 못한 채 마음의 준비를 해야 하기에 때때로 잔인하기까지 하다. 누구든지 그런 경험은 있다. 이별을 통보한 사람이었을 수도 있고 이별을 통보받은 사람이었을 수도 있다.

살면서 두 번 다시 그러지 않으리라 생각했었는데 카라파냐스를 떠난 그날 새벽 문득 그런 생각이 들었던 건 역시나 거울처럼 과거를 비춰내는 아마존강을 끼고 있었기에 가능했다. 물살이 가르는 소리와 뿌연 안개만이 보이던 새벽. 배는 어느 마을에 잠시 정박을 했고 선원들은 강둑에 놓인 작은 레스토랑에서 아침식사를 해결하러 분주히 이동했다. 젊은 선원 한 명은 식사를 하라며 내게 손짓을 했지만 나는 주머니에 있는 10헤알을 함부로 쓸 수가 없었다. 난간에 기대어 마을을 바라보았다. 동이 트자 물가로 나온 아주머니와 아이들. 아이들은 나와 눈을 마주치자 호기심 어린 눈빛으로 바라보더니

모두들 안녕….

만 이내 엄마의 등 뒤로 숨어버렸다. 아이들을 보자 카라파냐스에서 인사도 못한 채 헤어진 한 꼬마아이가 생각났다. 지금 이 시간에 지젤리는 놀라지 않았을까….

　카라파냐스 마을에서 지내는 시간 동안 나와 가장 많은 시간을 보낸 친구는 사실 아바카지가 아닌 10살짜리 소녀인 지젤리다. 처음 그 아이를 만난 건 마을에 짐을 풀고 여기저기 돌아다녔을 때다. 흰 셔츠를 입은 소녀는 다른 아이들과는 다르게 내게 경계 어린 시선보다 미소를 먼저 건네주었다. 그런 그 아이에게 단소를 불어주면 옆에서 가만히 앉아 들어주기도 하였고 활을 쏠 때는 화살을 대신 들어주며 나와 함께 시간 보내는 걸 즐기던 아이였다. 아침잠이 많은 내가 동이 터도 일어나지 않으면 옆구리 사이로 꼼지락 꼼지락 기어들어와 잠을 깨우던 아이가 지젤리였다. 가끔 무료한 시간에 목각인형을 만들어 주면 지젤리는 나무를 타고 올라가 열대과일을 따다 주었고 맛있게 먹는 내 모습을 볼 때마다 환하게 웃으며 더 따다 주곤 했었다. 이제는 그 아이를 볼 수 없게 돼 버렸다. 내 심정도 이런데 그 어린 인디언 소녀는 오늘 아침에 얼마나 놀랐을까. 자신의 눈높이에 놓인 그물 침대를 오늘도 들여다보겠지만, 수염 난 키다리 아저씨는 배낭도 없고 침낭도 없고 모든 것이 없을 텐데…. 아바카지가 아이의 눈을 바라보며 그는 이제 떠났다고 말을 할 때 실감이 나겠지. 일방적으로 헤어져야 했던 나를 이해하기에 앞서 배신감이 들지는 않았을까. 지젤리가 성인이 되었을 땐 유년시절에 잠시 보았던 동양인 아저씨를 추억할 수 있을까….

서로가 완전히 다른 세계에서 살아가야 하는 지젤리와 나. 그리고 영원히 볼 수 없을 카라파냐스 사람들. 언젠가는 마주칠 수 있는 것이 인연이라서 잠시 스친 인연에도 잠깐의 희망을 안고 살아가기 마련인데 그들에겐 그 실낱같은 희망도 허락되지 않았다. 나는 그들이 내 기억에서 사라질까 봐 두려웠다. 결코 다시 못 볼 그들과의 헤어짐을 인정해야 하는 그 순간, 또다시 참아왔던 눈물이 흘러내려 뿌연 안개 낀 세상을 더 뿌옇게 만들고 있었다.

기적쿠폰

배는 쉬지 않고 물 위를 달렸다. 출렁이는 배의 난간에 기대어 시간을 흘려보내자 어느새 해는 중천에 떠 있었다. 선원에게 마나우스로 가려면 얼마나 더 걸리냐고 묻자 그는 아직 더 가야 한다고 했다. 나는 마나우스가 다가올수록 더 불안해졌다.

'내가 과연 안드레 사장님을 어떻게 찾을 수 있을까? 마나우스에서 홍서방 찾기일 텐데 사장님을 어떻게 수소문해야 할까?'

그렇게 고민하던 찰나 익숙했던 긴 다리가 두 눈에 들어왔다. 그건 마나우스를 알리는 다리가 분명했다.

시간을 거슬러 아마존에 오기 전날, 안드레 사장님의 차를 얻어 타고 마나우스를 돌아다닐 때였다. 강변으로 트인 도로를 달리며 사장님이 무언가를 가리키며 손짓했다. 정글과 도심을 이어주는 큰 다리를 두고 말이다.

"저게 브라질의 경제를 한눈에 보여주는 거야. 시멘트와 원자재 값이 갑자기 폭등하니깐 건설업체에서 공사를 중단시켜 버린 다리지. 벌써 공사가 중단된 지 꽤 됐어. 골칫덩이라니깐."

사장님의 말이 떠오르자마자 그동안 잠자고 있던 핸드폰을 켜 보았다. 배터리가 딱 한 칸을 유지하며 켜지는 내 핸드폰 액정엔 두 칸의 수신신호가 잡혔다. 그때 기적같이 생각난 무언가가 있었다. 안드레 선생님의 e-메일! 슬하의 자식들이 하나같이 콜롬비아의 명문대에서 장학금을 타고 다닌다며 내게 자랑을 한 시간 넘게 하셨을 때 사장님은 e-메일로 수신된 자녀들의 사진을 보여주곤 했었다. 너무 지루했던 그때 당시 시선을 어디로 둘지 몰라 메일주소를 유심히 본 기억이 있었는데 때마침 고스란히 기억난 것이다. 신중한 마음으로 친구에게 문자를 보냈다. 다행히 친구와 수신이 되었고 친구는 사장님의 메일로 나의 상황을 적어 보냈다. 마나우스를 상징하는 다리는 멀리서도 보였지만 가까이 가는 데는 꽤 긴 시간이 걸렸다. 30여 분이 지났을까. 땀이 흥건한 손안에서 진동이 울려왔다. 기적은 다시 또 일어났다. 기쁨의 눈물을 흘리게 만들던 친구의 메시지.

'안드레 홍 접신완료. 이 번호로 연락하래! 나 이제 잔다.'

기적이란 게 이런 것일까. 옆에 있던 청년에게 전화 한 통을 빌려 안드레 사장님께 전화를 넣었다. 사장님은 저녁 6시에 내가 묶던 거리로 올 테니 아무런 걱정마라고 위로해 주셨다. 그러면서 하시는 말씀이 마침 후안이 내일 출발하려 하는 것 같았단다. 가슴을 쓸어내렸다. 사장님과의 통화를 마치자 시끌벅

담을 수 없는 그들의 밤처럼,
나또한 그들을 내 기억속에 담을 수 없을까봐 두려웠다.

적한 공업도시 마나우스의 전경이 들어오고 있었다. 뱃머리의 맨 앞에 서서 그토록 갈망했던 마나우스를 바라보고 있노라면 흡사 액션영화의 주인공이라도 된 양 가슴 깊숙이 숨어 있는 흥분을 제어하지 못했다. 꿈에 그리던 마나우스! 햇살은 유난히 청명했고 후덥지근한 날씨도 강바람을 타고 올 땐 서늘한 산들바람처럼 촉촉했다. 사장님을 만날 수 있다는 것과 계속 남미를 여행할 수 있다는 것이 어찌나 행복했는지 모른다.

도착한 마나우스의 중앙시장에는 수십 척의 배가 정박해 있었는데 그 틈 사이로 우리의 배도 정박을 했다. 다소 익숙한 거리들은 기억을 더듬어 보면 전에 내가 묶었던 숙소로 찾아갈 수 있을 것 같았다. 조금 헤맨 끝에 예전 그 숙소가 눈에 들어왔고 주인장은 나를 기억한다는 듯이 눈인사를 먼저 건넸다. 방에 짐을 풀자마자 안드레 사장님이 오시는 시간까지 어떻게든 때워볼 요량으로 길을 나섰다. 혹시나 하는 마음에 후안이 자주 갔던 식당과 인터넷 카페를 뒤지던 중…. 낯설지 않은 덩치 큰 사내가 현관 앞자리에서 컴퓨터를 만지작거리고 있었다. 그는 후안이었다. 살며시 고개를 기울여 그 사내를 바라보았다. 틀림없었다. 말과 동시에 주먹이 같이 나갔다.

"이 씨발놈아!!!"

얼굴을 한 대 맞은 후안은 벌러덩 넘어졌고 놀란 그는 또 날아가는 내 다른 주먹을 움켜잡은 채 소리쳤다.

"Li, listen. Listen first(자, 잠시만. 내 이야기를 먼저 들어줘)!"

그가 다급하게 무릎을 꿇고 두 손을 모았다.

"닥쳐! 왜 나를 데리러 오지 않은 거지?"

"그럴만한 이유가 있었어. 넌 분명히 이해해 줄 거야."

"웃기지 마! 그래 그 이유가 뭔지 들어보기나 해 보자."

"따, 딸이 죽었어."

"…"

놀란 눈으로 후안의 친구인 가게 점원을 바라보았다. 점원은 그가 말한 게 진실이라는 시늉의 제스쳐를 보였다. 후안은 내가 미리 준 돈을 결코 쓰지 않으려 했지만, 수입이 없는 그가 장례식에 어쩔 수 없이 내 돈을 쓸 수밖에 없었다며 사과했다. 가지런히 맞잡은 두 손을 자신을 얼굴에 묻고 오열하며 용서를 구했다. 그의 말이 거짓일 수도 있다고 아주 잠깐 생각도 해 봤지만, 나이를 먹으면서 배운 건 사람의 눈동자를 보고 진실을 캐묻는 것이다. 후안의 눈동자는 진심으로 용서를 구하고 있었다. 그리고 그의 붉은 뺨 위로 하염없이 흘러내리는 눈물. 그를 따스하게 끌어안았다. 후안은 미안하다며 부둥켜안은 채 계속해서 흐느꼈다. 뜨겁게 오열하는 후안을 안고 있었음에도 그의 심장이 유난히 차가운 게 느껴졌다. 사람의 심장이 차가울 수도 있다는 걸 나는 그때 처음 알았다.

안드레 사장님은 너무나 반갑게 맞아주셨다. 행여나 무슨 일이 일어나지
않았는지 그동안 걱정을 많이 했었단다. 얼굴이 야위어진 나를 보자 사장
님은 음식을 제대로 못 먹은 것부터 걱정하셨다. 마나우스에서 최고로 비싼
호텔로 데려가 돼지고기를 사 주셨는데 너무 오랜만이라 그런지 종이를 씹
는 맛 같았다. 마나우스에 도착했다는 기쁨에서인지 차라리 쥐고기가 훨씬
더 구미가 당겼다.

"막상 가보니깐 어땠어? 거기도 일반인들이 갈만하면 좋을 텐데. 안 그래
도 그런 상품을 구상하고 있었거든. 투어 상품으로 만들면 돈이 될란가? 원
주민 마을이라 해야 별거 없지?"

"네…. 사실은 별거 없었어요."

모칠리아 할머니와 대화할 때 익혔던 표정으로 말하기. 나의 표정은 "그들을 상품으로 만들지 마세요."를 말하고 있었다.

이튿날, 내가 잡은 숙소는 반지하 방인데도 창틀 사이에 햇살이 스며들었다. 지난밤 잠을 제대로 못 자서 그런지 너무 푹 잤나 보다. 벌써 손목시계의 숫자는 오전 9시를 훌쩍 넘긴 상태였지만 일어날 의지가 전혀 없었다. 다시 잠을 더 청하려는데 갑자기 뒤통수를 한 대 탁 맞은 기분이 들었다. 다시 시계를 보았다. 6월 2일.

카라파냐스 마을에서 힐라리오가 마나우스를 갔다가 언제 오는지 종이에 써서 설명할 때 그는 분명 6월 2일에 돌아올 것이라 했다. 그리고 안드레 사장님은 후안이 6월 2일에 나를 데리러 올 것이라 했다. 6월 2일에 출발하는 배는 카라파냐스 마을을 지나는 것이 틀림없었다. 이럴 시간이 없었다. 머리도 대충 감고 후안을 찾아 나섰다. 후안에게 전화를 걸었다. 때마침 그는 내가 머물고 있는 시내 중심가로 오고 있었다. 그를 만나자마자 캐물었다.

"오늘 카라파냐스로 출발하는 배편이 있지? 저녁때 출발하는 거야?"

"아니 낮 12시에. 근데 무슨 일인데?"

"그 선착장에 나 좀 데리고 가 주면 안 돼? 힐라리오가 있을 수도 있어!"

무작정 후안과 택시를 잡아타고 선착장으로 향했다. 차라리 저번처럼 허름한 선착장이면 더 좋았을 것을, 낮에 출발하는 배는 수십 척이 마나우스의 항구에 정박해 있었다. 게다가 모두 장거리를 뛰는 배다 보니 대부분 2층짜리 배였고 곳곳마다 해먹이 걸려져 있어서 주어진 시간 내에 힐라리오를 찾는 게 불가능 해 보였다. 처음부터 배를 일일이 체크하며, 심지어 화장실에도 힐라리오가 있는지 체크하며 배를 돌아다녔다. 그물침대에 누워 잠을 청하던 이들은 갑작스럽게 얼굴을 들이댄 노란 동양인을 볼 때마다 눈동자가 커졌다. 1시간 가까이 배를 뒤졌을까. 정말이지 나는 평생 이용할 기적쿠폰을 마나우스에서 다 소진한 것 같다. 어느 배의 2층 계단에서 터벅터벅 내려오던 힐라리오. 아직 자리를 찾지 못한 그의 입 때문에 그렇고 확신했다.

"힐라리오, 힐라리오!"

너무나 반갑게 그를 안았다. 그들에게 작은 사례라도 못 했더라면 나는 다시는 만날 수 없으리란 생각에 마음의 짐을 평생 안고 가야 했을 텐데 그를 만나 너무 다행이었다. 나는 그에게 300헤알(21만 원)을 건네주었다. 처음에 그는 한사코 거부했다. 가솔린을 떠나 할아버지 할머니께 너무 고마워서 꼭 맛있는 걸 사드리고 싶다고 미약한 포르투갈어로 설명했다. 곤란해 하던 와중 뒤에서 팔짱을 낀 채 빙긋이 웃던 후안이 가까이 다가와 통역을 대신했다. 이 새끼 이럴 땐 또 쓸모가 있다. 그의 아내에게 인사를 하고자 2층으로 올라갔다. 해먹에 누워 조용히 강을 바라보던 아내가 활짝 웃으며 반겨줬다. 그녀는 내게 그녀가 할 줄 아는 영어로 농담을 건넸다. 언제나 그랬듯 활기찬 톤 그리고 잊을 수 없는 한 마디.

"Go together(같이 갈래)?"

아무 말 없이 고개를 흔들며 웃어 보였다. 그녀 또한 이제는 정말 헤어져야 할 때임을 알고 있었고 서로 작별을 고하던 와중 내게 잠시만 기다려 보라 했다. 아직 다 못 판 기념품이 많았는지 노란 마대자루를 꺼냈고 그 수십 개의 기념품 중에 빨간 열매가 달린 팔찌를 내게 건넸다. 카라파냐스 마을에서 그들이 물건을 팔러 간다 했을 때 유난히 내 눈에 들어왔던 그 빨간 팔찌. 너무 가지고 싶어서 만지작거렸는데 달라고 할 순 없던 그 팔찌다. 그걸 어떻게 알았는지 아니면 마음이 통했는지 그의 아내는 선물이라며 그것을 건네주었다. 그러면서 그녀는 주머니에서 내가 줬던 자개 손거울을 꺼내며 웃어 보였다. 내 선물에 대한 답례란다. 그녀도 내게 답례를 하고 나도 모칠리아 할머니에게 답례를 했다. 서로에게 조금씩 남아있었을 마음의 짐이 드디어 내려앉았다.

'정말 감사합니다. 제 인생에 이렇게 소중한 사람들을 만날 수 있게 해 줘서.'

그래도 산다

　돌아온 마나우스는 모든 것이 제자리에 있었다. 마나우스는 항구의 중앙시장만 시끌벅적할 뿐 도심은 여전히 한산하고 조용했다. 나 혼자만 그렇게 유난을 떨었나보다. 후안은 밤이 되자 나를 데리고 클럽으로 가자며 졸랐다. 몸도 지쳐 있는 이 와중에 클럽이라니. 가당찮은 소리라며 거절을 해 보아도 그는 막무가내였다. 내가 정글에 있는 동안 그의 동생 파비오가 클럽의 바텐더로 취업을 했다며 끝까지 고집을 피웠다. 돈은 충분히 있냐고도 물어보았다. 그가 뒷주머니에서 지갑을 꺼내더니만 경찰관처럼 당당하게 정글가이

드 자격증을 꺼내 보였다. 또 그놈의 정글가이드 자격증. 이젠 지겹다 못해 의심도 들 정도였다.

　마나우스는 이래저래 두바이랑 많이 닮았다. 새로운 자원의 발견으로 성장의 기반을 다졌다면 이제는 관광업으로 눈을 돌리는 곳이 이곳 마나우스다. 그래서인지 정부 측에서도 정글가이드의 처우를 상당히 배려해 준 모양이었다. 그 잘난 가이드 자격증을 꺼내면 안 되는 일이 없었다. 시내버스를 탈 때도 축구장을 갈 때도 심지어 클럽을 갈 때마저도…. 대중교통과 축구장 무료입장은 자격증 뒷면에 명시된 규율이긴 하지만 클럽은 암묵적으로 이곳 사람들이 가이드에 대해 어느 정도 인정을 해 주는 걸 의미한다. 문제는 후안이 자격증 미소지자인 나를 배려하지 않았다는 것이다. 밤거리에 브라질시내를 돌아다니는 것도 내키지 않는 마당에 클럽의 입장료까지! 더욱 이해가 안 가는 것은 전날까지만 해도 딸의 죽음에 괴로워하던 그가 무슨 놈의 클럽일까? 상식적으로 이해가지 않는 부분이 많았다.

　"후안, 꼭 클럽을 가야 되겠어?"

　"이봐 손, 마나우스에서 클럽은 몇 군데 없다고. 오늘 같은 밤에는 무조건 가야만 해. 같이 가자, 응?"

　난 그가 정신 나간 놈 혹은 좀 모자란 놈이리라 생각했다. 그런데 그에겐 그것이 일이었다. 음침한 마나우스의 로컬 바를 피해 한군데 집결한 외국인 관광객들은 모두 클럽을 찾고 있었기에 후안이 굳이 발품을 팔지 않아도 그곳에선 홍보가 가능했다. 후안이 자기 일을 하러 다니는 사이 오랜만에 파비오와 인사를 나누었다. 언제나처럼 유쾌한 청년 파비오를 보는 건 기분 좋은 일이다. 신난 파비오는 보자마자 흑인풍의 손 인사를 건넸다.

　"헤-이! 크레이지 가이(미친놈)!"

　지난번에는 왼손을 아래서 치더니 오늘은 오른손을 위에서 내리쳤다. 여느 때와 마찬가지로 그의 난해한 손 인사가 2~3초간의 정적을 만들었고 언제

나 우릴 더 어색하게 만들었다. 후안은 클럽에 놀러 온 백인들을 일제히 주시했고 가까이 다가가 유창한 영어로 아마존 투어를 홍보하기 바빴다. 그러더니만 갑자기 나를 끌고 갔다.

"이 친구를 소개하지. 내 의형제 손이야. 놀라운 녀석인데 혼자 원주민 마을에서 보름간 살다 왔다니깐? 그들이랑 같이 지내면서 만주오까도 캤고 때때로 사냥도 했었지. 이 친구 글쎄 팔뚝만한 쥐고기도 먹었다는군. 상상이 가?"

그렇다. 그에겐 내가 끝까지 홍보수단인 셈이었다. 자기가 안 데리러 와 놓고선 이제 와서 이렇게 부풀려 이야기를 하다니. 10%의 사실과 90%의 과장. 대기업에 제출할 자기소개서를 후안에게 쓰라고 한다면 그는 당장 삼성전자를 갈 기세였다. 귀청 따가운 클럽에서 한두 시간을 보냈을까. 파비오가 일하는 바에 앉아 정체모를 술을 얻어 마시던 도중 후안이 한 남성을 데리

고 왔다. 저 남성, 모르긴 몰라도 또 잘못 낚이고야 만 것이라 여겼다. 후안
은 또다시 주구장창 내 이야기를 늘어놓았는데 그 남성의 입에서 금세 화색
이 돌았다.

"안녕, 난 이스탄불에서 왔어. 정글을 다녀왔다고?"

"메르하바(안녕). 정글에 갈 모양이구나."

"아니, 정글에서 살 예정이야. 재산을 다 팔아버리고 왔어. 그곳에서 원주
민들과 영원히 살아보려 하는데…. 가능할까?"

"갔다가 다시 돌아오지 않는다고? 그렇다면 이 친구를 믿어. 오는 건 모르
겠는데 가는 건 확실히 책임져 줄 거야."

후안은 자기를 욕한 줄도 모르고 당당히 그 남성에게 확신 어린 눈빛을 보
내며 이야기했다. 이윽고 그에게 전화번호를 찍어주며 다시 연락하라고 또
간청하고 있었다.

정글을 이야기하면서 하나 빼 먹은 게 있다. 정글 속에도 엄연히 브라질의
여느 도시처럼 혼혈이 존재한다는 것이다. 부족의 특성에 따라 혼혈을 금기
시하는 풍습이 있긴 해도 조금만 큰 마을로 이동하면 금발의 인디오들은 쉽
게 마주할 수 있었다. 아마 그들의 선조들은 산업혁명을 경험한 유럽인들일
것이다. 문명의 발달이 가져다주는 아픔을 일찍이 느껴야 했던 그들이 과거
로 돌아가기 위해 정글을 찾지 않았을까? 무슨 사연이 있는지는 모르겠지만
지금 내 눈앞에서 인디오로 탈바꿈하길 원하는 한 터키인처럼 말이다.

이제 마음의 짐도 없고 모든 이들에게 감사하며 이곳 마나우스를 떠날 준
비를 하면 되었다. 모든 일이 환상처럼 펼쳐진 내 여행의 롯데월드인 마나우
스. 정글에서 보내는 매일 밤은 바이킹처럼 반복되는 공포였고 탈출을 감행
할 때는 자이로드롭만큼이나 오싹한 경험들이었지만 막상 그 무대를 나와
먼발치서 지켜보면 유난히 아름다웠다. 그리고 미운 정 고운 정 다 들었던

후안. 그로부터 비록 금전적인 손해를 본 건 사실이었어도 크게 개의치 않으려 했다. 내 돈으로 인해 그의 외동딸이 좋은 곳을 가게 되었다면 그것으로 다행이라 여겼다. 후안은 나와 함께 성당에 갈 것을 권했다. 마나우스 시내 중앙에 위치한 대성당 입구에 들어서자 그가 한쪽 무릎을 꿇고 신을 향해 인사를 올렸다. 이내 의자에 앉아 기도를 하던 도중 그가 하염없이 눈물을 쏟아내었다. 딸을 잃은 슬픔 때문일까 아니면 하루하루 막막하게 살아가야 하는 그 자신이 한탄스러워서일까 이도 아니라면 딸의 장례비용도 댈 수 없는 무능력함에 대한 죄책감 때문일까. 성당을 나서자 그가 묵직한 톤으로 말을 꺼냈다.

"난 너에게 끝까지 책임을 지지 못했어. 다 내 책임이야."
"아니야 후안. 괜찮아. 신경 안 써도 돼."

"그래도…. 네가 내일 타야 할 베네수엘라행 버스티켓은 내가 어떻게든 마련하고 싶어."

"무슨 수로? 괜찮대도…."

그는 가방에서 검은 비닐봉지를 주섬주섬 꺼냈다. 그 봉지 안에는 난해한 디자인의 짝퉁시계가 한가득 들어 있었다.

"뭔데 이게?"

"사실 너에게 받은 돈을 장례식에 대부분 보냈는데 돈이 조금 남아서 그 돈으로 중국산 시계를 샀었어. 이걸 팔아서 너를 데리러 갈 뱃삯도 마련할 계획이었지. 그런데 네가 이렇게 와 버렸으니 버스티켓을 마련해 줄게. 한 번 더 믿어 줘, 제발."

나도 모르게 눈이 질끈 감겼다. 이 자식은 끝까지 꼴통이었다. 형편없는 사업수완에 뒷골마저 당겼다. 이러니 딸의 장례식 비용을 당연히 못 대겠지.

게다가 이 구닥다리 시계를 다 팔고 나를 데리러 왔다면 나는 거기서 한 달은 더 있어야 했을 것이다. 브라질 사람…. 매번 느끼지만 대책이 없다. 내가 마나우스로 직접 온 게 천만다행이었다.

"좋아 그럼. 네 성의를 무시하진 않겠어. 대신 나도 네가 시계 파는 걸 도울 게."

마나우스를 지도에서 찾아보면 거의 적도에 닿을랑 말랑한 곳이다. 그런 그곳에서 오후 시간대에 도로에 있다는 건 자살행위나 다름없었다. 햇살은 너무 강하게 내리비춰 머리가 핑 돌만큼 어지러웠고 높은 습도 탓에 땀은 이미 배낭의 안감마저 축축하게 만든 상태였다. 후안은 모자를 다시 푹 눌러 쓰고 길을 나섰다. 정말 저 시계를 오늘내일 안으로 다 팔 수 있을까. 후안은 최대한 본인의 인맥을 이용하는 듯했다. 자주 가는 가게를 들려 직원들에게 무턱대고 시계를 들이밀었다. 수십 종의 시계를 차보고 결정하지 못할 때 불현듯 내가 나서서 "와! 이 시계 정말 잘 어울린다. 너 정말 예쁘다!"라고 바람을 잡아 주는 게 내 역할이었다. 한 시간에 많이 팔아봐야 한 개 혹은 0개. 게다가 하나를 팔아봐야 형편없는 금액에 흥정을 마치니 그가 결코 부자가 되긴 틀려 보였다. 그날 저녁 나는 내 돈으로 일단 버스티켓을 예매했다. 후안은 여전히 내일 안으로 다 팔 수 있다며 걱정하지 말라 했다. 이제는 그러는 그가 그저 귀여웠다.

결국 다음 날에도 시계는 하나밖에 팔지 못했다. 문제는 답답한 그의 행동이다. 내가 만약 진짜 시계를 팔 계획이 있다면 철저하게 홍보도 펼쳐보고 별짓을 다 했을 텐데 그는 그렇지 않았다. 브라질 사람 특유의 대책 없는 낙천성. 지나가다 친구를 만나면 일단 악수부터 한 뒤 흑인풍의 인사로 화려한 동작을 선보인다. 별 시덥잖은 이야기가 10분, 20분이고 이어지면 그제야 뒤돌아선다. 그들이 20여 분 줄기차게 한 이야기의 8할은 농담 따먹기다. 그리고 한 블록도 채 가지 못해 노점상의 할아버지를 보고도 또 그렇게 인사를 나누고 골목의 코너를 돌다 만난 아주머니께도 그렇게 인사를 나눈다. 그가 좋아하는 게임기나 일본 애니메이션 가게는 당연히 그냥 지나치는 법이 없다. 그 시간에 시계를 내게 건네줬다면 두 배는 더 팔았을 테다. 그런데. 그게 브라질 사람이다. 브라질 사람들, 생각보다 힘들 게 산다는 건 CNN과 BBC도 인정하는 사실이다. 국제 뉴스에 꼭 빠지지 않고 등장하는 브라질뉴스. 치솟은 물가와 썩은 정치로 나날이 가중되는 빈부격차. 버스비는 2천 원이 넘고 하층민이 레스토랑에서 밥 한 끼 하려면 하루 온종일을 일해야 한다. 그런 그들에게 단순히 "너네 게으르잖아. 일할 시간에 커피나 마시면서 노닥거리니깐 이 모양 이 꼴이지. 대책 없이 좀 살지 마."라고 이야기할 수 있을까?

　브라질의 문제가 단순히 빈부격차만 있는 것도 아니다. 불안한 치안과 부패한 가톨릭…. 해결하려고 무엇을 손대기엔 너무나 막막한 집단이 브라질이다. 이런 복잡한 문제들 속에서 그들에게 '대화'는 단순히 친밀을 위해 노닥거리는 도구가 아닌 어쩌면 일상의 탈출구 혹은 잠시나마 생활 속의 해방일지도 모르겠다. 한국 사람들은 지금도 뉴스를 보며 현 정부를 대표하는 이들이나 경제사정을 보고 불만을 품기에 바쁘다. 더 나은 삶을 영위하기 위한 바람직한 불만이라기보다 때론 맹목적인 비난이 주를 이룰 때도 있다. 너무 대책이 있어도 탈인지 미래에 대한 불안이 이렇게 큰 나라도 없는 것 같다. 적어도 우리나라는 이들에 비하면 확실히 좋은 나라인데도 말이다. 물가가 치솟아도, 정치가 썩어가도, 종교가 부패해도 하루하루 살아가야 하는 이들이 세상에 있다. 어려워도 그들은 산다. 그래도 산다.

CAYMAN ISLANDS IMMIGRATION
VENEZUELA
AIRPLAN
Caracas
Maracaibo
Ciudad Bolívar
Canaima
National Park
Santa Elena
COLOMBIA
Manaus
Iquitos
Amazon
RU

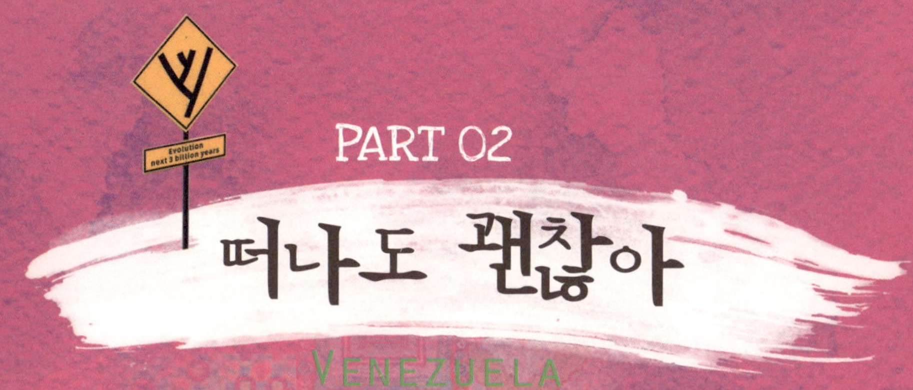

PART 02

떠나도 괜찮아

VENEZUELA

산타 엘레나 ▶ 카나이마 국립공원 ▶ 시우다드 볼리바르 ▶ 마라카이보

그대가 남미를 꿈꾼다면..

마나우스를 떠나기 직전까지도 후안은 골칫덩이였다. 이제는 그의 이런 대책 없는 행동이 오히려 매력적으로 비춰질 만큼 감당이 되질 않았다. 그의 말만 믿고 탄 시내버스는 터미널에 10분 늦게 도착했고 간발의 차로 출발 중인 버스를 불러 세워 어렵사리 탑승할 수 있었다. 멋쩍은 표정으로 뒤늦게 버스에 탑승했는데도 버스 안의 승객들은 미소로 화답했다. 하긴 이 버스 나름 장거리 버스라서 가격도 꽤 비쌌다. 무려 130헤알(약 10만 원). 겨우 자리에 앉아 보조가방에 귀중품을 모두 빼내 안주머니에 넣고 가방은 신발끈과 연결시켜 두 정강이 사이엣 위치시켰다. 그들이 아무리 미소로 화답해도 긴장을 놓아선 아니 되었다. 이곳은 그래도 남미니깐. 여행자 커뮤니티를 보고 있노라면 남미의 장거리 버스에서 당한 사고사례가 심심치 않게 올라오곤 했다. 뒷좌석에 있는 남자가 밑으로 손을 뻗어 아래에 있는 배낭을 칼로 쨌다느니, 자고 있는 사이 지갑을 교묘하게 훔쳐갔다느니…. 더군다나 지금 내가 향하고 있는 곳은 그 이름도 유명한 베네수엘라다. 흔히들 미인보급률 세계 1위로 알고 있지만, 여행자입장에선 치안이 안 좋은 나라 부동의 1위가 베네수엘라다. 인구의 70%가 절대빈곤층에 속하는 베네수엘라는 국가 전체가 하나의 큰 교도소라 불러도 무방하다고 한다. 그리고 긴장의 끈을 당분간 놓아서는 안 되는 또 다른 이유는 앞으로의 여정이 더 살벌해서다. 치안이 안 좋은 나라 1위를 어렵사리 탈출하면 간발의 차로 2위인 나라 콜롬비아가 딱 버티고 있느니 정신을 놓아버리는 순간 이대로 '유 머스트 컴 백홈'인 셈이다. 그렇게 불안한 마음에 잠도 제대로 못 자면서 베네수엘라 국경이 오기만을 기다렸다.

다음날 오후 6시. 버스 안에서 12시간을 보낸 뒤였지만 아직 도착하려면 시간이 좀 남아있었다. 뉘엿뉘엿 져가는 노을을 보면 불안하긴 했어도 재빨

리 숙소를 구한다면 아무런 문제가 없을 줄 알았다. 적어도 국경을 마주하기 전까지는! 오후 7시에 도착한 버스의 종착점은 바로 국경. 국경은 비록 닫혀 있었지만, 군인들로부터 검사를 받아야 한단다. 특히나 나 같은 관광객은 반드시. 당시 나와 함께 베네수엘라를 향하던 건장한 청년이 한명 더 있었다. 레바논에서 온 사미라는 남성. 나와 함께 택시를 대절해 숙소를 같이 구할 작정이었다. 든든한 그와 함께 국경심사대를 향했다. 가진 짐이 얼마 없는 사미는 패스. 그는 먼저 기다리고 있던 택시에 탑승을 했다. 다음 차례인 내가 여권을 보여주며 여느 때처럼 빙긋이 웃어 보였다. 이럴 때 국경의 군인들의 반응은 두 가지다. "우리나라에 온 것을 환영해."라며 웃어 보일 때도 있고 무표정으로 여권에 도장만 쾅 찍고 보내는 경우도 있다. 그런데 이 남자의 향기는 좀 독특했다.

"가방 열어!"

순순히 가방을 열었다.

"짐 다 빼 내!"

그리고 가방 안에 있는 카메라가방까지 일일이 다 체크하는 철두철미함. 사미의 택시는 말없이 시동을 걸더니 떠나버렸고 나는 그곳에서 한 시간 동안 짐 검사를 해야 했다. 짐만 검사하면 다행일 텐데 이 군인 아저씨 왜 국경에서 도장을 찍어주질 않는 걸까? 영어를 거의 못한 아저씨는 무언가를 열심히 설명했지만 쉽게 알아들을 순 없었다. 내일 다시 오란다. 국경사무실을 나온 시각은 저녁 8시. 자포자기한 심정으로 터벅터벅 길을 나섰다. 사무실의 불도 꺼졌고 국경을 지키는 군인 한 명 이외엔 모두가 퇴근한 시간이었다(공무원의 칼퇴근은 남미도 똑같다). 자동차만 쌩쌩 달리는 공허한 도로 앞을 서성거렸다. 더디게 흘러가는 시곗바늘을 바라보았다. 뭐 한 것도 없는데 벌써 30분이 흘러버렸다. 세상에서 가장 위험한 나라의 진입은 그 맛도 제대로 보기 전에 에피타이저가 짜고 매웠다.

그 공포스럽다던 베네수엘라 국경에서 도시까지는 꽤 먼 거리였는데 주머니에 있는 돈이라곤 오직 2헤알(1,400원). 나는 그때 알았다. 전 세계에 판매되는 담배 곽에 'Smoking Kills You(흡연은 당신을 죽입니다)'라고 적힌 사실을. 국경을 넘기 전에 10헤알이 있었는데 담배와 라이터를 사는 데 쓰고 말았으니 환장할 노릇이다. 2헤알에 도시까지 태워주는 택시도 없었고 근처에 ATM도 보이질 않았으니 차라리 괴한에게 납치라도 당하고 싶었다. 적어도 따뜻한 차와 누울 수 있는 곳을 마련해 줄 테니깐. 최대한 군인 아저씨 근처에서 얼쩡거리며 눈치를 살폈다. 인정머리 없는 군인 아저씨는 누가 봐도 관광객인 나를 좀 도와주면 좋겠건만 그저 자기 할 일에 열중이었다. 하는 수 없이 미친척하고 히치하이킹을 시도했다. 컴컴한 밤중에 모두들 나를 스쳐 지나갔기에 주머니에 있는 담배에 불을 붙여 신호를 보냈다.

'그래 담배를 사길 잘했어. 없었더라면 정말 큰일 날 뻔했군!'

담배만 안 샀더라면 벌써 택시를 타고 도착했을지도 모르는데 이렇게 미련할 수가! 참 대책 없이 긍정적이다. 그러면서 한편으론 또 이기적이었다. 인상이 험상궂은 사람이 운전석에 보이면 홱 뒤돌아서기도 했으니 입맛에 따라 고르는 히치하이킹은 당연히 될 리도 없었다. 떡 줄 사람은 생각도 안 할 텐데 정말 가지가지 한다. 그때 구원의 손길을 건네준 군인 아저씨. 지나가는 차 한 대를 불러 세우더니만 나를 가리켰고 어서 탑승을 하란다. 꽤나 안쓰러웠나 보다. 게다가 차량의 주인도 전투력이 나보다 약할 것 같은 젊은 아줌마. 아줌마는 나를 무사히 국경도시인 산타엘레나까지 태워주었다. 흔히들 미스코리아를 두고 지성과 미모를 겸비한 재원이라 한다. 미스유니버시아드 최다 배출국 베네수엘라. 베네수엘라 여자를 처음 보았을 뿐인데 나는 이들의 심성이 비단결 같다고 단정 지어버렸다. 아줌마는 저렴한 숙소 앞까지 나를 태워줬고 가벼운 키스까지 건네줬으니 그럴 만도 했다.

블랙마켓의 진실

자자, 모두들 주목! 베네수엘라를 여행하고자 하는 사람 혹은 관심이 있는 모든 분들이라면 이 챕터에 관심을 가져야 한다. 나같이 무지한 여행자를 다시 배출하고 싶진 않기 때문인지라…. 베네수엘라에 대해 사전조사가 미흡했던 어느 여행자가 진솔하게 터놓는 고백이다.

내가 도착한 도시는 베네수엘라~브라질의 국경도시인 산타엘레나. 도시 이름이 이렇게 예뻐도 되나 싶지만, 실상은 꽤나 어두운 곳이다. 이른 아침부터 주인아줌마의 세찬 노크에 잠에서 깨어났다.

"쾅쾅!"

"이봐, 학생! 방값 내야지!"

학교 앞 하숙집 아주머니와 똑같은 음성이 아침부터 귀청을 괴롭혔다. 아줌마의 방값독촉은 국가를 막론하고 언어만 다를 뿐 그 주파수는 똑같나 보다. 제대로 씻지도 못한 채 근처의 은행으로 달려가 돈을 인출했다. 얼씨구. 출금이 되질 않는다. 20만 원이 실패했으니 15만 원, 그리고 10만 원…. 점점 내려가더니 8만 원 정도에서 인출되는 소리가 들렸다. 수수료가 3~4천 원은 붙을 것인데 최대 출금액이 8만 원이면 문제가 심각했다. 무슨 투어라도 한다고 치면 앞으로 다섯 번은 더 출금을 해야 한다는 말이다. 일단은 가진 돈을 들고 아주머니께 건네 드리자 그제야 입꼬리가 양쪽 볼을 찔렀다. 그때 카운터 옆방에서 나오는 건장한 남성. 어제 국경에서 놓쳐버린 사미가 같은 숙소에서 묶고 있었다.

"아…. 어제는 미안했어. 택시아저씨가 도저히 못 기다리겠다고 하는 바람에 네게 말도 못하고 그렇게 가버린 거야. 사과할게. 대신 오늘 아침은 내가 대접하도록 하지. 그나저나 입국도장 아직 안 받았지? 같이 받으러 가면 되겠네!"

그가 말하길 이곳 산타엘레나 국경은 원래 이런 시스템이란다. 국경사무소가 문을 닫으면 다음날 아침에 다시 가서 도장을 받아야 하는데 하마터면 깜빡할 뻔했었다. 아침식사에 대한 답례로 왕복 택시비는 내가 지불하는 도중 그는 어디서 환전을 했냐며 물었다. 당당히 ATM에서 출금했다고 말하기가 무섭게 그가 쏘아붙였다.

"은행에서 출금하다니…. 다신 그러지 마."

의아해하며 그와 숙소로 돌아오자 어제 그와 같이 방을 잡았던 한 남성이 같이 인사를 건넸다. 이름이 후안이란다. 처음부터 이름 때문에 썩 믿음이 가질 않았다.

"후안, 이 친구 글쎄 은행에서 출금을 했데."

"이런, 이런. 블랙마켓에서 환전을 했어야지. 베네수엘라를 처음 오는가 보군."

올백 머리에다가 눈꼬리가 정확히 10시 10분을 가리키고 있는 차가운 외모의 후안은 젠틀한 풍취와 더불어 상당한 기가 느껴지는 사내였다.

"베네수엘라는 환율이 제멋대로야. 1달러에 8볼리바르가 기준인데 은행에서 특히 외국인이 출금을 할 경우 4~5볼리바르 밖에 못 받지. 베네수엘라는 위험한 국가라기보다 부패한 국가라서 그래. 우리도 블랙마켓에서 가지고 있는 헤알로 환전을 할 거야. 자네 충분한 달러는 있나?"

여행자 블로그를 검색하지 않는다면 이 말이 진실인지 아닌지 확신이 서질 않았다. 그래도 이왕지사 달러를 바꿔야 한다면 그들을 따라가는 게 맞을 텐데…. 일단은 그들이 어떤 식으로 환전을 하는지만 지켜보기로 했다.

오전부터 부산한 중앙통에는 사람들이 복대에 돈을 다발로 채워놓고 환전을 요구하는 진풍경이 이어졌다. 계산기를 두드리며 환율을 정해주는 사람들이 가득했고 이들 가운데서 가장 착한 금액을 제시하는 사람을 따라 들어가면 우두머리 브로커가 돈을 환전해 주는 식이었다. 후안이라는 남성은 식사를 하며 더 제대로 알게 되었는데 베네수엘라, 페루등지의 금융회사에서 종사하고 있는 것이었다. 진작 믿을 걸 그랬나 보다. 세상에서 제일 정확한 정보가 증권가 찌라시가 아니던가! 후안과 사미는 둘 다 관광에는 관심이 없었는지 돈을 환전하자마자 오후 버스를 타고 떠나고 말았다. 나는 내 수중에 달러가 얼마나 있는지를 확인했다. 단돈 200달러. 이마저도 마나우스에서 비상금으로 환전해 놓은 것인데 이걸 또 바꿔야 하다니! 이래저래 고민하는 내게 후안이 마지막으로 건넨 팁이 따로 있었다.

"국경을 다시 넘어. 그러면 좌측에 브라질 은행이 보일 거야. 거기서 헤알을 출금하고 다시 이곳으로 온 뒤에 괜찮은 환율로 환전하면 되지. 그리고 솔직히 달러를 더 후하게 쳐주는 곳은 블랙마켓보다 중국식당을 이용하는 게 좋아. 남미의 중국인들은 어차피 외화를 자국으로 보내는 이들이라 언제든지 달러를 원하거든. 더 좋은 가격을 쳐 줄 수도 있어."

단순히 찌라시라고 하기엔 너무나 정확한 정보였다. 인터넷 카페에서 검색을 해봐도 그의 말이 다 맞았다. 그렇게 나는 꽤 많은 금액의 헤알과 달러를 모두 현지화폐로 환전해 버렸다. 얼마 있지 않을 베네수엘라에서 그것도 동양인이 단기간에 무슨 현금이 그리도 많이 필요했는지 궁금해 하는 이들이 있으리라 생각한다. 목적은 하나다. 천혜의 절경 로라이마 산의 트레킹을 위해서. 그리고 이곳 산타엘레나는 그 트레킹의 기준점이 되는 곳이다.

일반적으로 투어를 한다고 하면 달러도 받는 경우가 많다. 그래도 어찌 됐건 현지화폐보다 환율적인 측면에서 손해가 크다. 때문에 어쩔 수 없이 지나치게 많은 현금다발을 들고 여행사를 찾았다. 마침 한가해 보이는 직원이 반갑게 맞이했다.

"로라이마 산을 트레킹 하시려고요?"

"네. 가격이 얼마나 하죠?"

"트레킹 하시는 데 5일이 걸려요. 원래는 1,800볼리바르(약 25만 원) 정도인데 지금 비수기라서 가격이 좀 높은 편이죠. 2,300볼리바르는 생각하셔야 합니다. 아시겠지만 20kg의 배낭을 본인이 짊어지셔야 하고요, 무게를 줄이는 방법도 있긴 한데 그러시려면 돈을 더 지불하셔야 합니다. 참, 중요한 건 혼자서 못 가세요. 신청자가 더 오기까지 기다리셔야 합니다. 최소인원이 되어야 저희도 출발을 하거든요."

'20kg의 배낭을 메고 5일을 올라야 하다니…'

정글을 다녀온 뒤로 나는 휴식이 절실한 시점이었고 무엇보다 가격이 생각했던 것보다 훨씬 더 비쌌다.

"지금 안 그래도 일본인 여행자가 동행자를 구하고 있더군요. 그리고 이틀 뒤에 또 다른 일본인 한 명이 시우다드 볼리바르에서 내려온다고 하네요. 조금만 더 기다려 보시면 좋을 것 같은데."

내가 마나우스에서 체류한 시간은 총 3주. 4개월을 잡은 남미여행에서 한 달 가까이를 그곳에서 보내버렸으니 내겐 시간적 여유가 없었다. 기약 없는 동행자를 기다리기 위해 이 지루한 동네 산타엘레나에서 며칠을 머무는 시간마저도 아까워 일단은 문을 박차고 나왔다.

완전히 미지의 세계로 명성이 자자한 로라이마 산. 흔히 말하는 기아나고

지가 여기에 해당한다. 코난 도일의 소설 〈잃어버린 세계〉의 배경이 되었다던 기아나고지. 또 그곳을 놓치면 영영 후회할 것이란 안드레 사장님의 조언. 일단은 하루 더 이곳에서 머물기로 결심했고 그렇게 무료한 시간을 보내봤지만 역시나 마찬가지였다. 배낭여행자들에게 아직은 큰 인기를 얻지 못한 탓일까. 다시 한 번 여행사 거리를 서성거리는데 어제 나와 대화를 나눴던 여행사직원이 현관에서 담배를 태우고 있었다.

"그렇다면 앙헬 폭포는 갈 계획이 있나요?"

"앙헬 폭포요?"

"카나이마 국립공원에 있는 앙헬 폭포요. 그건 신청자가 꽤 많아요. 내일 당장 투어에 참여하실 수도 있어요. 가격도 다른 곳보다 훨씬 싸게 맞춰 드릴게요. 사실 제 사무실은 원래 시우다드 볼리바르란 도시에 있어요. 앙헬 폭포를 가는 대부분의 투어는 그곳에서 출발을 하거든요."

"오! 그건 마음에 드는군요. 내일 당장 출발이 가능하다고 하셨죠?"

"아니요, 지금 당장."

친절한 여행사 직원은 버스가 출발할 시간이 얼마 남지 않았으니 일단 짐부터 챙겨오라 했다. 짐을 가져오자마자 버스정류장까지 픽업서비스를 해주더니 버스의 표까지 예매를 해 주었다. 그리고 버스가 출발하는 시간까지 조금 여유가 생기자 준비해 둔 팸플릿으로 친절하게 설명하는 배려까지! 사진으로만 봐도 눈이 휘둥그레지던 그곳은 로라이마 산의 트레킹처럼 힘들지도 않는단다. 예정된 시각에 버스가 도착하자 그는 재빨리 슈퍼마켓으로 달려갔고 작은 비닐봉지에 쿠키와 음료를 챙겨주었다. 버스는 족히 12시간을 달려야 하니 중간에 허기가 지면 먹으란다. 이래저래 여행 중에 좋은 사람을 만나는 건 기분 좋은 일이다.

밤새 달려 내가 도착한 곳은 시우다드 볼리바르. 그곳에서 내가 다시 이동해야 할 곳은 카나이마 국립공원이었다. 사방이 정글인 그곳을 당연히 육로

squeria Renzo
Occidente
Marcopolo

EL VIGIA

로는 이동이 힘들기에 4인승의 경비행기로 약 한 시간 가까이 비행을 해야 한다. 한 시간 정도 비행을 했을까. 서서히 자태를 드러내는 테이블 마운틴(탁상산지)이 어렴풋이 보였다. 이곳의 언어로는 '테푸이'라고 불린단다. 사람들이 로라이마 산에 그토록 열광하는 이유는 바로 여기에 있다. 해발 2천 미터는 될 법한 높디높은 산들이 하나같이 수직으로 뻗어 올라 정상에는 평지를 이루는 곳. 산의 모양을 굳이 비유하자면 꼭 네모난 두부처럼 생겼다. 그런 산이 듬성듬성 이 넓은 국립공원에 수십 개가 존재했다. 영화나 소설의 배경이 되어 의미가 있다기보다 이곳 테푸이는 사실 과학적으로 상당한 가치가 있는 곳이다.

판구조론에 따르면 수억 년 전 지구의 육지는 하나의 거대한 덩어리였다. 그 덩어리가 조금씩 이동해 현대의 육지를 완성시켰는데 이때 판의 경계가 서로 부딪히며 히말라야 산맥을 만들기도 하였고 각종 화산활동을 통해 크고 작은 섬들을 만들기도 했다. 그때 당시 이곳 카나이마 국립공원은 거대한 호수였고 대륙이 이동하면서 호수의 밑바닥의 사암층이 수직으로 융기된 뒤 다시 균열된게 테푸이다. 이 때문에 테푸이는 고지 위에 고유의 자연환경이 형성되어 지금까지 이어져 온 것이다. 테푸이는 진화론을 뒷받침하는 근거가 되기도 하는데 이유인 즉, 테푸이 위에 서식하는 생명체는 고지대 환경에 맞게 적응이 되어 오직 이곳에서만 서식하는 종으로 재탄생 되었다. 더욱이 재미난 것은 각 테푸이의 높이와 식생에 따라 사는 종이 모두 다르다고 하니 지구상의 마지막 변방이라 하기에 손색이 없어 보인다. 조사를 할 때 마다 새로운 종이 발견된다는 테푸이 위의 식생. 안타깝지만 그 고지를 직접 밟아보는 건 로라이마 산을 등정한 이들의 이야기고 나는 그저 경비행기 위에서 그 아름다운 절경을 바라보는 데 만족해야 했다. 그렇지만 나는 아직도 다소 간접적이었던 내 경험을 후회하지 않는 편이다. 멀리서도 한눈에 들어오는 테푸이를 바라보고 있노라면 지구의 거대한 에너지를 온몸으

로 실감할 수 있었기 때문이다. 코난 도일의 소설을 읽어보진 못했다. 그래도 그가 왜 〈잃어버린 세계〉의 배경으로 테푸이를 선택했는지는 카나이마로 향하는 내내 충분히 공감할 수 있었다.

카나이마 국립공원에 도착하자마자 사람들은 작은 경비행기 공항에서 각자의 가이드를 찾느라 분주했다. 나를 안내할 가이드가 나타난 뒤 곧바로 투어를 진행했는데 투어의 질은 지금껏 해본 그 어떤 투어 중 단연 최고였다. 누가 고안했는지는 몰라도 투어라면 당연히 이 정도는 돼야 어딜 가서 투어명함을 꺼낼 수 있을 테다. 크고 작은 폭포를 직접 가로지르는 트레킹과 더불어 석양이 지는 라군에서의 수영 그리고 언제나 사람들의 입맛을 만족시켜주는 훌륭한 바베큐파티. 밤이 되면 투어에 참여한 이들끼리 맥주 한잔할 수 있는 바를 소개시켜주는 배려까지 모든 면에서 부족할 게 없었던 투어였다. 하지만, 진짜투어는 이튿날 앙헬 폭포로 향하면서 시작되었다. 반나절에 걸쳐 보트를 타고 이동해야 하지만 테푸이의 사이사이로 급류를 타고 올라가는 건 기대이상으로 가슴 벅찬 일이었다. 코난 도일의 소설뿐만 아니라 영화 〈쥬라기 공원〉에도 모티브를 제공했던 그곳은 지금 당장 테푸이 아래로 공룡이 날아다니는 착각을 불러일으키곤 했다. 하얀 조각구름과 울창한 정글에 완전히 갇혀버린 채 이동하여 다다른 곳은 앙헬 폭포가 먼발치서 보이는 롯지였다. 귀를 기울일수록 더 크게 울려 퍼지는 앙헬 폭포. 오직 폭포와 나 사이에 존재하는 고요한 바람의 움직임에 따라 그곳의 웅장함을 짐작할 수밖에 없었다.

가이드는 내일 새벽 이곳에서 출발하여 폭포의 바로 밑에까지 트레킹을 할 예정이라 했다. 어림잡아 열댓 명은 될 법한 관광객들은 저마다 테이블에 앉아 자기소개를 하기 바빴다. 이내 가이드가 저녁식사를 차려주더니만 테이블마다 전구대신 촛불로 분위기를 한껏 띄워주었다. 때마침 한 여성이 큰소리로 사람들을 주목시켰다.

"여기 제 친구 헬리가 오늘 생일이에요! 모두들 축하해 주셨으면 좋겠어요!"
그러더니 곧 놀라운 광경이 펼쳐졌다. 사람들은 각국의 언어로 미리 짜놓기라도 한 듯 돌아가며 생일축하 노래를 그녀에게 불러주었고 그녀는 생각지도 못한 이벤트에 꽤나 감동받은 눈치였다. 서로 다른 국적의 사람들이 모인 자리에서 이런 소박한 행운을 누릴 수 있는 건 여행자들에게만 한정된 기회이리라. 그러나 나를 제외한 대부분의 사람들의 언어와 국적이 다양치 못해 겹치는 부분이 많았는데 헬리가 직접 나를 가리키며 한 마디 건넸다.

"전 아직 한국어를 한 번도 들어 본적이 없는데…."

아유 이 앙큼한 년. 피차 마찬가지다. 나도 누군가에게 생일축하곡을 이렇게 많은 사람 앞에서 홀로 불러준 적이 없었는데…. 그래도 그 때 만큼은 엄청난 쇼맨십으로 다가갔다. 일어서서 큰소리로 생일축하곡을 부르며 손은 반사적으로 탁자 위의 볼품없는 플라스틱 꽃을 들어올렸다. 한쪽 무릎을 꿇고 꽃을 건네주며 손등엔 가벼운 입맞춤까지. 사람들은 그 동양인의 피상적인 퍼포먼스를 영상으로 담았고 기립박수를 쳐주는 이들도 있었다. 왜 그런 짓을 했냐 묻는다면 당시 이 투어인원 중 가장 영향력이 있는 이가 바로 헬리여서 그랬다.

카나이마 공원부터 시작해서 앙헬 폭포까지 오는 길에는 마트가 없어서 흡연자들은 죄다 담배를 갈구하고 있었다. 애연가들이 흡연을 못한다는 건 또 다른 잃어버린 세계의 출현이다. 그때 당당히 가방에서 말보로 한 갑을 꺼내보이던 헬리! 그날 밤 나는 친해진 그녀 옆에 꼭 붙어서 여행이야기와 함께 원 없이 담배를 뻐금뻐금 태울 수 있었다. 노 페인, 노 게인!

꼭두새벽부터 우리의 가이드는 사람들을 일제히 깨웠다. 제시간에 앙헬 폭포를 가야 한다며 그는 무척이나 분주하게 서둘렀다. 약 한 시간 이상 걸어야 했던 깊은 정글. 분명 청명한 날씨였는데도 빼곡했던 활엽수 나뭇잎 위로 빗방울 소리가 멈추질 않았다. 폭포에 진입했다는 증거란다. 앙헬 폭포가 유명한 이유는 바로 세계에서 가장 높은 낙차를 자랑하는 데 있다. 높이 979미터에서 낙차 하는 물줄기가 바람의 방향에 따라 비처럼 쏟아지고 있었고 그런 폭포에 가까이 다가서자 고막을 찢는 굉음과 동시에 물보라가 휘몰아쳤다. 조금 떨어져서 그 위용을 한눈에 담았다. 드넓은 테푸이 아래로 길게 뻗어진 물줄기. 앞서 브라질에서 보았던 이구아수 폭포가 힘과 정력을 상징하는 남성적인 자태였다면 앙헬 폭포는 다분히 여성적인 냄새가 강했다. 시원하게 뻗은 폭포의 각선미 주위로 무지개가 피어오르더니만 햇살과 동시에 테푸이의 측면은 붉은빛으로 감돌고 있었다. 곧이어 그 무지개 사이로 자유롭게 날아다니는 새들이 원을 그리며 모여들었다. 반복적인 물소리와 새소리 이외엔 그 어떠한 소리도 들리지 않았던 지상 최대의 엠씨스퀘어. 인류가 20세기에 들어서기 전까지 발견하지 못했던 잃어버린 세계, 잃어버린 천혜의 절경! 앙헬 폭포의 감동은 베네수엘라를 찾는 이들 모두를 만족시켜줄 만한 장엄하고도 신성한 곳이어서 누구든지 집중할 수밖에 없는 곳이었다.

베네수엘라를 여행하는 헬렌켈러

　돌아온 시우다드 볼리바르에서 나는 다시 지도를 펼쳤다. 내가 갈 수 있는 곳들을 정리했고 이따금씩 호스텔에 묶고 있는 여행자들에게 정보를 구하고 있었다. 내가 가고 싶은 곳은 단 3군데. 세계에서 가장 높은 케이블카가 존재하는 아름다운 도시 메리다, 꿈과 낭만이 이루어지는 환상적인 마가리타 섬 그리고 베네수엘라의 대표적인 정글 로스야노스가 후보에 올랐다. 홀로 해변을 가기엔 썩 내키지 않았고 또 다시 정글을 가기엔 죽기보다 싫었다. 그렇다면 메리다! 마침 오늘 새벽에 호스텔로 도착한 호주출신의 여행객이 메리다에서 오는 길이란다. 그가 말하길 지금 메리다의 케이블카는 일시적으로 운행이 중단된 상태이며 도시도 특별한 게 없다고 했다. 굳이 이곳에 더 머물러야만 할까? 솔직히 베네수엘라는 테푸이를 제외하면 사람들이 추천하는 곳은 드물었는데…. 일단은 국경과 가까운 대도시인 마라카이보행 버스티켓을 예매했다. 세계에서 가장 예쁜 다리가 놓인 아름다운 미항 마라카이보에서 바다를 바라보며 스스로에 대한 힐링을 한다면 충분히 만족하리라 여겼다. 문제는 버스다. 24시간을 달려야 하는 무시무시한 버스. 가격이 비싸면 차라리 국내선 항공이라도 이용할 생각이었는데 생각 외로 버스의 가격은 저렴했다. 아니 이곳에서 굴러다니는 모든 교통수단이 저렴했다. 왜 그런 것일까? 이유는 값싼 석유 때문이다.

　세계에서 가장 석유가 저렴한 나라를 떠올릴 때 으레 아랍에미리트나 사우디아라비아를 떠올리는 사람이 많을 테지만 그곳보다 몇 배는 더 싼 곳이 이곳 베네수엘라다. 지구 상에서 다섯 손가락 안에 들 정도로 많은 석유 매장량을 보유한 베네수엘라는 석유의 발굴로 인해 20세기 초부터 말이 많았다. 20세기 초 석유가 발굴되면서 주력산업이었던 커피와 카카오생산이 쇠퇴하였고 석유법의 개정으로 석유가 국유화되었다. 그 목적은 물론 대통

령을 비롯한 지배계층의 권력과 부를 극대화하는 발판을 마련했으니 그 뒤로 얼마나 시끄러웠을지는 불 보듯 뻔하다. 그러나 최근의 베네수엘라는, 현 대통령 차베스에 대한 국민들의 호응도가 상당히 좋았다. 사회주의 국가라서 그럴 수도 있지만(대부분의 언론에서 국민들을 인터뷰할 때 그들은 마치 북한 같기도 하다) 적어도 석유는 관대했기 때문이다. 물 1리터보다 싼 기름 값. 당시엔 리터당 25~30원꼴이었으니 말이다. 이렇게 싼 이유는 국가에서 석유보조금을 지급하며 민심을 얻으려 노력한 결과물이란다. 석유가 싸다 보니 사람들은 버스보다 택시를 이용하는 경우가 잦았다. 석유는 발굴되어도 국가적인 특색이 잘 살기는 힘든 시스템인지라 돌아다니는 차량은 죄다 80년대 미국영화에서나 나올 법한 디자인이었다. 시커먼 매연을 내뿜는 고물택시에 몸을 싣고 꽤 장거리를 이동해도 그들은 인건비만 챙겨 받았으니 베네수엘라에서는 언제나 편하게 이동한 기억뿐이다.

이 때문일까. 24시간을 이동하는 장거리버스라 할지라도 내가 평소에 이용하던 서울−대구 KTX의 가격보다 저렴했으니 아쉬울 자격이 없었다. 마침내 도착한 마라카이보. 해가 진 뒤에 도착했었지만, 터미널의 분위기가 썩 나쁘진 않았다. 시끌시끌한 터미널은 인간미가 넘쳤고 가로등의 불빛 아래 옹기종기 모여진 콜로니얼 풍의 가옥들은 흡사 마나우스의 정취와 많이 닮아서 그랬을 수도 있다. 터미널 주위를 둘러보았다. 숙소는 눈에 띄었지만, 중심가로 이동하는 편이 좋으리란 생각에 택시를 잡았다. 그리고 너무나 자연스럽게 영어로 저렴한 게스트하우스로 데려달라고 설명했다. 근데 이 아저씨 내가 한 말을 전혀 못 알아듣는 눈치다. 다음 택시도 그다음 택시도. 그제야 난 느꼈다. 여긴 영어가 거의 통용되질 않는 베네수엘라라는 것을! 산타엘레나에선 레바논 청년 사미가, 투어 때는 사람들의 귀동냥으로 버틴 내가 너무나 당연히 스페인어의 중요성을 인식할 수 없었으니 그럴 만도 했다. 그런데 이젠 완전히 혼자 남겨진 상황. 가이드북의 부록에 실린 생활 스페인어를 뒤졌다. 마침 '경제적이고 깨끗한 호텔로 데려다 주세요.'라는 문구가 있었다. 다음 택시기사에게 그 문장을 그대로 보여주니 빙긋이 웃으며 타라는 손짓을 했다. 애석하게도 그가 데려다 준 곳은 언덕배기에 있는 전망 좋은 호텔이었다. 할 수 없이 그를 보냈지만, 호텔은 이미 세련된 디자인에서 나를 압도하고 있었다. 분명 이런 곳은 엄청나게 비쌀 텐데…. 손목시계를 보니 어느덧 9시. 배낭의 무게를 감당하지 못한 내 어깨는 허리춤까지 처지는 것 같았고 하루 종일 씻지도 않은 얼굴과 머릿결엔 개기름이 사방으로 블링블링 코팅이 된 채 반짝였다. 사뿐사뿐 리셉션으로 향했다. 직원은 오늘 하루 자고 갈 것인지를 물었고 방 열쇠를 건네주었다. 제일 궁금했던 가격을 물었다.

"120볼리바르(1만 5천 원)."

"…"

횡재다 횡재. 그리고 가격이 저렴했던 이유는 이곳이 관광객이 아닌 순전히 현지인을 위한 장소였기에 가능하다는 걸 객실로 들어서자마자 알게 되었다. 그곳은 불륜의 현장 러브호텔이었으니깐. 근데 러브호텔, 솔직히 강력하게 추천한다. 특히나 편한 잠자리를 원하는 여행자에겐 더욱이! 커플들이 이곳을 찾는 목적은 오직 한 가지일 텐데 그 거사를 치르려면 반드시 수반되어야 하는 3박자가 있다. 그 3박자는 나 같은 배낭여행자가 반드시 체

크하는 항목과 별반 다르지 않다. 넓은 욕조와 더불어 콸콸콸 쏟아지는 뜨거운 물, 눕자마자 중력의 법칙을 거스르는 편안한 매트리스, 끝으로 언제든지 켤 수 있는 시원한 에어컨 바람! 물론 침대가 동그란 원형에 베개도 쓸데없이 두 개라는 사실은 받아들이기 어렵고 아무리 불을 밝혀보아도 주황빛 백열등이 전부이지만 힐링을 원했던 내가 휴식을 취하기엔 더할 나위 없이 좋은 장소임이 틀림없었다.

마라카이보는 분명 예쁜 다리가 있는 미항이 맞긴 하다. 호수와 바다의 경계인 그곳은 어디를 가나 코발트 빛깔의 푸른 파도가 넘실거렸고 그 위를 수놓는 다리는 낭만적이기까지 했다. 문제는 그 바다가 지금 여기 내 눈앞에 있다는 점이다. 바다가 코앞에 보인다는 말은 해발고도가 0m에 가깝다는 것을 의미하지 않는가. 적어도 적도 부근의 나라에서 고지대가 아니라면 아무리 아름다운 도시라 한들 그 낭만은 반감되기 마련이다. 마라카이보는

지나치게 더웠다. 바다를 바라보면 물 위에서 아지랑이가 피어오를지도 모른다는 착각마저 들곤 했다.

다음날 아침 배고픔을 이기지 못한 나는 무언가라도 먹을 생각으로 레스토랑으로 향했다. 그런데 이거 원 어디가 레스토랑인 줄 알 수가 있어야지. 무더운 날씨 탓에 가게 문들이 일제히 닫혀 있기도 했거니와 그 흔한 노점상이 없어서 오랜 시간을 배회해야 했다. 어렵게 사람들에게 손짓으로 먹는 시늉을 하며 찾아간 레스토랑. 메뉴판을 보자마자 또 기겁을 했다. 생전 처음 보는 글씨들이 살사댄스를 춰댔다. 스페인어라는 게 영어와 같은 알파벳을 쓰고 있다는 사실이 더 나를 분노케 했다. 이 글씨들이 무엇을 의미하는지 알고 싶었다. 태국어나 아랍어였더라면 차라리 몰라도 속은 편하다. 그렇지만, 멀쩡히 읽을 수는 있되 그 뜻을 모르니 어찌 답답하지 않을 수 있겠는가! 직원의 눈치를 살폈다. 직원이 다가와 무언가를 분주히 설명했다. 이건 무엇이며 이것은 또 무엇이라고 하는 것 같아 영어로 답해봤다. 그는 영어는 모른다며 웃으며 고개를 흔들었다.

'오, 맙소사! 어떡하지? 나는 배가 고픈데, 너무너무 고픈데….'

그 순간 나는 카라파냐스 마을에서 경험했던 기억이 불현듯 떠올랐다. 수첩을 꺼내 닭, 돼지, 소, 물고기 그림을 그린 뒤에 직원에게 보여주었다. 오늘은 닭고기가 먹고 싶어서 닭을 택했다. 빙긋이 웃자 그도 빙긋이 웃는다. 이러면 된 거 아닌가? 솔직히 스릴 넘쳤다. 음식이 나오는 시간까지 걸리는 시간 15분. 닭이 삶아서 나올지 구워서 나올지 나는 예측이 불가능했다. 드디어 등장한 닭고기. 전기구이로 통째로 구워버린 닭 한 마리가 나와 버렸다. 아침식사치고는 너무 무거운 경향이 있지만 그래도 먹을 게 나오니 입은 방글방글 웃고 있었다. 그 후로 점심식사도 저녁식사도 그리고 어딘가로 이

동을 하거나 무엇을 살 때도 수첩에 그림을 그려가며 버벅거리는 일상이 반복되었다. 그래 맞다. 나는 헬렌켈러였다. 읽지도 못하고 듣지도 못하고 말하지도 못하는 삼중고를 안고 여행했으니 그게 그렇게 불편한지 미처 몰랐던 탓이다. 남미판 헬렌켈러에게 앞으로 비춰질 여행. 사람들과 대화가 없다면 당연히 여행의 질이 떨어질 수밖에 없었기에 내심 걱정이 앞섰다. 공교롭게도 헬렌켈러는 살아생전 이와 같은 명언을 남겼다고 한다.

낙천은 사람을 성공으로 이끄는 신앙이다.

대책 없이 긍정적인 나는 스페인어를 배우러 어디를 가겠다는 생각을 접었고(콜롬비아 정도만 가도 배낭여행자들을 대상으로 하는 생활스페인어 교실이 많다고 했다) 다른 아이디어가 떠올랐다. 스페인어를 할 줄 아는 사람이 있으면 그 사람을 지구 끝까지 따라다니는 것. 역사 속의 헬렌켈러처럼 남미판 헬렌켈러인 내가 동반자인 설리번 선생님을 만날 수 있었을까? 그 바램은 생각보다 일찍 찾아온 듯하다.

모르는 게 약이다

마라카이보는 심각하게 지루한 동네다. 베네수엘라의 어원은 이탈리아 베네치아에서 유래되었다고 한다. 이곳을 처음 개척한 스페인 사람들이 마치 베네치아 같다 하여 붙여준 이름이란다. 아마 그때 당시 빽빽한 열대우림에 강줄기를 따라 카누를 타고 이동하는 원주민들을 보며 그러한 명칭을 붙였겠지만, 지금처럼 도시화가 이뤄져 버린 베네수엘라는 특별히 재미난 구석이 없었다. 여행자의 오감을 깨워준다는 시장통으로 가면 확실히 사람들의 분위기는 정겨웠다. 아저씨들은 얼굴색이 다른 나를 보며 덩실덩실 춤도 춰

보이고 노점상의 아주머니는 먹을거리를 손에 쥐여주며 알 수 없는 스페인어로 환영을 해 주곤 했다. 그럼에도 순전히 기분 탓일까. 흥미롭지 못했다. 옅은 색의 콜로니얼 풍의 가옥들은 사진을 찍기에도 좋았고 카페에 앉아 커피를 마시며 분위기에 취해보는 일도 좋았지만 스펙타클함이 부족하다 보니 지루해지고 있었다. 자극적인 여행을 하다가 담백한 여행을 하다 보니 변화가 필요했던 탓이리라. 이거 완전히 양념갈비를 먼저 먹고 삼겹살을 구워 먹다 그 맛을 제대로 못 느끼는 것과 같다.

그럴 땐 다시 배낭을 정리해야 한다. 떠나야 한다. 악명 높은 베네수엘라~콜롬비아 국경을 향해 심호흡을 가다듬고 터미널로 향했다. 며칠 전 밤중에 봤던 터미널과는 사뭇 다른 분위기. 환전상들은 이러 저리 다니면서 화폐를 교환하고 있었고 택시기사들은 국경까지 태워준다며 흥정을 하느라 바빴다. 외국인들에게 인기 있는 관광지라면 잘 정비된 국경 버스가 존재하겠지만, 이곳 상황은 그리 좋지 못했다. 일단 버스에 올라탔다. 방글라데시에서나 봤었던 폐급 버스는 시동이 걸릴지도 의문스러웠다. 한 시간을 기다려도 기사 아저씨는 출발할 생각을 하지 않았고 창밖으로 그를 향해 소리 없이 몇 번이고 불러보았다. 마침내 그가 다가오더니 나를 택시기사에게 떠넘겼다. 알아서 가란다. 워낙에 손님이 없다 보니 그러려니 했다. 마침 택시기사는 두 명의 서양인들을 호객하고 있었다. 그러곤 덜컹거리는 80년대 고물 차량의 뒷좌석에 사이좋게 끼워 넣더니 국경을 향해 달렸다.

베네수엘라는 검문이 상당히 빡센 나라로 유명하다. 아니 빡세다는 표현으로도 부족하다. 200미터마다 검문을 하니 차량이 속도조차 낼 수 없는 기이한 현상이 펼쳐지곤 했다. 특히나 군인들은 하나같이 나의 여권만 주시했다. 여권을 보더니만 "너 남한에서 왔냐, 북한에서 왔냐?"를 수시로 물었다. 우리의 여권에 쓰여 진 'Republic of Korea'. 결국 이게 문제란다. 'South(남)' 혹은 'Sur(South의 스페인어)'가 명시되어 있지 않으니 당신이 북한 사람인지 남한 사람인지 증거를 대 보이라는 사람도 많았다. 마땅한 증거가 생각나지 않아 말 같지도 않은 소리를 지껄여 보았다.

"지성 팍! 아미고, 아미고(친구)!"

가슴을 팡팡 치며 갈구하는 나를 보는 군인은 황당해하며 여권을 더 꼼꼼하게 살폈다. 나 또한 황당했지만 참아야 했다. 흘러다니는 풍문에는 군인들이 이런 식으로 협박을 강요하다가 결국 여행객으로부터 돈을 뜯는다는 이야기도 많아서다. 그렇게 힘들게 도착한 국경사무소. 택시아저씨는 국경 너머에 차를 주차해 놓을 테니 출국도장을 받고 택시로 오라 했다. 두 명의 서양인들은 아저씨와 이야기를 나누더니 달랑 복대 하나에 여권을 손에 쥔 채로 택시에서 내렸고 나는 항상 그랬듯이 무거운 보조가방을 직접 들고 사무실로 향했다. 당연한 것이다. 여행 중에 귀중품가방은 내 신체의 일부라 생각하는 자세가 필요하니깐. 출국심사를 받고 곧장 콜롬비아 입국사무소로 향했다. 족히 한 시간은 걸린 듯했다. 마약이 판을 치는 콜롬비아라서 그런지 외부로 들어오는 이들의 신원을 확실히 하기 위해 지문까지 찍는 시스템은 쓸데없이 비효율적이었다. 줄이 짧아도 대기시간은 길었다. 그리고 다시 사무실을 나와 택시를 찾으며 담배 한 대를 태웠다. 갑자기 같이 동행 중이던 두 여자가 언성을 높이며 사람들과 실랑이를 벌였다. 도대체 무슨 일일까. 우리의 택시는 바뀌어져 있었고 처음 보는 사내가 터미널까지 안내해주겠다며 얼른 타라고 재촉했다. 두 여자는 택시에 올라타자 갑자기 눈물을 왈칵 쏟아냈다. 도대체 무슨 일이 벌어진 걸까….

터미널로 온 나는 콜롬비아 국경에서 가장 가까운 도시인 산타마르타 행 버스를 알아보고 있었다. 말 한마디 안 섞던 두 여자는 잠시 밖을 나갔다가 오더니만 내게 갑자기 두 손을 모으고 간청을 했다.

"저기…. 너 혹시 어디로 가니?"

"산타마르타."

"우리도 그리로 같이 갈게. 근데 거기까지 가는 돈을 좀 빌려줄 수 있을까? 제발 부탁이야. 여기 은행이 보이질 않아서 그래. 출금만 되면 바로 줄게!"

"그렇게 해 그럼. 자 버스비 여기 있어. 근데 도대체 무슨 일이야?"

"아까 마라카이보에서 국경사무소까지 태워줬던 택시기사가 우리 보조가방을 들고 날랐어. 사무실 앞에서 분명히 콜롬비아 국경에 자리 잡고 있겠다고 말해줘서 그대로 믿었지. 그 가방 안에 있는 우리 노트북, 카메라, 옷, 가이드북을 몽땅 잃어버리고 만 거야. 값비싼 물건은 다 거기 있는데…."

쯧쯧쯧. 스위스에서 왔다던 두 여자, 스테파니와 사라. 예기치 못하게 동행하게 된 그들인데 사연이 정말 딱했다. 특히 스테파니는 스페인어가 굉장히 자연스러웠는데 괜한 이야기를 아저씨에게 말했다가 봉변당한 것이다. 참말로 다행이다. 내가 스페인어를 알았더라면 나 또한 그들과 함께 동요되어 무심코 여권만 달랑 들고 국경사무소로 향했을지도 모르겠다. 그들이 무슨 말을 하던 신경 안 쓰고 내 할 일만 했기에 결국 멀쩡한 사람은 나밖에 없었다. 참…. 여행하다 보니 모르는 게 약이 되는 경우가 참 많다.

Cartagena
Santa Marta
Caracas
Medellin
Bogota
VENEZUELA
GUYANA
SURINA
FR G
Quito
CUADOR
Manaus
Amazon
COLOMBIA
BRAZI
Lima
Cusco
Andes
BOLIVIA
La Paz
Sucre
PARAGUAY
CHILE

그대가 남미를 꿈꾼다면.

셋은 오전 내내 같은 택시 뒷좌석에서 어색한 시간을 보냈었다. 나는 오른쪽 모서리에 구겨 앉아 사라의 허리사이즈도 대충 짐작이 갈 만큼 가깝게 있었지만, 굳이 말을 섞진 않았다. 어차피 버스터미널로 간다면 뿔뿔이 헤어져야 함을 알기에 괜히 말 붙이길 꺼려했을 수도 있다. 그래도 여행의 묘미 중의 하나는 길 위에서 만나는 인연이 특별하고 예기치 못하다는데 있다. 우리가 탄 버스는 확실히 택시보다 넓었으며 심지어 나와 두 스위스여자의 사이엔 폭 1미터의 좁은 통로가 존재했었지만 셋은 정신적으로 훨씬 더 가까워진 상태였다.

"아까 보니 스페인어를 정말 잘하던데?"

언제 울었냐는 듯 거울 속의 자신을 빤히 쳐다보던 스테파니에게 물었다.

"조금, 그냥 여행하기에 불편하지 않을 정도야. 베네수엘라에서 1년간 산 적이 있거든. 너 혹시 스페인어 못해?"

"뭐, 나도 여행하기에 불편하지는 않아. 아니 오늘 하루는 너네랑 있으니깐 불편하진 않겠네."

멋쩍게 웃어 보이면서도 속으론 쾌재를 질렀다.

'오! 나의 설리번 선생님이시여!'

스테파니는 살벌한 베네수엘라에서 살아본 경험이 있었음에도 그 불안한 치안을 모르고 살았나 보다. 더 특이한 녀석은 사라다. 그녀는 아예 여행생각은 추호도 없었는데 스테파니가 가자고 해서 그냥 따라나섰단다. 사라의 정신적 지주는 스테파니였고 그 둘의 물질적 지주는 내가 되어야 했다. 때마침 노점상 아주머니가 버스에 올라타 간식거리를 판매하고 있었다.

"너네 솔직히 배고프지? 간단하게 뭐라도 먹을래?"

"우린 돈이 없는 걸⋯."

"돈은 내가 있잖아. 먹고 싶은 거 골라."

흔들거리는 눈동자로 서로의 눈치를 살피는 그녀들은 조심스레 고개를 끄덕였다. 세상에나. 정말 이런 신사는 또 없다. 허기를 달래자 나를 절대적으로 신봉하는 그녀들은 생명의 은인이니, 네가 없었다면 자기는 스위스로 돌아갈 뻔했다느니 칭찬 일색이었다. 버스는 아직 출발하려면 몇 분 정도 여유가 있었고 나는 얼른 버스에서 내려 담배 한 대를 태웠다. 담배 연기를 내뿜으며 창가에 앉은 스테파니와 두 눈이 마주쳤을 때다. 고양이의 눈망울처럼 반들거리며 동정심을 자극하는 착한 눈매. 손으로 담뱃갑을 들이밀며 톡톡 신호를 보내자 그녀들은 점심시간 종소리를 들은 여고생들처럼 우당탕 달려들었다.

그 후로도 우린 서로에게 정신적 지주가 되어주곤 했다. 이제 아침마다 전기구이 통닭을 먹을 일도 없었고 심지어 음식을 매콤하게 주문할 수도 있었다. 방을 나눠씀은 물론 어디로 갈 데도 꼭 붙어 다녔던 우리는 그렇게 카르타헤나까지 같이 이동할 수 있었다. 나와 그녀들의 운명적인 만남보다 더 운명적인 만남이 있는 곳, 바로 카르타헤나를 여러분들께 소개하려 한다.

"카르타헤나가 그렇게 예쁘다면서요? 소문이 장난이 아니던데요?"
"너무 기대가 크면 실망도 크죠. 콜로니얼 풍의 건축물을 좋아하신다면 마음에 드실 수도 있겠네요."
 국경에서 잠시 지나쳤던 한 여행자가 말해 준 이야기다. 나는 카르타헤나가 남미에서 제일 어메이징한 곳이라 알고 있는 사람인데 기대하지 말라는 그의 뉘앙스가 독특했다. 카르타헤나를 도착해서 그가 그런 말을 한 이유에 대해 어느 정도 동의는 했었다. 피부를 파고드는 무더운 날씨 탓이라 여겼고 거리가 그다지 깔끔하지 못해서다. 이번에도 스테파니, 사라와 같이 방을 썼다. 남미에서 가장 물가가 저렴한 곳 중 하나인 콜롬비아에서 숙박비를 줄이니 돈도 제법 여유가 생겨 커피 한잔을 할 시간도 많았다. 모두가 알겠지만, 콜롬비아는 최고급 커피 원두를 생산하는 나라로 유명하다. 시골냄

새 가득한 거리에서도 아침이면 커피를 판매하는 아저씨는 꼭 있었다. 알루미늄으로 된 커피 통을 등에 멘 아저씨. 알루미늄 탱크는 흡사 투박한 농약 살포기처럼 생겼지만, 그곳에서 능숙하게 커피를 내려 주었다. 커피를 든 남자와는 옷깃만 스쳤을 뿐인데 그윽한 향에 도취 될 수밖에 없는 콜롬비아! 단돈 몇백 원에 마시는 커피의 풍미는 역시나 10점 만점에 10점이다.

'냄새가 장난이 아닌데?'

고개를 턱 아래로 살짝 내린 채 커피 향을 맡고 만족스러운 눈빛을 쏘아 보내면 커피를 든 남자는 본인도 만족한다는 듯이 그제야 다른 손님을 찾아 나섰다.

인심도 후하고 가격도 착한 카르타헤나. 첫인상은 별로였어도 시간이 지날수록 마음에 들었다. 해적들의 잦은 침입을 받아서 도시 전체를 둘러싸고 있던 성벽은 그들의 혼란스러웠던 역사를 의미하지만 이제는 도시의 아름다움을 극대화 시키곤 했다. 매력은 발길이 가는 곳마다 넘쳐났다. 꽤 높다란 성벽 안에 존재한 구시가지는 그저 걷기만 해도 즐거운 그런 곳이다. 그리고 두 눈을 확 끄는 콜로니얼 스타일. 같은 의미인 식민지 스타일이라 하면 뭔가 불행해 보인다. 카르타헤나에 뿌리내린 스페인계 양식은 남미라는 이미지와 너무 잘 어울렸다. 남미 하면 떠오르는 이미지가 꽤 많지만 콜로니얼 풍의 건축물들도 한몫하는 것 같다. 다소 클래식한 이런 건물은 생활에 절제가 내재된 유럽인들보다 언제나 발랄한 남미사람들에게 더욱 잘 맞는 옷처럼 말이다. 아시아에 잔재된 유럽건축물보다 훨씬 더 감각적인 색감들은 활기 넘치는 남미사람들이 선택한 컬러다 보니 낡은 건물마저도 리듬이 실려 있었다. 사람들은 카르타헤나를 두고 '남미의 보석'이라는 애칭을 붙였다. 남미의 보석은 해가 지고 가로등의 조명이 하나 둘 켜지자 더 영롱한 빛으로 반짝였다. 노을이 질 때면 매일 광장에서 울려 퍼지는 콜롬비아의 전통음악 그리고 무용수의 현란한 춤사위. 밤이 되면 돌아다니기 위험하다는 이야기

는 적어도 이때만큼만 접어두어도 좋다.

　서로 다른 문화의 만남 그리고 공존. 운명 같이 서로에게 끌리는 파장이 없으면 역사는 결코 허락을 하지 않았다. 흥선대원군이 쇄국정책을 시행했을 때도 그리고 일본의 식민지 때도 우리는 결코 우리의 것을 다른 것과 혼용하지 않았다. 하지만, 가까이 있는 다른 국가들은 운명적으로 순응한 경우가 많았다. 베트남에도 프랑스계열의 건축물이 그곳만의 스타일로 자리 잡았고 인도에도 영국풍의 건물은 힌두교 의상을 두른 인도인들과 제법 잘 어울렸다. 서양의 제국주의를 의미하는 것은 한정된 이야기다. 수천 년 전 국가들의 전쟁은 종교의 파급을 촉진시킨 계기가 되었고 종교에 따라 독자적인 문화를 뿌리내리게 하였으니 우연이라 하기엔 너무나 운명적인 만남이 바로 서로 다른 문화의 만남이라 할 수 있겠다. 콜로니얼 스타일로 더욱 매력적인 남미. 그중에서도 가장 찬란하다던 남미의 보석. 이름만 떠올려도 남미냄새가 폴폴 나는 그곳이 카르타헤나다.

그날 밤 호스텔의 로비에서 오랜만에 메신저에 접속했다. 뜻밖에도 마나우스에서 만난 후안이 반갑게 말을 건넸다.

"이봐 손! 반가운 뉴스가 있어."

"무슨 일이야?"

"이번에 한국의 EBS란 방송국에서 아마존을 취재했지. 다큐멘터리 팀이 아마존의 원주민을 보여주고 싶다기에 네가 방문했던 지역에서 녹화를 했어. 안드레 사장님이랑 같이 말이야. 바레즈 부족이랑 촬영을 했는데 나도 출연하니깐 꼭 봤으면 좋겠어. 참, 그리고 더 놀라운 소식이 있지. 다음 달에 이탈리아 영화사에서 아마존을 배경으로 한 영화를 제작하는 데 내가 정글가이드 겸 엑스트라로 참여하게 됐어. 수입이 생기면 핸드폰부터 바꾸고 싶군!"

들던 중 반가운 소식에 나 또한 정신이 없었다. 바레즈 부족이라면 내가 카라파냐스 부족마을에 있으면서 자주 인사를 나눴던 부족이기에 더없이 친숙한 부족이다. 무엇보다 그의 앞길에 조금씩 희망이 보인다는 게 너무 기뻤다. 후안은 사실 젊은 시절 꽤 잘나갔던 정글가이드였다. 세계적인 팝스타

리키 마틴을 가이드 한 적도 있을 만큼 한땐 남부럽지 않게 살았던 그였는
데 안타깝게도 나는 그의 슬럼프인생만을 마주했던 것이다. 건기에서 우기
처럼, 계절이 바뀌면 비가 내리듯이 그의 인생에도 이제 단비가 내려오고 있
음에 감사했다.

  오색찬란했던 카르타헤나의 그날 밤은 유난히 많은 별이 쏟아졌다. 후안의
인생도 그리고 그의 가족들도 저 하늘의 별처럼 찬란하길 진심으로 바랐다.

착한 사람

'SAY NO TO RACISM(인종차별에 No라고 말하세요)'
  국제축구연맹 FIFA의 월드컵 슬로건이다. 물론 축구에만 국한되지 않는
다. 어쩌면 여행자에게 가장 중요한 덕목이 바로 인종차별에 대해 No라고
말할 수 있는 자세일 것이다. 나또한 여행 중에 인종차별만큼은 결코 하지
않으리라 다짐하고 또 다짐했었다. 그런데도 자신의 신변을 보호하기 위해서

어스름한 어둠을 밝히기 위해
하나 둘 마음의 불씨를 불어 넣기 시작했다.

는 어느 정도 현실과 타협이 필요하다고 여겼다. 바로 흑인을 조심할 것. 남미 어디를 가던 흑인들은 빈민가에 몰려 사는 이들이 많았고 그러기에 날치기나 강도를 일삼는 '나쁜 사람'들은 흑인일 경우가 많아서다. 노예계층으로 아프리카에서 이주한 이들이 현시대에도 이러한 오명을 받으며 살아간다는 건 안타깝지만, 경계를 늦춰선 아니 되리라 생각했다. 그날도 여느 때처럼 홀로 카르타헤나의 밤거리를 쏘다닐 때였다. 뒤에서 누군가의 발자국 소리가 점점 가까이 들려왔다. 그럴 때면 뒷머리가 곤두섰다. 더구나 으슥한 골목이라면 더욱이! 달팽이관은 오직 뒤에서 들려오는 발자국 소리만 옮겨 담아 내 귓속을 사정없이 울려댔다. 갑자기 뒤에서 거친 목소리가 들려왔다.

"헤이! 치노(중국인), 치노!"

말없이 앞만 보고 걸음속도를 높였다.

"치노! 치노!"

가게 문은 죄다 닫혀 있는 늦은 밤 왜 하필 내 뒤에서 저렇게 불러대는 이가 나타났을까. 절대 뒤돌아보지 않으리…. 중동에서 만난 한 여행자가 아르헨티나에서 봉변당한 이야기를 했던 게 머리를 스쳤다. "하뽀네스(일본인)"라는 말 한마디에 뒤를 돌아봤다가 테러를 당해 모든 돈과 가방을 갈취당했던 살벌한 사연. 그는 '치노'라는 단어를 10번 가까이 부르더니만 갑자기 뛰기 시작했다. 나도 뛰어야 했다. 근데 그게 안 된다. 교통사고가 날 때 사람은 너무나 갑작스레 튀어나오는 차량을 앞에 두고 두 다리가 얼어붙듯이 나 또한 그랬다. 그는 뛰어오고 있는데 내 다리는 꼼짝없이 지면에 붙어 있으니 뇌의 명령이 제대로 하달되지 못한 게 틀림없었다. 그가 거의 등 뒤에 왔을 때 즈음 세상에서 제일 화난 표정으로 무섭게 뒤돌아 볼 계획이었다. 다행히 이러한 행동은 동물적으로 바로 튀어나온다. 동물들도 포식자들에게 당하기 직전엔 자기 몸을 최대한 부풀려 보이질 않는가, 홱 돌아보자마자 그의 발걸음이 갑자기 멈췄다. 잠시 동안의 정적이 흘렀고 그곳엔 내 살기 어린 눈빛을 마주한 한 흑인 남성이 어쩔 줄 몰라 하고 있었다. 또 흑인이다, 흑인! 그 짧은 순간마저도 이 사람을 더 경계를 해야 한다는 느낌이 들었고 이 것은 반사적으로 행동에 옮겨졌다.

"왜?! 꺼져, 이 새끼야!!!"

그는 고개를 푹 숙이더니만 한 마디를 내뱉었다. 그의 긴 한숨과 묵직했던 짧은 영어는 아직도 생생하다.

"아, 아임 쏘오-리…"

그리고 그의 한쪽 손에 쥐어진 핸드폰. 핸드폰의 카메라 플래쉬는 켜져 있었고 그는 단지 다른 이들처럼 동양인인 나와 함께 사진을 찍고 싶었을 수도 있다. 고개를 푹 숙인 채 터벅터벅 걸어가는 그의 발자국 소리는 그가 다가 올 때보다 훨씬 더 따갑게 귀청을 괴롭혔다. 그의 발걸음에 맞춰 휘청휘청 흘러내린 플래쉬 불빛이 좁은 골목 안에서 느릿느릿 사라져갔다. 너무 미안 했다. 단순히 동양인에게 친근하게 다가오고 싶었던 착한 사람일 수도 있는 데…. 용기 내서 다시 그를 불러보았다.

"저, 저기. 무슨 일이야? 헤이, 헤이!"

잠시 뒤를 돌아본 그는 무슨 말인지 모르겠다며 절래절래 고개를 흔들며 다시 사라져갔다. 그를 부르지 않을 걸 그랬다. 어깨보다 축 처진 그의 검붉 은 입꼬리를 봐버려서다. 편견의 시각을 온전히 떨어버리지 못한 내 실수가 부끄러웠다. 부끄러운 내 행동이 더 민망해서 다가가 사과도 못한 채 제자리 서 멀뚱멀뚱 그가 사라지는 걸 끝까지 봐야 했다.

숙소로 돌아와 밤 버스를 타기 위해 짐을 정리했다. 카르타헤나에 도취한 나머지 버스의 출발시간도 잊은 채 밤거리를 쏘다녔으니 서둘러야 했었다. 마침 숙소에 있던 스테파니와 사라. 그녀들에게 복주머니를 선물로 건넸다.

"너네 항상 뭐 잘 잃어버리잖아. 행운을 주는 한국전통주머니야. 가지고

다니는 게 좋을 거야."

"와우! 색깔이 너무 예쁘다. 이거 정말 우리 주는 거야? 같이 버스정류장으로 가자. 버스터미널까진 너무 멀고 거기까지 가는 시내버스 정류장은 우리가 배웅해 줄게."

버스정류장은 우리가 머문 여행자거리의 외곽에 위치해 있었고 마나우스의 빈민가처럼 분위기가 180도 확 바뀌는 그런 곳이었다. 그 와중에 스테파니는 한껏 신이난 채로 복대를 손가락에 걸고 빙빙 돌리며 따라오고 있었다. 버스는 얼마 안 있어 도착했고 우리는 그곳에서 작별인사를 건넸다. 그리고 내가 시내버스에 올라타는 순간 무언가가 휙 지나갔다. 한 청년이 스테파니의 복대를 낚아채려다 실패한 것이다. 스테파니는 순간적으로 복대를 지켰지만 분위기는 아수라장이었다. 저 멀리서 소매치기에 실패한 청년이 계속해서 뒤를 주시하며 도망치고 있었다. 컴컴한 밤거리에 아래위로 움직이는 커다란 흰자가 공포스러웠다. 그런데 갑자기 스테파니가 같이 버스에 올라타 기사 아저씨에게 무언가를 분주히 설명했다.

"방금 탄 이 친구 스페인어를 할 줄 몰라요. 터미널에 도착할 때 꼭 알려주세요."

순간적인 사건에 안면이 굳은 나는 차창 밖의 스테파니와 사라에게 웃으면서 인사하지 못했지만, 그들은 가볍게 웃어 보이며 내가 안 보일 때까지 손을 흔들어 주었다.

이럴 수가! 이보다 더 부끄러울 수 없었다. 난 분명히 그 소리를 들었다. 슬리퍼 소리를…. 그 와중에 내가 내려가 날치기를 잡아도 충분히 잡을 수 있었다. 그 날치기를 따라가서 체포하는 게 오버하는 일이라치면, 남겨진 스테파니와 사라는?! 여행자 거리까지 꽤 걸어야 하는 그들을 에스코트해 주지는 못할망정 나는 그저 버스에 올라타고만 부끄러움과 비겁함에 고개를 들 수조차 없었다. 스테파니…. 그녀는 정신없는 그 와중에도 왜 나를 도우려

했을까?

　살면서 가장 충격으로 다가왔던 사건들 중 하나는 믿었던 친구로부터 아픈 독설을 들었을 때다. 배낭여행을 떠나기 일주일 전 나는 오랫동안 친분을 쌓아왔던 친구들과 술자리를 가졌다. 모두가 멋진 여행을 기원하며 응원을 해주는 마당에 한 친구는 취기가 오르자 술자리의 주제와 상관없는 시답잖은 이야기를 늘어놓았다. 그는 결국엔 사람들이 보는 앞에서 내게 비수를 꽂는 말을 했었다.

　"넌 좀 너 스스로 손해 좀 보고 살지 마! 네 여행길이 훤히 보여서 그런다. 사람들이 너보고 착하다고 그러지? 착하다는 의미가 도대체 뭔데? 착하다는 건 결국 멍청한 거야. 멍청한 거라고! 상대방을 향해 '착하다.'라는 말을 했을 때 내가 말하고자 하는 진실은 '너는 내가 원하는 대로 해 주거든.'이라는 뜻인 거야. 아니야? 틀렸어? 멍청한 새끼."

　정곡을 찔린 나는 아무런 대답을 하지 못했다. 정말 그게 '착한 사람'의 기준이었을까. 한동안 나는 그의 말에 대해 오랫동안 생각을 해 왔었고 나의 뒤를 돌아보기도 했었다. 내가 누군가에게 "너 정말 착하다."라고 했을 땐 '내가 원하는 대로 해 줘서 고마워.'가 꼭 성립이 되곤 해서 더 혼란스러웠다. 결국 나는 '착하다.'의 기준을 내 주관도 없이 나도 모르게 그렇게 알아 왔는지도 모르겠다. 오히려 더 견고하게 정리를 했으니 말이다. 착함의 정의는 상대방이 원하는 것들을 '알아서' 충족시켜주는 것이라 여겼고 센스가 있는 사람을 두고도 착하다란 말을 쉽게 뱉어버리곤 했었다. 최근에는 착한 몸매, 착한 가격이라는 말이 유행처럼 매체에서 흘러나오면 물질적 가치가 중요한 현시대에 그럴듯한 근거가 되는 것이라 착각하기도 했었다.

　그런데 이러한 논리를 송두리째 바꿔 준 이가 바로 스테파니다. 그녀는 나를 배웅하던 당시에 본인이 날치기를 당할 뻔했었다. 그 와중에 그녀들은 어서 빨리 택시를 잡아타야 했거나, 도망쳤어야 했다. 그러나 스테파니는 버스에 올라

타 내가 스페인어를 못하니 꼭 터미널까지 안전하게 보내달라고 아저씨에게 부탁했다. 내가 원하지도 않았고 그렇다고 그 상황에 그것을 하리라 생각지도 못했는데 그녀는 자신의 위험을 감수하면서도 그러한 행동을 보였다. 아주 솔직히 말해서 악했던 나는 뻔히 그 상황을 알면서도 나를 지키기 바빴고 급하게 버스에 올라타고 말았다. 무서웠던 그 현장에서 회피하고 싶었던 순간적인 마음은 지금도 도저히 숨길 수가 없다.

 나는 새로운 결론을 내렸다. 착한 사람이라는 건 내가 그 사람을 보며 부끄러워할 줄 알고 고개를 숙이게 만드는 사람이라는 것을. 동료의 성공에도 같이 웃으면서 박수 칠 수 있는 착한 행동이나 누군가에게 진심으로 대할 줄 아는 착한 배려도 차마 내가 그러하지 못했을 때 더 부끄러워질 수밖에 없으니까. 명제를 뒤집어도 결론은 도출된다. 사람들은 악한 사람을 보고 "부끄러운 줄 알아야지!"라고 하며 손가락질하고 죄인을 고개 숙이게 하니 말이다. 다음 날 인터넷에 접속하자 스테파니로부터 장문의 메시지가 날라 와 있었다. 목적지는 잘 갔느냐는 이야기, 어제 너무 놀라지는 않았냐는 이야기 그리고 그동안 함께 여행해서 너무 고마웠다는 이야기…. 착한 사람 스테파니의 메시지를 보면서 나는 차마 부끄러워 또다시 고개를 들지 못했다.

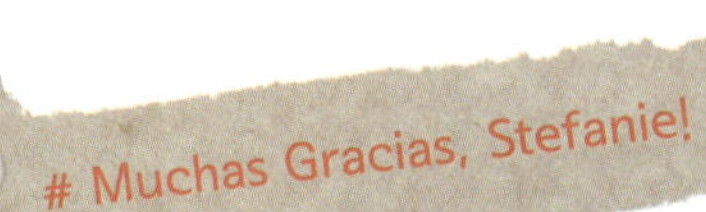

콜롬비아를 대표하는 세 가지가 있다면 커피, 마약, 미녀다. 이 모든 것이 공통적으로 유명한 도시가 있다. 바로 콜롬비아의 중부에 위치한 메데진이다. 메데진은 선선한 기후와 아름다운 분지를 자랑하는 곳이다. 그 분지가 녹색 빛을 띠지 않아 더 매력적이다. 주황빛 톤의 지붕들이 달동네처럼 사방의 꼭대기까지 펼쳐져 있고 그 위로 케이블카가 대중교통으로 운행된다. 너무 매력적이지 않은가? 잘 정비된 지하철이 존재하고 그 지하철 근처로는 한동안 볼 수 없었던 대도시적인 냄새가 날려 왔다. 마치 겨울의 방콕같이.

햇살은 강해도 기온이 선선해서 짜증날 일이 없고 미녀들이 넘쳐나니 엔돌핀이 마구 샘솟았다. 호스텔로 향하는 횡단보도를 건너려는 찰나 두 명의 아리따운 여인들이 다가와 인사를 건넸다. 드라마틱하다.

"메데진에 온 걸 환영해! 참, 그 카메라는 가방에 넣고 좀 다녀. 이 동네는 날치기가 많으니깐~!"

그러고선 그녀들은 싱그러운 미소와 함께 지나쳤다. 이 살벌한 이야기를 이렇게 자연스레 인사처럼 할 수 있는 것도 콜롬비아의 매력이리라.

메데진은 장기 체류하는 여행자가 많은 곳이다. 스페인어 교실이 잘 마련되어 있어 본격적으로 남미여행을 준비하는 이들의 시작점이 되기도 하지만 그냥 이곳에만 머무른다 하여도 가 볼 데가 너무 많아서다. 도시는 말할 것도 없거니와 근교로 가면 볼 수 있는 환상적인 자연경관이 매력적인 메데진. 아침을 깨우는 커피향과 도심의 활기를 불어넣는 미녀들, 밤을 불태우는 대마초향기…. 뭔가 퇴폐적인 냄새가 나면서도 다분히 콜롬비아스럽다. 가장 먼저 메데진에서 내가 찾은 곳은 보테로 박물관이다. 세계적인 화가 페르난도 보테로의 고향이 이곳 메데진이란다. 현존하는 화가의 작품 중에 가장 비싼 값에 거래되는 보테로의 작품. 모든 사물과 인물을 뚱뚱하게 만든 그

Fernando Botero, <Muerte de Pablo Escobar>
2006년, 메데진, 보테로 박물관

의 창의력은 전 세계적으로 인기가 높다. 아마 그의 이름은 낯설지라도 그의 그림을 보게 된다면 '아! 이 그림이구나.'라는 탄성이 나올 것이다.

보테로 박물관은 조각공원의 안에 위치해 있다. 공원에 듬성듬성 놓인 그의 작품들. 그 조각공원에는 통기타를 연주하는 예술인들의 노랫소리가 울려 퍼졌고 그 소리를 받아내며 메아리치는 반대편 신식건물의 전면에는 보테로의 벽화가 페인트칠 되어 있었다. 입장하기 전부터 이렇게 분위기를 띄워버리니 그림에 별 감흥이 없는 사람들도 보테로라는 사람에 대해 다시 한 번 환기를 시키며 그림들을 찬찬히 보게 되는 장치인 셈이다. 몸도 뚱뚱, 사과도 뚱뚱, 책상도 뚱뚱하게 만들어 버리는 기발하면서도 코믹한 그림들은 사람들로 하여금 절로 웃음 짓게 만들었고 나조차도 시간을 잊어버린 채 그림에 빠져들고 있었다. 그런데 유난히 한 점의 그림 앞에 많은 사람들이 모여 있었다. 루브르 박물관의 모나리자대접을 받는 그림일 것이라 생각하고 다가간 한 폭의 그림. 덩치가 큰 한 남자가 피를 흘리며 쓰러져 있는 그 그림. 남자의 손에는 비록 총이 들려져 있었지만, 그의 온몸에는 총알 구멍이 사정없이 나 있었다. 작품명 'Muerte de Pablo Escobar(파블로 에스코바르의 사망).'

시대를 막론하고 의적(義賊)의 죽음은 언제나 비참했고 또 쓸쓸했다. 우리나라의 임꺽정처럼 혹은 홍길동처럼 의적으로 한평생을 살아왔던 한 뒷골목 보스의 이야기를 하려 한다.

한 때 세계 최대의 마약 조직이었던 '메데진 카르텔'의 보스 파블로 에스코바르. 지난 세기 동안 콜롬비아를 가장 시끄럽게 만든 장본인이다. 파블로가 유명한 이유는 그가 거래한 마약 때문인데 전 세계에 유통되는 코카인의 80%가 그의 손을 거쳤단다. 심지어 미국으로 유입되는 대부분의 코카인은 그의 작품이었기에 조지 부시 전 대통령은 파블로와의 전쟁을 선포하기도 했다. 파블로의 행동들은 때론 부도덕했고 때론 잔혹했다. 그는 자신의 목적을 달성하는 데 장애물이 된 군인, 경찰, 공무원 등을 모조리 사살했으니 정부의 입장에서도 그가 눈엣가시였을 테다. 그렇지만, 번번이 그를 체포하지 못한 것은 시민들의 비협조 때문이란다. 메데진이 은신처였던 그는 항상 시민들의 도움으로 위험을 모면했는데 도시의 모든 시민들이 그를 사랑했기에 가능했다. 그는 마약유통을 통해 벌어들인 수입을 단순히 본인의 배를 채우는 데 쓰지 않고 메데진의 복지사업에 천문학적인 투자를 감행해 왔었다. 성당을 세우는 것은 물론 축구장을 비롯한 각종 복지시설을 건립하였고 무엇보다 빈민층의 사람들에게 무차별적으로 돈을 배급하며 절대적인 지지를 얻게 되었단다. 때문에 잠시나마 국회의원에 당선되어 그가 원하는 이상에 따라 정치판에도 뛰어든 야인이 파블로 에스코바르다. 그러나 언제나 그러하듯 의적은 가까운 동료로부터 배신을 당하게 된다. 그가 죽은 뒤 사람들은 비록 그의 행동이 잘못됨을 인지하면서도 그를 그리워하고 또 슬퍼했다. 의적이란 존재는 사회가 더 비참할수록, 더욱더 처절할수록 더 간절해지니 말이다. 특히나 콜롬비아같이 어지러운 나라에서는 그런 '영웅'이 더 필요할 수도 있다. 그들의 입장에선 단순히 돈 몇 푼을 주는 것보다 더 고마운 영웅의 출현. 현 정부에 대한 분노의 목소리를 통쾌하게 대신해 줄 수 있는 그런 용기있는 영웅 말이다.

그의 그림 앞에는 견학을 온 어린이들이 많았다. 똘망똘망한 아이들의 눈에 담긴 마약왕은 피를 흘리며 쓰러져 있었지만, 아이들 모두 선생님의 설명을 듣고는 거부감 없이 그림을 바라보았고 또 질문을 하며 관심을 가졌다. 세월이 지나 언젠가 그 아이들이 나이가 들고 할머니가 될 날이 온다면 파블로의 지저분한 과거는 잊혀 진 채 고스란히 영웅의 존재로 남아있을 것이다. 할머니가 된 아이들은 자신의 손녀와 손자를 무릎에 앉히고 의적 파블로의 이야기를 자장가 삼아 할 날이 올지도 모르겠다.

"할머니가 재미있는 이야기 해 줄까? 옛날 옛날에 아주 오래전에……"

언어가 통하질 않는 여행은 한계점이 보였다. 스페인어를 단 몇 주라도 공부하면 좋으련만 또 그러지도 못한 이유는 시간적인 여유가 없어서였다. "나 배고파요.", "화장실이 어디 있죠?", "이것은 얼마입니까?"와 같은 생존 스페인어만 쓰는 내게 반전의 기회가 필요했다. 나는 여행 중 처음으로 '카우치 서핑(www.couchsurfing.org)'을 접속했다. 카우치 서핑과 같은 사이트는 사실 몇 군데가 더 있긴 한데 일단 이런 사이트의 역할은 자기 집의 빈방을 여행자들에게 무료로 내어주는 것이다. 여행자들은 숙박비를 줄일 수 있거니와 새로운 문화를 공유하는 역할을 하고 현지인 입장에서는 외국인 친구를 사귀는 기회와 더불어 무료한 일상에 소소한 이벤트가 된다. 굳이 다이내믹한 여행스토리를 가진 외국인 여행자가 아니라 심지어 국내여행자라도 이렇게 방을 공유하며 친구가 되는 시스템이니 외국 어디서든 인기가 좋았다(보수적인 대한민국에서는 10년이 지나도 불가능하리라 본다). 아시아에서는 숙박비가 워낙에 저렴해 필요성을 못 느꼈고 콜롬비아마저도 1만 원이면 에어컨 딸린 싱글룸을 제공받을 수 있었지만 나는 이곳 현지사람을 만나고 싶었다. 물론 카우치 서핑이 꼭 그다지 긍정적인 측면만 있는 것은 아니다. 특히나 남미 같은 경우에는 여자 여행자들이 멋모르고 이 사이트를 이용했다가 성폭행을 당한 사례도 더러 있었다. 이 때문에 카우치 서핑보다 더 확실한 인증을 필요로 하는 커뮤니티가 지속적으로 만들어지는 것 같다. 아무튼, 잘만 이용하면 이보다 좋을 순 없으리라 생각했다. 접속하자마자 메데진에 뜨는 현지인들의 리스트엔 눈에 확 끌리는 사람이 있었다. 짐(Jim)이라는 중년의 아저씨. 미국인인데 은퇴하시고 메데진에 거주한 지 5년이 넘었단다. 완벽한 프로필이었다. 나를 해치지 못할 연세 있는 분이라는 것과 영어를 쓴다는 점. 바로 쪽지를 보내자 몇 시간 뒤 답장이 왔다. 오후에 당장 오라신다. 역시 첫 끗발

이 개 끗발이다.

"도착했습니다. 기본요금 4200페소(2,500원)만 받을게요."

 택시기사가 내려다 준 곳은 메데진에서도 가장 부유한 동네인 포블라도 지구. 그 화려한 포블라도에서도 가장 높이 위치한 언덕에 내렸다. 이내 아파트의 층수를 세알리며 고개의 각도를 천천히 들어 올렸다. 20도, 40도, 60도…. 끝없이 올라가는 고층 아파트의 층수. 그 꼭대기 20층이 짐 아저씨의 집이란다. 촌놈인 내가 처음 상경하여 종로의 높은 빌딩숲을 바라볼 때와 같은 현상이 벌어졌다. 초인종을 누르자 말끔하게 차려입은 아저씨가 반갑게 맞이했다.

“올라(안녕하세요)~”

아저씨의 집은 심플하면서도 화려했다. 나를 별채로 안내한 아저씨는 이미 침대의 세팅을 완벽하게 끝낸 상태였고 커피 한잔을 들라며 거실로 안내했다. 내가 꿈꿔왔던 노후의 삶을 그대로 실현 중인 이 아저씨. 뭔가 범상치 않았다.

“혼자 사시나 봐요?”

“가족들은 아직 일을 한다고 미국에서 지내고 있지. 은퇴한 뒤에 편하게 살려면 이곳 메데진 만한 곳도 없더군.”

가장 먼저 눈에 들어왔던 이는 짐 아저씨의 젊은 가정부다. 커피 잔을 테이블 위로 내려놓는데 몸매가 비범했다. 터질 듯한 볼륨. 진짜 저러다 언젠가는 터질 것 같았다.

“음악을 트는 게 좋겠어. 재즈? 블루스?”

‘이 아저씨 도대체 뭐 하는 아저씨일까?’

거실에는 텔레비전이 있어야 할 자리에 큰 오디오가 있었고 사방에는 유화 그림이 가득했다. 그리고 방으로 이어지는 복도마다 걸려진 훌륭한 사진들. 실례를 범하고 아저씨에게 하시는 일이 무엇인지 물었다.

“아, 은퇴했대도 그러네. 과거엔 뉴욕에서 평생을 보냈었지. 보그(Vogue) 잡지사의 사진작가였어. 저기 사진들도 내 작품들이고.”

그 사진을 다시 보니 세계적인 모델 나오미 캠벨이 당황한 채로 노려보고 있었다. 원래 카우치 서핑은 이렇게 여유 있는 사람들이 하는 건가 싶었다.

“난 사실 카우치 서핑에 등록한 지 꽤 됐었는데 나를 찾아준 사람은 자네가 처음일세. 커피 한잔하고 포블라도를 구경시켜 주도록 하지. 시간 괜찮지?”

짐 아저씨를 뒤따라 아파트의 대문을 나서면 방배동의 부촌처럼 고급스러운 차들이 주차되어 있었고 깔끔한 거리는 우울했던 콜롬비아의 뒷골목과 완전히 천지차이였다. 사실 그저께 파블로 에스코바르의 작품을 본 뒤 빈민

층을 사람들을 직접 보기 위해 케이블카를 타고 달동네의 꼭대기까지 올라
간 적이 있었다. 남루한 구멍가게와 악취 나는 판자촌과는 완전히 다른 동네
가 같은 도시에 공존하는 사실이 믿기 어려웠다.

"어제 제가 갔던 산토도밍고와는 완전히 다르군요."

"아니, 그곳을 왜 갔어? 친구가 있나?"

"아니요. 그냥 궁금해서요."

"다신 가지 말게. 그곳은 흉악범이 많은 지역이거든. 관광객은 특히나 위험
하지."

아저씨는 분명 'Robber(강도)'라 하지 않고 'Murderer(살인자)'라고 말했다.
밤중에 야경을 찍는답시고 혼자 그곳을 간 내게 다시 태어난 삶이니 신께
감사하란다.

"메데진은 예전에나 위험했지 지금은 안전한 곳이라 생각했거든요."

"파블로 에스코바르는 오래전에 죽었지만, 여전히 이곳은 콜롬비아 마약의
근원지지. 마약과의 전쟁은 아직 끝나지 않았어. 빈부격차보다 더한 심각한
문제라고. 포블라도 지구에 보이는 수많은 고급 빌라들과 아파트들은 모두
마약으로 세탁된 검은돈의 작품들이야."

이래서 현지인을 만나야 하는 것 같다. 멋모르고 여행했다간 쥐도 새도 모
르게 봉변을 당했으리라. 예기치 못한 화려한 대접에 어떤 식으로든 보답하
고 싶었던 나는 마트로 가서 장을 봐왔다. 저녁식사를 대접하고 싶어서다.
메뉴는 비빔밥. 장기여행을 하는 여행자에게 있어서 카메라와 여권을 제외
하고 가장 소중한 것을 묻는다면 그들은 주저 없이 튜브고추장을 택할 가
능성이 높다. 나 또한 아까워서 잘 먹지 못하는 고추장이지만 고추장은 이
럴 때 써야 한다. 같이 한국의 음식을 맛본다는 것은 혼자 먹는 것보다 몇
배 더 큰 즐거움을 주기에. 역시나 짐 아저씨의 반응은 뜨거웠다.

"훌륭한 음식이군. 건강에도 좋겠어."

한 접시를 다 비워버린 아저씨는 내게 또 다른 팁을 주며 포블라도를 즐기길 권했다. 조금 전까지 산책한 공원은 밤이 되면 더욱 찬란하게 빛난단다. 메데진의 젊은 사람들은 죄다 그리로 모이니 결코 후회하지 않을 것이라며. 그러고선 꼭 추천하는 카페도 잊질 않았다.

"콜롬비아가 커피로 유명한 건 이미 알고 있을 테지만 '후안 발데즈'라는 카페를 꼭 한번 가봐. 프랜차이즈 전문점이긴 해도 맛이 훌륭하지. 스타벅스가 콜롬비아에 뿌리를 못 내리는 것도 사람들이 그 카페에 열광하기 때문이거든."

아저씨의 말대로 식사를 마치고 카페를 향했다. 그윽한 풍미를 간직한 커피. 카페에는 흡연실이 마련되어 있지 않아 섭섭했지만, 커피의 맛에 집중하라는 고도의 전략일 수도 있다. 더군다나 말로 표현이 불가능한 메데진의 여인들. 카르타헤나의 별명이 '남미의 보석'이라면 이곳 메데진의 별명은 '꽃과 미녀의 도시'라 했다. 한국에도 미녀가 많다고 소문난 도시 대구출신인 나는 또 뻥 일지도 모른다는 의구심이 잠시 들었지만 그게 아닌 것 같았다. 여긴 정말 강남스타일, 어른들은 모르는 우리들만의 이야기가 여기엔 있다.

늦은 밤이 되자 광장 근처의 클럽은 영업을 개시했고 주변의 호프집과 바에는 세련된 젊은이들이 하나 둘 모였다. 후안 발데스 카페에서 커피 한잔의 여유를 아는 품격 있는 여자들은 밤이 오면 심장이 뜨거워지는 그런 반전을 보였다. 나는 커피가 식기도 전에 원샷을 때리고 곧장 그리로 향했다. 혼자 돌아다녀도 이렇게 뜨거운 분위기라면 도취 될만 했다. 클럽은 두말할 필요가 없었고 노천의 바에도 섹시한 레이디들은 자연스레 리듬을 허락했다. 정숙해 보이지만 놀 땐 노는 여자들은 점점 광장으로 모여들었고 이때다 싶으면 묶었던 머리를 풀며 광란의 밤을 만끽했다. 선선한 기후 탓에 가렸지만 웬만한 노출보다 야한 그런 감각적인 여자들이 가득 메우니 어찌 동물적인 본능이 잠자고만 있었겠는가. 나는 사나이다. 점잖아 보이지만 놀 땐 노는 사나이. 나는 지금부터 갈 데까지 가 볼 기세였다. 그날 하루 아주 완전히 미쳐버리며 메데진의 강남에서 모든 스트레스를 날려버리고 말았다.

짐은 이튿날에도 나를 메데진의 숨은 명소들로 안내했다. 현지사람들을 알게 되면 가장 기쁜 순간이 바로 이럴 때다. 여행 블로그나 가이드북에 나오질 않아 아무런 기대 없이 방문해서 더 놀라운 곳들. 무방비 상태이기 때문에 충격은 오래간다. 마찬가지다. 일본인들이 동대문을 방문했을 때 쇼핑몰 근처의 한국식당에 열광할 동안 나는 지하철역 6번 출구의 순대국 골목을 들리듯이 말이다. 짐에게 굉장한 신세를 지고 난 뒤 아쉬운 작별을 고했다. 그는 내가 보고타로 가기 직전까지 배웅해 주었고 꽤 오랜 시간 버스를 탄 뒤 콜롬비아의 수도 보고타로 도착할 수 있었다.

해발 2,600미터에 위치한 보고타. 콜롬비아의 문제도시라고 부르기엔 도시가 너무 정갈했다. 물론 급격하게 높아진 고도 탓에 약간의 피로가 동반되긴 했어도 반대로 말하자면 구름이 유난히 가까웠다. 손에 잡힐 듯한 조각구름들. 이 도시가 높이 있긴 하나보다. 호스텔이 밀집된 여행자 거리로 들어섰다. 이곳 역시나 이스라엘 여행자를 기피하는지 입구부터 이스라엘 사람은 결코 받지 않는다는 팻말이 여기저기 붙여있었다. 여행자들 사이에서도 기피 대상 1순위 이스라엘 사람들. 의무화된 군 복무를 마치면 여행하는 게 일종의 트랜드라 해서 여행자가 많은 편이다. 문제는 그들의 행동거지다. 배려는 눈곱만큼도 없고 개념은 아직 군대에 놔두고 온 그들은 하나같이 문제아로 낙인찍히는 경우가 많다. 말썽꾸러기 도시 보고타가 말썽꾸러기 여행자를 받지 않으니 꽤 재밌는 싸움거리다.

보고타는 제대로 된 호스텔이 많았다. 오랜만에 보는 4인실 도미토리도 반가웠고 안내데스크에 덕지덕지 붙어 있는 투어상품과 관광안내책자도 반가웠다. 실제로 보고타는 가 볼만한 곳이 많다. 보고타가 아직은 어색하다면 다른 명칭으로 부르겠다. 황금도시 엘도라도. 그 전설 속의 도시가 바로 이

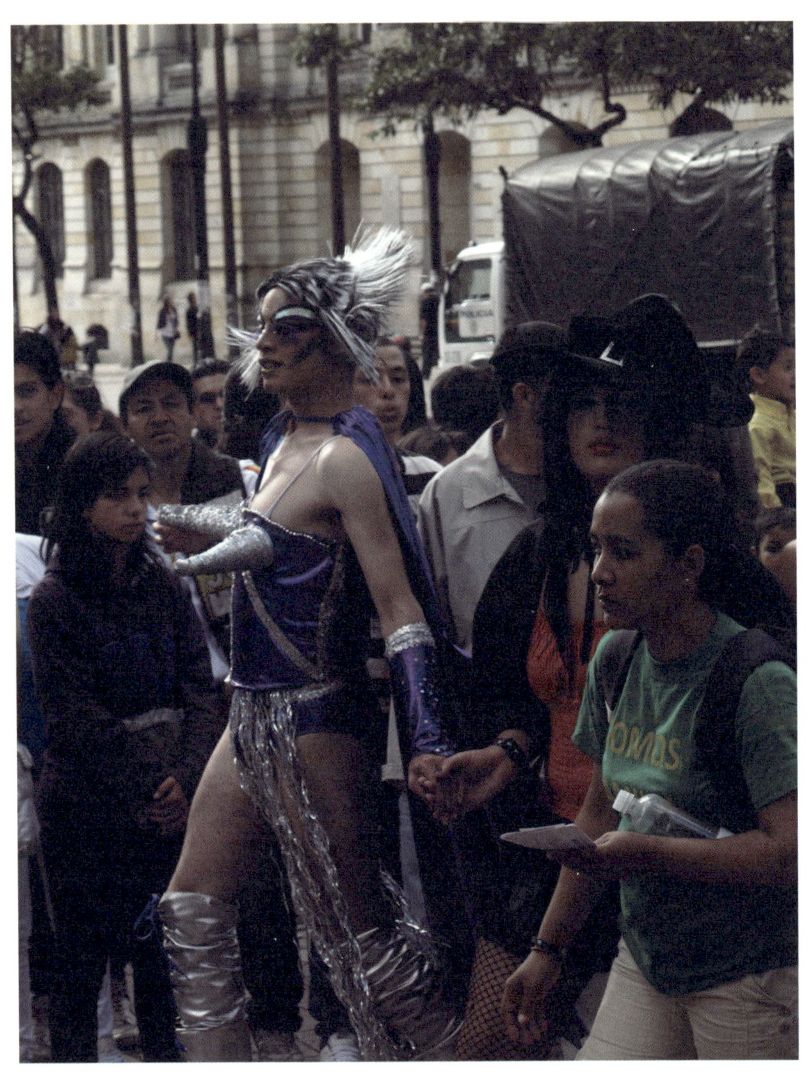

보고타에서 열린 게이 페스티벌.
콜롬비아 같이 살벌한 나라를 여행할땐 게이처럼 여행하길 권해본다.
때론 남성처럼 강인하게, 때론 여성처럼 감성적이게.

곳 보고타다. 물론 이 별칭 때문에 수백 년 전 이곳에 거주하던 원주민들은 이유 없는 학살을 당했다고 한다. 남미를 개척하던 에스파냐인들이 골드러쉬를 위해 이곳을 쑥대밭으로 만들었지만 결국 황금은 발굴하지 못하고 전설로 남게 되었단다. 전설은 전설로 남아있을 때 그 가치가 훨씬 값어치 있기 마련이다. 그래서인지 보고타의 중심가에 위치한 황금박물관은 과거 정말 이곳이 황금이 가득했던 전설의 실마리를 몰래 흘려주는 것 같았다.

　내가 보고타를 본격적으로 돌아다닌 날은 빨간 날이었다. 휴일의 보고타는 오전부터 수선스러워진다. 미술관과 박물관은 휴일동안 무료관람이 가능하기에 사람들이 더욱 붐비고 그 인파를 피해 광장으로 향하면 그날만큼은 광장의 비둘기 떼 보다 사람들이 더 많이 모여 있다. 광장 이름이 또 볼리바르 광장이다. 베네수엘라에서부터 넘어올 때 크고 작은 볼리바르 광장을 몇차례나 마주한 것 같다. 사실 남미를 살펴볼 때 반드시 알고 넘어가야 하는 이가 시몬 볼리바르다. 스페인의 식민통치에 대항하여 콜롬비아를 비롯한 남미 5개국의 독립을 성공시킨 그는 어디를 가나 절대적인 영웅으로 추앙받는다. 그래서일까. 보고타의 볼리바르 광장에는 유서 깊은 대성당과 동시에 대통령궁이 자리 잡고 있었고 삼엄한 경비가 이뤄지고 있었다. 그럼에도, 사람들은 활기찼다. 나에게 손을 흔들며 환영해 주는 사람들도 오랜만이었고 사람들의 입가에는 웃음이 끊이질 않았다. 이토록 번잡한 광장이라면 극심한 교통체증도 있을 법도 한데 그렇지도 않았다. 보고타의 빨간 날은 정부에서 도로를 통제시키고 자전거도로로 탈바꿈시킨단다. 사람들 사이로 다니는 유일한 교통수단이 오직 자전거라니. 자전거 도로는 활기차기 그지없는데 서막에 불과하다. 오후가 되자 광장의 끝에서부터 각종 퍼레이드가 펼쳐졌고 자동차가 다녀야 할 거리에는 독특한 의상을 입은 사람들이 줄지어 있었다. 축제가 정신없다면 다시 뒤돌아서면 된다. 듬성듬성 자리 잡고 있는 거리의 예술인들과 커피를 파는 아저씨들. 역시나 보고타에서도 나를 편안하게 했던 냄새는 단연 커피향이었다.

　사람들이 여행을 하는 이유와 테마는 다양할 수 있다. 자유와 휴식, 타문화의 체험, 좋은 사람들을 만나보고 맛있는 음식을 먹는 것과 최근에는 유행처럼 번지는 힐링까지. 그 모든 곳을 해결할 수 있는 곳이 바로 이곳 보고타가 아닌가 싶다.

　다시 호스텔로 돌아왔을 때 반가운 사람들이 테이블에 있었다. 바로 한국인들. 도대체 얼마 만인가. 남미에서 그것도 콜롬비아에서 이렇게 한국인을 만나기란 쉽지 않은 일인데 운이 좋은 것 같았다. 남미의 여행정보를 공유하는 커뮤니티에서는 한국인을 만나기 어려워 서로의 위치를 파악해 만나보기까지 하니 이거 완전 행운을 제대로 누린 셈이다. 그것도 두 명씩이나 말이다. 생전 처음 보는 한국인을 타지에서 만나면 일단 어색하긴 하다. 그래도 딱 해가 지기까지만 어색함을 참으면 된다. 밤이 되면

U.D
U.P.N
BOLIVAR

알아서 술판을 벌여야 하는 게 우리의 미덕이기에. 게다가 상대가 남자들이라면 더욱 그렇다. 오랜만에 만난 한인들과 이런저런 이야기를 하다 보면 여행이야기가 어느덧 지루해지고 안주거리로 자신의 인생이야기도 하곤 한다. 높은 고도의 보고타는 맥주도 빨리 취하게 만드니 돈은 없고 취하고는 싶은 배낭여행자들에게도 완벽한 인프라를 제공했다. 취기에 올라갈피 없는 이야기의 마침표는 "꼭 한국가면 다시 만나자."로 끝나곤 하는데 지키는 건 개인의 몫이다.

여행 중에 한국사람 만나는 건 참으로 대단한 인연이 아닐 수 없다. 그래서 더 소중하다. 여행 초창기에는 오히려 피해 다녔던 한국인들. 이제는 완전히 다른 사람들을 만나는 재미에 푹 빠지는 걸 보니 내 마음도 많이 열려 있음을 느꼈다. 어쩌면 부모님께서도 극심한 반대를 하면서도 결국 내게 여행을 허락할 수밖에 없었던 이유가 여기에 있는 것 같다. 세상을 유연하게 사는 법과 다른 사람들을 만나 볼 기회 이 두 가지 말이다.

88올림픽 즈음에 태어났고 학창시절에 2002월드컵을 경험했던 지금의 20대. 건국 이래 최악의 20대라는 꼬리표 때문에 빡빡하게 살지 않으면 죄짓는 느낌이 강하다. 서점에 가면 베스트셀러는 순전히 자기계발서의 몫이고 언제나 가슴속엔 여유보다 의무가 앞선다. 그렇게 치열하게 살아야 하는 꽃다운 20대에 자신이 걸어온 길을 단 한 번이라도 뒤돌아 볼 여유조차 없다면 얼마나 우울한 인생일까. 개인의 인생이 소중한 건 본인만이 자기고 있는 삶의 가치관과 경험 그리고 스토리가 있어서 더 재밌는데 말이다. 그래서 다른 사람과의 만남은 절대적으로 가치 있는 일일 테다. 서로가 사는 이야기만큼 재미난 여행도 또 없다. 대학교를 입학했던 2006년 당시의 나는 대학이란 공간이 참으로 독특한 공간이라 여겼었다. 완전히 다른 삶을 살아가는 사람들이 모인 장소라 생각했기에 이곳이 마치 사회의 축소판이라 여긴 적도 있었다. 아쉽게도 대학은 결국 특수단체였다. 학창시절부터 적당한 교육

을 받고 뒤에 '사'자가 들어가는 꿈을 키운 아이들이 입시라는 목표만을 향해 달려온 곳이 대학이다. 제아무리 독특한 사람이 있다 한들 대학은 대학에 국한된다. 다시 나는 세상에서 제일 정직한 단체는 군대라 믿었고 군대를 갈 수 있는 남자여서 더 행복했었다. 근데 군대도 그게 아니더라. 다양한 사람들은 있되 국방의 의무라는 명분 아래 명령하달과 수직적인 조직체계만이 존재하는 그곳에서 다른 캐릭터를 가진 사람을 만나 진솔하게 이야기하기란 또 어렵다.

삶의 틀이 다르다는 것. 꽤나 무서운 말이 될 수 있는 게 사람들마다 놓여진 인생의 다리가 서로 만나지 않고 일직선으로 곧게 뻗어 있다는 점이다. 내 앞길에 놓여진 다리가 튼튼한 콘크리트 다리일지라도 저 멀리 낡은 외나무다리 위로 살금살금 건너가는 이를 결코 만날 수 없는 안타까운 현실. 그들이 힘겹게 건너가는 것을 지켜만 보고 언제까지 이해만 해야 할까. 생각해 보면 유일한 해답이 여행이다. 내가 외나무다리를 건너는 이를 잠시 만나 이야기할 수 있는 작은 공간, 일시적일지라도 서로의 다리를 바꿔서 건너보는 유일한 시간. 여행밖에 없는 듯하다. 여행자와 여행자 사이에선 부끄러운 것도 없고 감추고 싶은 것도 그다지 없기에 서로의 삶을 여행하며 더 넓은 세상을 간접적으로나마 경험하게 해주니 이보다 매력적인 활동도 세상에 없으리라. 내가 여행하는 이유, 내가 여행을 했어야만 했던 이유를 여행한 지 한참이 지나서야 깨달았다. 참 빨리도 깨닫는다.

＃ 영화 「모터싸이클 다이어리」 중

why are you traveling?
당신은 왜 여행을 하죠?
we travel just to travel.
여행하기 위해 여행합니다.

YORK
40-016-769 -8 $5
ÉRVÉNYES
A MAGYAR NÉPKÖZTÁRSASÁGBA
EGYSZERI
KÉTSZERI
TÖBBSZÖRI
napi tartózkodásra jogosít
Érvényes 1976 JAN 30
BUDAPEST
Caracas
VENEZUELA
GUYANA
SURIN.
FR
COLOMBIA
Quito
ECUADOR
Manaus
Amazon
Amazon
PERU
PERU
BRAZI
Huaraz
Machu Picchu
Cuzco
Lima
BOLIVIA
Puno
La Paz
Sucre
CHILE
PARAGUAY

PART 04

떠나도 괜찮아

PERU

리마 ▶ 와라즈 ▶ 쿠즈코 ▶ 푸노

그대가 남미를 꿈꾼다면.

어찌하다 보니 페루까지 와버렸다. 페루와 콜롬비아 사이엔 베를린 장벽보다 높은 장애물 에콰도르가 딱 버티고 있을 텐데 어떻게 건너왔냐고 묻는다면 할 말이 딱히 없다. 날아왔으니깐. 우연하게 보고타의 호스텔에서 항공권을 조회하던 도중 저렴한 티켓이 떴고 국제버스로 이동하는 시간과 가격을 다 종합해 보았을 때 훨씬 유리하였기에 이렇게 날아와 버린 것이다. 사람들의 발길이 많이 닿지 않는 에콰도르를 은근슬쩍 기대했던 이들이 많았다면 심심한 사과의 말을 지금 이 자리에서 드린다.

페루의 수도는 리마. 이곳 역시나 고산지대에 위치한 수도이며 바닷바람을 정면으로 받는 도시라서 기온이 쌀쌀했다. 아니 이제는 추위 걱정도 좀 해야 했다. 때는 6월에서 7월로 넘어가는 사이. 남반구인 이곳에선 초겨울에 해당하는 날씨다. 페루는 세계적으로 영향력이 있는 국가도 아닌데 리마의 공항은 꽤 컸다. 남미에서 허브공항 역할을 하는 곳 두 군데를 고르라면 상파울로와 리마가 아닐까. 그래서 리마에서 여행을 시작하는 여행자들이 많은 편이며 그 북쪽으로 위치한 에콰도르, 콜롬비아, 베네수엘라 이야기는 드물다(대부분 리마에서 남쪽으로 내려가 상파울로에서 아웃하는 경향이 있다). 그렇다면 콜롬비아에서 그냥 정상적으로만 내려왔어도 여행이 가능했던 에콰도르를 그냥 건너뛴 나는 이 시점에서 독자들께 다시 한번 사과를 해야 할 타이밍인 것 같다.

리마는 특색 없는 도시라 했다. 그 유명한 마추픽추가 근처에 있다가 보니 같이 공존하는 유적지와 명소들을 팀킬하는 것이라 생각했다. 국제적인 허브공항이 있다는 리마에 설마 볼 것이 없을라고…. 기대하지 말자. 진짜 그러하니깐. 딱히 할 게 없는 리마는 사실 심심한 동네였다. 가볼만한 명소가 없다면 현지의 사람들과 어울리면 되고 최악의 경우에는 혼자 영화관을 가도 된다. 근데 내가 스페인어를 말하지도, 듣지도 못한다는 걸 그 생각을 하고 정확히 3초 뒤에 다시 깨달았다. 하는 수 없이 시내의 중심에 있는 광장 근처에서 신문(정확히 말하면 신문의 사진)을 보고 커피를 마셨던 여유로운 일상을 반복했다. 노트를 꺼내 끄적끄적 그림도 그리면서 이틀을 푹 쉬었다. 정말 이렇게 스트레스를 안 받아도 되나 싶었다. 여행하는 사람들이 여행할 때 가지는 가장 큰 고민이 무엇일까? 아주 단순하다. '이따 점심때 뭘 먹지?' 혹은 '어디를 가야 하지?'. 매력적인 고민들이다. 평생 이런 고민만 하고 산다면 절대 늙을 일은 없을 것 같다. 하지만, 당시에 나는 예기치 못한 고민에 휩싸이고 말았다.

'지금까지 내가 여행한 이야기를 한 권의 책으로 내 보는 것은 어떨까?'

그러니까 이때부터다. 책을 써야겠다고 진지하게 고찰 아닌 고찰을 했던 시기. 그 생각이 들자마자 숨통은 조여 왔고 가슴은 답답해졌다. 학창시절에 문학적으로 인정받아 큰 상을 타 본 기억도 없거니와 에세이라는 게 나를 대중들 앞에 발가벗기는 일이라 생각하면 더 괴로웠다. 고민은 꼬리에 꼬리를 물었다. 대중들이 원하는 여행은 무엇일까? 그 여행에 맞춰가야 하는 것일까? 그러면서 노트북에 정리된 지난날의 여행기록을 훑어보는 시간낭비까지!

여행 중에 강도보다 무서운 건 여행의 주객전도다. 사진은 업으로 하지 않아도 일반적인 여행자들은 '여행 후에 남는 건 사진뿐'이라는 그럴싸한 변명을 가진 채 사진에 열광하기도 한다. 그게 무섭다. 정작 중요한 일이 눈앞에 있음에도 혹은 일생일대의 진지한 고찰을 할 시기에도 좋은 사진을 찍을 거리가 눈에 아른거린다면 십중팔구 내가 가야 할 길이 아닌 렌즈에 집착하게 되는 현상. 내가 사진을 찍으러 여행을 왔는지 찰나의 반성이 들지 않는 한 그 괴벽은 고치는데 시간이 걸리곤 했다. 책을 쓰기 위한 여행이 잠시나마 나를 옥죄이자 들었던 여행의 주객전도가 페루에서 다시 시동이 걸려버린

것이다.

고민이 많아지면 사람은 언제나 나보다 절대적인 사람에게 의지하는 것 같다. 영원히 트레킹 따위는 하지 않으려 했던 나조차도 산을 올라 대자연에게 묻고 싶었다. 수행을 원하는 이가 자연을 찾는 것은 지극히 자연스러운 일이 아니겠는가.

페루는 안데스산맥을 제대로 끼고 있는 나라다. 수도 리마에서 북쪽으로 다시 8시간을 올라가면 있는 마을 와라즈. 사람들에겐 이미 유명한 트레킹 장소로 정평이 나 있었다. 와라즈의 첫인상은 깡촌이었다. 콜로니얼 풍의 거리는 온데간데없고 그저 칙칙하고 낡은 건물들이 수직으로 곧게 뻗어져 있었다. 사람들의 복장은 왜 그리도 특이한지 높은 중절모에 붉은 판초를 둘러멘 사람들이 8할이었다. 남미스럽지 않은 진짜 남미. 영화에서나 봤던 진짜 남미는 시골로 내려오자 그 자태를 드러냈다. 와라즈는 외국인 관광객이 많은 동네다. 오직 트레킹을 하기 위한 목적으로 몰려드는 수많은 이들. 여행사마다 내일 출발할 트레킹 인원을 받으려고 뜨겁게 홍보 중이었다.

와라즈에서 할 수 있는 트레킹은 크게 두 가지로 나뉜다. 여유를 두고 4~5일 동안 하는 와라즈트레킹과 당일치기로 가능한 69호수 등반. 진정한 안데스 산맥의 아름다움을 느끼기엔 트레킹을 권하지만 내겐 시간이 조급했고 무엇보다 감기가 너무 심했다. 이 추운 날씨에 야외 숙영을 해야 한다는 가이드의 말에 69호수를 먼저 신청한 나는 다음날 약속된 장소로 향했다.

미니버스에 한가득 모여든 외국인들. 조식을 해결하기 위해 산 입구의 식당에서 가벼운 아침을 하며 이야기가 오갔지만, 저들도 분명 나와 같은 느낌이리라. 산이란 게 그런 것 같다. 올라가기 전에 느끼는 짧은 설렘과 미묘한 에너지는 곧 불안을 덮기 위한 수단일 뿐이다. 누구든지 앞으로 감당해야 할 고통을 뻔히 알면서도 그것을 즐기려고 노력하는 게 현명한 대처법이라고 항상 배우지 않았던가. 더군다나 내가 올라가야 할 호수가 해발 4,650미터에 위치해 있다면 더더욱. 물론 출발하는 지점 자체가 고지대라는 건 부인하지 않으려 한다. 출발점이 3,900미터이기에 69호수는 반나절에 등반할 수 있다. 그런데 이 정도 높이라면 고산병에 유념할 필요가 있다. 코카라고 불리는 잎사귀를 우려낸 코카 차(코카인의 원료를 끓인 합법적인 음료)를 마셔도 보고 약국에서 파는 소로치(고산병 억제 항생제)를 먹는다 하여도 고산병을 피하기란 힘이 든단다. 대부분의 사람들은 와라즈에 오게 되면 하루 이틀 적응기를 마치고 올라야 한다는데 무턱대고 다음날 등산을 감행한 나는 용감하기보단 무식했다.

시간 대비 에너지 투입으로 계산하면 와라즈트레킹 보다 몇 배는 더 힘들다는 69호수는 등반을 시작한 지 1시간도 안 돼서 알 수 있다. 고산병은 재

와라즈(Huaraz)

남미스럽지 않은 진짜 남미. 영화에서나 봤던 진짜 남미는 시골로
내려오자 그 자태를 드러냈다.

떠나도
괜찮아
PERU

수 좋게 피해간 것 같지만, 고도가 높으면 산소량이 부족하다는 걸 금세 느낄 수 있기 때문이다. 세 걸음 걷고 한숨, 세 걸음 걷고 한숨. 이렇게 반복적인 패턴을 수백 아니 수천 번을 해야 했다. 앞서가는 이들로부터 처지지 않으려면 젖 먹던 힘까지 내야 하는 69호수 등반. 훌륭한 자연경관이 눈앞에 들어오고 우렁찬 산사태 소리가 멀리서 들려오면 그제야 내가 꽤 높이 올라와 있음을 느꼈다. 발걸음을 떼기조차 어려운 높이에 다다랐을 때 앞서 등반을 끝내고 내려오는 이들은 정상이 바로 코앞이라며 격려했다. 그런 격려를 몇 번을 더 들어서 도착한 69호수. 호수의 색이 참 독특했다. 독특한데 별건 없었다. 호수의 물은 독극물처럼 너무 파래서 손을 넣으면 안 될 것이란 생각도 들곤 했다. 청명하지 못한 날씨 때문인지 아니면 너무 힘들게 올라왔는데 겨우 이것밖에 안 된 경관에 실망한 탓인지 멀뚱멀뚱 혼이 나가 있는 내게 가이드는 다시 하산하란다. 이거 완전 사서 개고생 한 격이다.

산을 오르기 전엔 내가 이 산을 정복하면 산은 내게 어떠한 해답을 줄 것으로 생각했다. 한발 한발 내딛어야 하는 역경과 고난을 이겨내고 정상에 오르면 분명 산은 값진 교훈 내지는 삶의 방향을 제시하리라 믿었다. 근데 산의 역할은 그게 아닌 것 같다. 산은 명쾌한 해답보다 오히려 더 많은 질문들을 내게 던져주었다. 산이 내게 말한 질문을 아직도 기억한다.

'넌 누구를 위해서 여행하는 거니?'

어떤 이가 말하길 우리가 인생을 살면서 스스로 나약하게 만드는 가장 큰 적은 지나치게 남을 의식하는 것과 그것으로부터 파생되는 욕망이라 했다. 그게 바로 화의 근원이고 스트레스의 원인이다. 여행은 온전히 나의 '꿈'이었고 그 꿈을 즐기는데 주인공은 나여야 했다. 책을 쓰기 위해 혹은 대중들을 만족시키기 위해 하는 여행은 나의 꿈과 별개의 문제다. 아무것도 하지 않고 휴식을 취했던 자유로운 일상들도 내겐 둘도 없이 소중했으니깐. 반대로 그 소중한 일상을 포장하려 한다 치면 스토리가 결여되어 있으니 생각할수록

답답함이 밀려왔다. 그리고 여행이 앞으로 두 달이나 남았다면 어떻게 더 자극적으로 여행을 할까하는 생각만 머릿속에 가득 차곤 했다(남극이라도 갈 지 잠시 잠깐 고민했던 적도 있었다). 뒤통수를 한 대 탁 맞은 후 잡념들을 온전히 떨쳐버리니 비로소 지금 내가 여행하는 이 젊음의 기회에 감사하게 된 것이다. 조금은 이기적일 만큼 나 스스로가 가장 즐거워야 한다는 걸 왜 진작 몰랐을까. 굳이 여행자가 아니라 세상 모든 이들이 결국 자기가 하는 일에 주인공이 될 때 가장 빛나는 법이다. 유행가 가사에도 자신의 위치에서 묵묵히 몰두하는 이들을 두고 '진정 즐길 줄 아는 여러분이 이 나라의 챔피언'이라 하는 세상이니 말이다.

산이 내게 이런 메시지를 안겨준 그날 밤, 드라마틱한 메시지 한통이 핸드폰에서 울려왔다. 군대시절 병사들의 리더였던 전포대장님(포병의 경우 중대장 바

'네가 이등병 때 너의 꿈을 진지하게 낭독했을 때가 기억나는구나. 그 꿈을 하나하나 실천에 옮기는 네 모습이 너무 보기 좋다.'

때는 시간을 거슬러 2007년 가을. 아무것도 모를 이등병 시절 전포대장님이 병사들을 모아 정신교육을 할 때였다. 그가 제시한 정신교육은 '자신의 꿈을 남들 앞에서 말해보기'. 가장 먼저 전포대장님이 자신의 꿈을 진지하게 낭독했다.

"전포대장의 꿈은 국제변호사가 되는 거다. 2년 뒤에 전역하면 미국로스쿨에 진학하기 위해 거기에 관련된 공부를 1년간 할 계획이지. 그리고 원하던 로스쿨에 입학하면 변호사시험에 응시할 거야. 그런 다음 국제변호사 함동현이 되는 것이지!"

자신보다 한참이나 어린 동생들을 두고 말하기 어려웠을 텐데도 그 꿈을 자신 있게 말하던 청년, 그리고 이등병인 내가 부끄럽지만 당당하게 내 꿈을 말했을 때 홀로 멀리서 누구보다 큰 박수를 쳐주던 그 청년이 전포대장님이었다. 꿈은 결국 그리는 자의 몫이란 것을 그는 이미 알고 있었나 보다. 꿈을 그리는 자는 언젠가 그 꿈을 닮아가기 마련이고 생각하는 대로 살지 않으면 사는 대로 생각한다고 한다. 두 달밖에 남지 않았던 내 여행에서 남은 여정을 한숨이 아닌 기대로 가득 차게 했던 전포대장님의 메시지. 돌아가서 내가 하고 싶은 일들을 다시금 그리게 해 준 이가 있었기에 남은 여행을 더 가치 있게 보낼 이유를 찾은 것 같았다.

이튿날 나는 값진 해답을 얻은 채 와라즈를 떠났다. 2011년 7월 7일은 마추픽추의 발굴 100주년 기념행사가 있는 날이어서 시간에 맞춰 떠나야 했다. 장시간 이동하는 도중 아버지로부터 한통의 메시지가 도착했다.

"페루 남부는 광산인부들의 시위가 심해요 사망도 많구하니 조심하거라"

손제영이란 인생극장에서 꿈을 펼칠 주인공은 분명 나이긴 하지만 하마터면 깜빡할 뻔했다. 인생의 동행자인 아버지께선 오늘도 어김없이 컴퓨터에 앉아 페루에 관련된 뉴스를 보며 같이 세계일주를 하고 있었던 것이다. 내 인생의 명품조연인 아버지는 와라즈의 산만큼이나 든든했고 여느 때처럼 감초 같은 역할로 주인공을 빛내주고 있었다.

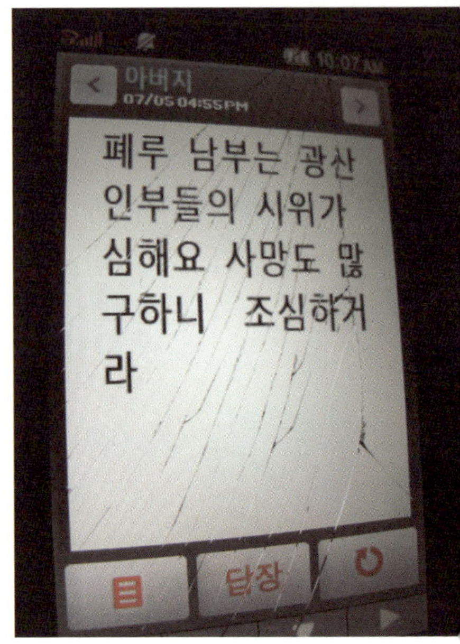

그들이 지켜야 할 가치

페루의 어느 도시에서든지 마추픽추로 직행하는 버스는 존재하질 않는다. 세계 7대 불가사의인 마추픽추가 한낱 승합 버스로도 닿을 수 있는 곳이었다면 그만한 가치도 없었을 테니 인정해야 한다. 그리하여 도착한 곳은 쿠스코. 페루 제2의 도시 쿠스코가 곧 마추픽추를 관광하는 거점도시이다. 내가 도착한 날은 마추픽추 발굴 100주년 행사 바로 전날이었다. 이미 도시는 축제를 시작하려는 움직임이 보였다. 나는 이곳에서 한 여행자를 만나기로 했었다. 와라즈 산맥에서 내 여행의 중요한 메시지를 얻어서 그것만으로도 충분히 만족했는데 한 명의 한국인을 만나게 되었으니 더없는 행운이 찾아온 것이다. 멕시코에서 교환학생을 한 학기 마치고 남미를 여행 중인 지석이 형. 스페인어를 쓰며 학교를 다녔다니 프로필이 근사하다. 사실 그런 이유라서기보다 그냥 동행자가 그리웠던 시기였다고 하는 게 더 정직한 답변이겠다. 광장에서 만난 형은 뒤늦게 도착했는데 내가 잡은 숙소를 한번 둘러보더니 만족스런 신호를 보냈다. 비록 숙소는 시내의 외곽에 자리 잡고 있었지만 오히려 그런 한적한 분위기가 시끄러운 소음을 피하기엔 안성맞춤이었다. 100주년 행사의 소문을 듣고 찾아온 이들은 유례없이 쿠스코에 많이 모

여들었고 그 인파는 상상을 초월했다. 우린 바로 마추픽추를 가지 않고 쿠스코에서 100주년 행사를 보낼 작정이었다. '가지 않고'가 아니라 '가지 못해서'다. 워낙에 많은 사람들이 7월 7일에 맞춰 가려고해서 이미 표는 동난 상태였으니깐. 팝스타 스팅과 폴 메카트니까지 방문한다는 소문이 나돌았으니 그럴만했다.

다음날, 축제의 시작은 숙소를 나서자마자 직감적으로 느낄 수 있었다. 번잡함이 때로는 관광지의 산소 같은 역할을 하긴 해도 쿠스코는 그러지 않았으면 더 좋으리란 생각이 떠나질 않았다. 먼지가 폴폴 날리는 골목을 따라가다 보면 선글라스를 낀 외국인들과 전통의상을 입은 페루인들이 불편하게 어울리곤 했다. 하긴 이곳에 온 나 또한 시기를 맞춰 온 것이니깐 이기적인 불평은 하지 않는 편이 좋을 것 같다. 본격적인 축제는 오후에 시작한다기에 지석이 형과 나는 근처에 있는 볼리비아 영사관으로 향했다. 한국인이 남미에서 유일하게 사전비자가 필요한 나라 볼리비아의 비자를 받아야 해서다. 국경에서 발급받으면 20달러가 소요되지만 쿠스코나 리마에서 받으면 공짜로 즉시 발급이 가능하니 이래저래 부지런한 게 남는 거다. 그리고 다시 도착한 쿠스코의 광장. 이미 축제는 그 시작을 알렸고 퍼레이드의 행렬은 끝이 보이지 않을 만큼 길게 늘어서 있었다. 좋은 자리도 잡기 어려웠을 만큼 빼곡한 인파 속에서 보이는 잉카제국의 후예들. 진정성이 느껴지는 축제이다 보니 보는 사람들도 흥겨워하고 있었다.

이들이 100주년 행사를 이토록 장엄하게 연 이유는 2011년이 그 어느 때보다 뜻깊었기 때문이다. 마추픽추는 1911년 미국 예일대학교의 교수에 의해 발견되었다. 고고학자인 그는 약 5천 점의 유물을 본국으로 가져갔었고 그 소유권을 두고 그동안 분쟁이 심했다고 한다. 약탈을 당한 유물이니 당연히 돌려줘야 함이 마땅할 텐데 그 시간은 생각보다 오래 걸렸고 불과 몇 달 전에 모두를 돌려받았단다. 그렇다 보니 페루인들에게 이번 행사는 굳이

Cuzco

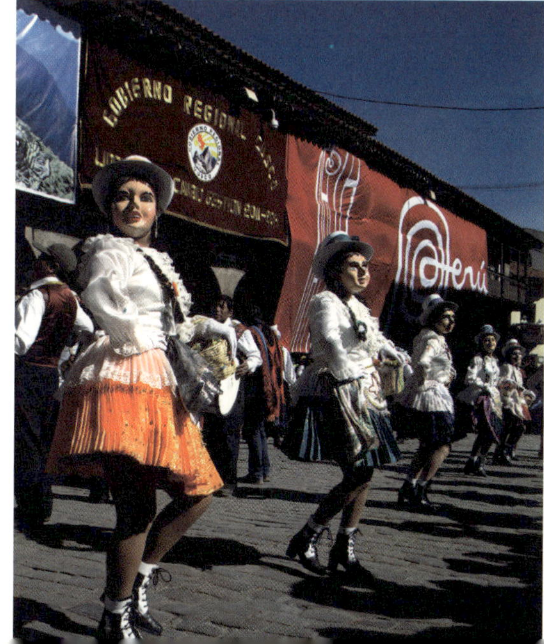

100주년이란 타이틀이 없어도 충분히 의미가 깊을 수밖에 없었다. 그들의 즐기던 그 마음을 가장 정확히 이해할 수 있었던 민족은 광장에 모인 수많은 국적의 사람들 가운데 단연 한국인이었을 것이다. 페루인들이 예일대로부터 유물을 돌려받은 그 해의 비슷한 시기, 우리나라 또한 과거 프랑스로부터 약탈당했던 외규장각이 145년 만에 반환되었으니 그들의 축제는 곧 우리의 축제나 마찬가지였다.

행사는 당연히 밤이 되면서 더욱 절정에 이르렀다. 광장에 설치된 무대 위에선 가수들의 공연이 끊임없이 진행되었고 광장주변의 카페와 레스토랑은 명당으로 자리 잡아 빈틈이 없었다. 이런 우리들에게도 어느 정도의 유흥은 필요했다. 흔히들 남자 둘이서 같이 여행을 했다 하면 좋지 않은 시선으로 바라볼 때가 간혹 있다. 그런데 몇 푼이 아까워 발을 동동 구르던 배낭여행자라면 무리한 유흥비를 지출할 바엔 차라리 한국식당을 간다. 고로 우린 스스로에게 합법적으로 허락해 줄 수 있는 공간을 유난스럽게 찾아 헤맸었다. 호프집을 이리저리 배회하는데 마침 지석이 형이 클럽을 가잔다. 페루에서도 그것도 수도가 아닌 고산도시 쿠스코에 클럽이 있으리라곤 예상 못했던 일이었다. 지석이 형은 분명 오후에 골목에서 클럽을 홍보하는 찌라시를 보았던 게 기억난다 했다. 일단 숙소에서 가방을 내려놓은 뒤 일단 택시를 불러 잡았다. 가급적이면 가장 큰 규모의 클럽을 가고 싶었던 지석이 형은 택시기사에게 분주히 설명했다. 기사 아저씨가 젊은 아저씨였으면 좋으련만 할아버지는 고개를 갸우뚱했다. 일단은 타란다.

택시는 꽤 오랜 시간을 달리는 게 수상했다. 우리의 숙소가 가파른 언덕이 꽤 많은 외곽이라서 일부러 택시를 잡은 건데 더 밖으로 빠져나가는 것 같았다. 하긴 역사적으로도 가치 있을 신성한 광장 한복판에 클럽이 있으면 그것도 이상하긴 했다. 그렇지만, 이렇게 가는 길이 멀다면 모든 외국인들이 택시를 타고 다닐 순 없는 노릇이다. 외곽으로 빠져나왔을 때 우린 직감

적으로 잘 못 가는 것임을 알았다. 그러나 호기심이란 게 참으로 무섭다. 그 것이 유흥이 목적이라면 말이다. 형과 나는 오히려 궁금해서 그냥 아저씨를 따랐다. 혼자였더라면 꽤나 겁먹었을 테다. 할아버지가 내려다 준 곳은 달동네의 산중턱. 친절하게 가는 길에는 어디서 택시를 잡아라고 설명까지 해 주곤 떠나셨다.

그 산 중턱에는 낡은 플라스틱으로 된 울타리가 드리워져 있었고 사방에 불은 거의 다 꺼져 있었다. 그리고 그 울타리 안에는 기괴한 일들이 벌어지고 있었다. ㄷ자 형의 가옥에는 여러 개의 문이 있었고 굳게 잠겨 있었지만, 사람들은 일렬로 늘어서서 줄을 서 있었다. 줄을 선 남자들은 잠시 우리를 쳐다보더니 다들 각자의 벽 쪽으로 귀를 기울이곤 했다. 그러니깐 한 삼사십 명은 될 법한 현지인 남성들이 일제히 ㄷ자 형의 벽면에 기대어 귀를 대고 있는 기괴한 장면. 서로 대화도 단절된 채 모든 신경을 벽 쪽으로 집중하는 그들의 눈빛은 할 말을 잃게 만들고 있었다. 한 젊은 청년은 줄이 긴 곳으로 가서 사람이 없는 방으로 끌어들이며 호객을 하는 이해할 수 없는 일들이 벌어졌고 사람들은 눈치를 살피더니 다시금 벽 쪽으로 귀를 대곤 했다. 도대체 이건 무엇을 하는 공간일까. 궁금해하던 찰나에 두 군데의 문이 활짝 열렸다. 붉은 조명 아래 속옷을 주섬주섬 입는 여인과 황급히 빠져나오던 한 남성. 젊은 여성은 이내 담배를 한 대 태우더니 줄 서 있던 한 남자를 들이고 문을 또다시 굳게 닫았다. 그러면 또다시 대기하던 이들은 벽에 귀를 밀착시켰다.

이런 곳에서 외국인을 마주한 현지인들은 죄다 귀는 벽에 대고 있되 시선은 우리를 향했다. 급기야 줄을 기다리다 포기한 젊은 청년이 우리에게 다가왔다. 그는 어디를 가라며 말을 건넸다. 지석이 형과 몇 마디를 섞던 후 청년은 떠났고 그 뒤로도 몇몇 청년들은 관심을 보였지만 그런 친절한 호의는 음울한 배경이랑 결코 어울리지 못했다. 슬슬 겁난 우리는 할아버지가 안내

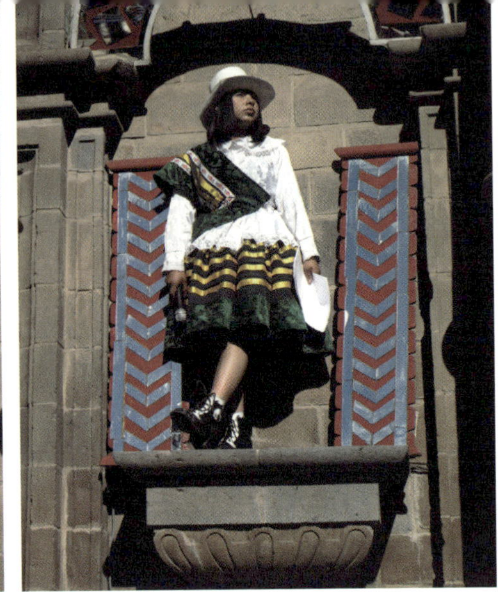

해준 곳으로 가서 다시 택시를 불러 잡아야 했다.

"형, 뭐래요? 딱 봐도 창녀촌 같던데."

"야, 대박이야."

"뭐가요?"

"아까 그 남자에게 그냥 가격이 얼마냐고 물어봤는데 10솔(5천 원)이래. 아 근데 아직도 엄청나게 무섭다. 분위기 완전히 미쳤어 거기."

"10솔??"

어떻게 이럴 수가 있을까? 어떻게 단돈 5천 원에 성(性)을 거래할 수 있을까? 정말 찢어지게 가난해도 5천 원은 분명 말이 안 된다. 쿠스코 광장에서 점심식사 한 끼를 해도 5천 원이고 담배 두 갑을 사도 5천 원이다. 더 충격적이었던 것은 문이 활짝 열렸을 때 보았던 너무나 젊고 멀쩡했던 여인들…. '이렇게 못 사는 나라도 있구나.'라고 생각하기엔 그들의 행동이 이해하기 어려웠다. 측은함을 넘어선 충격이고 충격을 넘어선 공포였다.

나라별로 민족들에겐 그들만의 별칭이 있다. 자신들의 역사 중 가장 찬란했던 시기를 비춰주는 그들만의 별칭. 페루인들은 스스로에게 잉카인의 전설을 떠올리며 '태양의 후예'라 자처한다. 여전히 그 존재는 지금의 페루

인들을 지탱하는 자존심이자 정체성이다. 아시아부터 남미까지 한 시대를 풍미했던 거대한 왕국들의 후예는 어찌된 영문인지 세월이 지날수록 그 힘을 잃어가고 비루한 삶을 살아가곤 했다. 그래도 페루인들 만큼은 고결하길 바랐다. 태양과 가장 가까이 마주하며 살아왔던 그들이 하늘을 우러러 한 점 부끄럼 없이 살길 바랐다. 그들이 지켜야 할 진정한 가치는 소실되었던 유물만은 결코 아닐 것이다. 누구보다 찬란했던 태양의 후예들이 진정 신성하고 고귀하게 지켜야 하는 것은 분명 그들 자신일 테니까….

가장 아름다운 달동네

마추픽추로 가는 방법은 크게 세 가지가 있다. 하나는 쿠스코에서 기차를 타고 가는 방법. 시간도 가장 빠르고 편리하지만, 그만큼의 비싼 대가를 지

불해야 한다. 두 번째는 트레킹으로 오르는 법. 5일이 소요되며 숙식을 모두 대행한 여행사에 책임져 주는데 금액은 140달러다. 하루치 쓰이는 평균 비용을 감안했을 때 가장 저렴한 방법이다(가는 길에 래프팅과 암벽등반을 할 수 있으며 추가비용이 발생한다). 그리고 로컬버스를 타고 직접 가는 방법. 독한 배낭여행자들이 가장 애용하는 방법이지만 가장 힘이 드는 방법이라 체력적으로 지친 여행자들에겐 권하고 싶진 않다. 하지만, 이것 말고도 또 다른 여행상품이 존재했으니 그건 바로 여행사의 미니버스를 이용하는 방법이다. 이틀간의 숙식은 물론 트레킹, 기차 등을 종합적으로 이용할 수 있는 방법인데 가격이 생각보다 그리 비싸지 않았다. 커미션을 받는 여행사의 특성상 흥정도 가능하므로 능력만 잘 발휘한다면 얼마든지 가격을 낮출 수 있는 게 장점이라면 장점. 나와 지석이 형은 여행사를 이용하기로 했고 장시간의 미니버스를 타며 마추픽추로 이동할 수 있었다.

　가는 길은 위험천만한 산길을 곡예처럼 지나가야 했다. 차량 한 대가 겨우 다닐만한 비포장도로가 나 있었고 그 아래론 수백 미터에 달하는 절벽이 있었으니 절경을 감상함에 앞서 불안함이 머릿속을 가득 맴돌았다. 게다가 운전은 또 왜 그리 거칠게 하는지…. 코너를 돌 때면 모퉁이에 위치한 큰 돌덩이가 절벽 아래로 사정없이 굴러 떨어졌다. 돌덩이는 떨어지는 와중에도 좁은 협곡 틈에서 메아리를 쳐댔으니 이러다 정말 죽지는 않을까 걱정도 되었다. 마침 반대편에서 내려오고 있던 한 미니버스가 잠시 멈춰선 뒤 우리의 기사 아저씨에게 인사를 건넸다. 오랜만에 만나는 친구들인지 그들의 안부인사는 흥이 넘쳐보였다. 그들의 대화내용은 십중팔구 "너 아직도 안 죽고 살아 있었냐?"일 것이다.

　울퉁불퉁한 비포장도로를 어느덧 두 시간. 제대로 길을 잘 닦아 놓으면 이동하기 편할 텐데 도대체 왜 이토록 방치를 해야 했을까? 소문에 의하면 페루 정부에서 마추픽추의 수입을 극대화시키기 위해서 일부러 철도 이외의

# 우리는 행복이란 놈을 찾기 위해
또 다시 낯선 길에서 헤매고 있다.

다른 대중교통은 장려를 하지 않는단다. 기가 막힐 노릇이다. 그렇게 멀미나는 도로와 포장도로를 번갈아 반나절 간 이동한 뒤 도착한 소도시 아구아 칼리엔테. 스페인어로 뜨거운 물이라는 의미의 그곳은 온천수가 흐르고 있어 스파와 더불어 고급 리조트가 옹기종기 모여 있었다.

아구아 칼리엔테는 상업적인 냄새가 폴폴 풍기는 마을이다. 광장을 둘러싼 카페는 최대한 유럽의 분위기를 담으려는 작위적인 인상이 강했고 레스토랑이 제시하는 요리의 국적도 이곳을 방문하는 외국인들보다 더 다양했다. 억지스럽게나마 인정하려 했다. 군인들이 휴가를 나와 갑자기 기름진 짜장면과 탕수육을 먹으면 설사를 동반하는 것과 마찬가지니깐. 고로 수많은 국적의 여행자들이 한 번도 경험하지 못한 새로운 문명을 갑자기 보면 체할지도 모르니깐. 그래서 사려 깊은 페루인들이 체하지 말라는 의미에서 이런 쉼터를 계획적으로 구성했을 수도 있으리라 여겼다.

여행사에서 파견된 가이드는 가급적이면 새벽부터 마추픽추를 방문하길 권했다. 여행사의 버스는 오후 2시에 출발을 하는데 반나절 동안 마추픽추를 느끼기엔 턱없이 부족할 것이라며 이야기했다. 의기양양했던 가이드의 어투는 때론 거만했지만, 그의 이야기를 듣는 모든 여행자들의 눈빛은 살아있었다. 사람들은 그의 말을 존중했다. 기다리고 있는 주인공이 세상에서 가장 아름답다던 달동네 마추픽추니깐 가능한 일이다.

혹독한 대한민국에서 안 좋은 것만 보고 사는 삐딱한 20대인 내게 도대체 순수한 구석이 있기는 하냐고 묻는다면? 나는 충분히 내 감정을 솔직하게 표현할 수 있을 것 같다. 청소년이 되기 전까지 동화와 이솝우화를 어느 정도 믿고 있었다는 것. 그래서 아직도 나무귀퉁이 밑에는 사람보다 작은 요정들이 살고 있고 저 깊은 동해바다엔 용왕님이 멸망한 아틀란티스의 후예들과 교류를 할지 모른다는 것. 좀 더 이성적인 대답을 원하는 이에겐 여전

히 젊은 시절에 한 번쯤은 서울의 달동네에서 삶을 살아 보겠다는 걸 주저
없이 말하는 자칭 '소년감성 낭만파'라는 것이다.

　그래서 마추픽추가 더 궁금했고 직접 마주하길 간절히 원했을지도 모르겠
다. 아구아 칼리엔테에서 걸어서는 두 시간, 버스를 타고 꼭대기에 위치한
정류장에서도 20분은 걸리는 그곳은 이른 아침에도 사람들의 발길이 끊임
없이 이어지고 있었다. 눈앞에 보이는 모든 이들이 각자 다른 방법으로 아
구아 칼리엔테까지는 왔다만 결국 정류장에서는 모두가 공평한 대가를 치
러야 했다. 머리가 백발이 노인들도, 아장아장 걸어가는 어린 아이들도. 이
따금씩 뒤를 돌아보면서 그들의 표정을 주시하곤 했다. 그렇게 힘들게 이곳
까지 와서 실망하면 어쩌려고 저리도 힘들게 이곳을 오르고 있는가? 기대보
다 별로라면 누가 그들을 위로해주나?

　모든 일들이 다 그러한 것 같다. 어떠한 일을 성취하기 바로 직전에 항상 더
불안해진다. 이제 몇 걸음만 더 가면 되는데 괜시리 뒤를 돌아보면서 불안해
하는 건강한 걱정. 실망이라도 한다면 지나온 노력과 세월을 누구에게 보상받
을지를 먼저 두려워하는 게 사람이다. 마추픽추가 뻔히 좋으리란 걸 알면서도
오직 나를 불안하게 하는 건 내가 생각했던 그 이상의 감동이 없을까 봐 불안
해하는 것이리라. 사실 언제나 그런 걱정의 대부분은 쓸데없는 걱정으로 마무
리되곤 한다. 내가 생각했던 것 이상의 감동을 받은 지상 최고의 달동네는 이
미 사람들의 심리를 한 수 앞으로 내다본 것임에 틀림없었다. 한 치 앞이 보이
질 않는 빽빽한 나무들 사이에 가지런히 정돈된 비탈길을 하염없이 올라가다
보면 거짓말처럼 한 눈에 펼쳐지는 마추픽추의 파노라마. 극한의 감탄사를 토
해내는 사람들의 방식은 제각각이다. 말없이 카메라를 꺼내 드는 이도 있고 빙
긋이 웃어 보이며 세상을 품어보는 사람도 있고 욕을 하며 믿을 수 없다는 제
스쳐를 구사하는 사람들도 있다. 각기 다른 방식으로 이곳을 방문한 이들에게
각기 다른 감동을 다양하게 주는 마추픽추. 힘든 과정들도 결국 잉카인들로부

터 철저하게 계산된 결과물로 여겼다.

콤플렉스인 내 작은 눈을 아무리 핑계 삼아 본들 한눈에 결코 담을 없는 장엄한 마추픽추. 뒤로는 녹색 빛이 완연한 산맥이 병풍처럼 둘러싸여 있고 가운데의 가파른 산봉우리 꼭대기엔 믿을 수 없을 만큼 정교한 공중도시가 늠름한 위용을 자랑하며 버티고 있었다. 발걸음을 옮길 때마다 자연스러운 극한의 감탄사가 터져 나와야 했다. 그래야만 했다. 믿을 수 없는 그 전경이 보이는 그곳에서 사람들은 한동안 발을 떼지 못한 채 허리춤에 손을 올리고 있었고 그 최면에서 깨어나야 비로소 이동하곤 했다. 도대체 왜? 왜? 이런 공중도시가 존재했을까?

해발이 높은 페루에서 사람들이 산에 삶의 터전을 이루는 걸 자연스러운 현상이라고 한들 산꼭대기 위에 도시를 건설하는 건 상식적으로 이해가 가질 않는다. 현대문명의 발달로 자동차로 혹은 기차로 이곳을 올라와도 족히 이틀은 걸리는 이곳에 왜 굳이 그들은 살아야 했을까? 누군가의 말대로 마추픽추는 인간의 작품이 아닌 신의 작품일 수도 있겠다. 아니 잉카인의 유

적이 확실하다고 하니 신과 인간의 콜라보레이션일 수도 있겠다. 그렇게라도 추측하지 많으면 수십 톤에 이르는 큰 벽돌이 어떻게 이 산봉우리까지 올라왔을지 믿을 수 없었다. 마추픽추를 두고 수많은 사람들이 연구했고 또 결과를 제시했다. 과거 잉카인들이 쌓아올린 바위들을 분석했을 때 하나같이 산 아래에서 올라온 것이며 그 바위는 어찌나 정교하게 가공했는지 벽돌로 쌓아올린 건축물마다 한 치의 오차도 허락하지 않았다. 사람들은 이런 잉카인의 건축술을 두고 면도칼도 비집고 들어갈 틈이 없다고 했다. 정교해도 너무나 정교한 가옥들. 여전히 인간의 힘으로 건설했다고 하기엔 무리가 따른다.

공중도시, 공중도시라고 했는데 정말 과거에 이곳에 사람이 살았을지 궁금해 하는 이들이 많을 것 같다. 이렇게 가파른 언덕 위에서 수렵도 불가능할 테고 여러모로 삶을 영위하는데 있어서 불편한 점이 이만저만이 아니어서 단순히 종교적인 성지로 여기는 사람들도 있을 것 같다. 의심스러운 걱정은 넣어두어도 좋다. 마추픽추는 분명 10,000명에 이르는 사람들이 오랜 시간 살아온 '도시'니깐. 정착생활을 가능하기 위해 가장 필수적으로 수반되어야 할 조건들이 지금도 흔적처럼 고스란히 묻어나 있으니 의심을 가지는 이들도 없을 것 같다. 그 조건들은 계단식 농경지과 관개시설이다. 비탈길을 활용하여 깎아 만든 농경지는 수확의 기쁨을 맛보게 했었고 이러한 수확을 위해서 지상에서부터 물을 끌어올리는 방법이 이미 400년 전에 고안되어 있었다. 얼마나 견고했으면 아직도 마추픽추의 주거공간을 지날 때마다 물이 흐르는 소리가 귓가를 적셔주곤 했다. 400년 된 소리가 지금도 생생히!

지나치게 매력적인 마추픽추 덕분에 현대의 사람들은 산비탈에 형성된 아름다운 달동네를 두고 마추픽추라는 별명을 붙인 사례가 많다. 전 세계 어디서든지 현지인들이 자신의 달동네를 소개해줄 때 꼭 했던 말이 "마추픽추와 닮았지?"였으니 말이다. 페루의 진짜 마추픽추를 보고 있노라면 나에게도 문득 떠오르는 달동네가 한군데 있었다. 부산 사하구에 위치한 감천문화마을, 일명 '부산 마추픽추'다.

피난시절 소수의 종교적 단체가 이동하면서 개간되지 않은 산골에 정착한 마을. 옹기종기 모여 살던 그들은 세월이 지나면서 부산의 명소로 자리 잡았고 알록달록한 가옥들을 두고 사람들은 '부산 마추픽추'라는 별칭을 지어주었다. 알록달록한 색감은 남미스럽지만 마추픽추스럽진 않다. 그럼에도, 감천마을은 마추픽추랑 참으로 닮은 구석이 많다. 분지로 형성된 환경적인 요인을 떠나서 그 집단이 생긴 유래가 참으로 비슷하다. 외부의 침략이 시발점이 되었고 처절하게 그곳에서 살아남기 위해 완벽한 시스템을 건설했다는 것이다. 페루 마추픽추와 부산 마추픽추의 차이점이라면 단지 지금 사람이 거주하고 있느냐 없느냐의 차이뿐인 것 같다. 사실 마추픽추가 더 가치 있는 이유도 그리고 굳이 감천마을 이야기를 들먹거리며 비교를 한 이유도 결국은 이 말이 하고 싶어서였다.

'왜 마추픽추에는 사람이 없을까?'

정답은 모른다. 그 누구도 모른다. 좀 더 자세히 말하자면 마추픽추가 생긴 이유도 모른다. 물론 여러 가지 설이 난무한다. 스페인의 침략을 받은 잉카인의 후예들이 군사를 재정비하기 위해 건설된 계획적인 요새라는 이야기가 있는데, 출토된 유물을 보면 설득력이 떨어진다. 마추픽추의 동굴에서 발견된 174구의 해골들을 중 150구가 여성으로 밝혀졌으니 고고학자들은 이를 두고 페루의 소녀들을 집합시킨 종교적 훈련장소라고 추측하기도 했었다. 또 다른 가설은 스페인군에 패배한 잉카인들이 뿔뿔이 흩어져 세운 도시라는 것인데 아쉽게도 오류가 존재한다. 일단 8만 명에 이르는 잉카인들이 고작 168명의 스페인군에 의해 무참히 파괴된 것부터가 미스테리다(그들은 조약한 화약총이 전부였다고 한다). 뿐만 아니라 스페인이 침략했을 당시는 16세기 초였는데 마추픽추가 건립된 역사는 잉카제국의 통치 시기보다 훨씬 이전인 2000년이 다 되어간다니 뭔가 앞뒤가 맞지 않는다. 공중도시가 건립된 이유야 그렇다 치자. 그렇다면 그들은 왜 400년 전 갑자기 이곳을 버리고 홀연히 사라졌을까? 진정 사람의 힘으로 바위를 날랐다면 그 길고 긴 세월을 깎고 다듬어야 했을 텐데 왜 하루아침에 이곳을 고스란히 둔 채 사라져야 했을까?

풀리지 않은 수수께끼가 더 많아서 전설로밖에 기억할 수 없는 곳, 덕분에 세상에서 가장 아름다운 달동네로 존재하는 곳이 바로 마추픽추다.

Machu Picchu, Machu Picchu,

dort wo das Schweigen daheim ist.

Machu Picchu, Machu Picchu,

denn niemand kennt dein Geheimnis.

마추픽추, 마추픽추, 적막감만이 감도는 곳.
마추픽추, 마추픽추, 아무도 네 비밀을 알지 못한다.

Und man fand die Stadt der Inkas erst in jüngster Zeit.

doch da war sie längst verlassen und leer.

Wer wird dein Rätsel lösen, Machu Picchu?

금세기 초에 발견된 어느 잉카도시.
오래전에 버려진 듯 아무도 살지 않는 곳.
누가 네 수수께끼를 풀 것인가, 마추픽추여?

- 그룹 'Dschinghis Khan' <Machu Picchu> 中 -

　동행자는 장기 여행에 있어서 반드시 유념해야 될 항목이다. 사회적 동물인 인간이 결코 혼자서만은 지낼 수 없는 법. 사람들은 인터넷 커뮤니티를 통해 억지로나마 동행자를 구해보기도 하고 운이 좋으면 길 위에서 만나기도 한다. 한국인이라면 물론 좋겠지만 그래도 아직은 외국 여행자가 참으로 많다. 또한, 이성과의 동행을 꿈꾸기는 쉽지만, 막상 동행해 보면 불편한 게 한둘이 아니다. 그 상대가 더군다나 외국인이라면.

　여행을 하는 순간에는 왜 그랬나 싶을 정도로 감성적이고 때론 아이처럼 순수해 지기도 하는데 그럴 때마다 갈등을 불러일으키는 대상이 외국인 여성동행자인지도 모르겠다. 나는 언제나 사람들에게 말했다. 여행자들끼리의 동행은 언제나 이성이 아닌 여행자와 여행자의 만남이라고. 고로 서로의 성(性)을 의식하지 않으며 순수하게 침대를 나눠 쓸 수 있다며 강조했다. 말이 그렇지 솔직히 내 친구가 그런 말을 진지하게 했다면 귓등으로도 안 들을 것 같다.

　한번은 이런 적이 있었다. 같이 동행하던 독일여자가 방을 같이 쉐어하자고 했다. 더블베드는 불편하니 트윈베드가 딸린 방이 있다면 숙박비를 아낄 겸 방을 같이 쓰자는 제안이었다. 종전까지 아주 순수하게 여행했던 나조차도 그 순간부터는 번뇌에 휩싸였다. 플라토닉 사랑과 에로스적인 사랑도 밀폐된 공간에선 결국 한 끗 차이니깐. 마침 그때 당시 세차게 비를 맞고 들어와 내가 먼저 욕실에서 샤워를 하고 나왔는데 그 친구는 달랑 속옷만 걸친 채 젖은 겉옷을 말리고 있었다. 친구의 동공보다 큰 가슴과 질퍽한 엉덩이에 먼저 눈이 가니 묵혀둔 호기심이 또 발동을 쳤다. 게다가 나랑 눈이 마주쳤는데도 놀란 표정은 없는 그녀. 태연하게 묻는 말이 "뜨거운 물 잘 나와?"였으니 다소 에로틱하다. 그 살벌한 고비를 잘 넘긴다 해도 밖에서 술 한잔하

고 들어와 새근새근 잠들고 있는 그녀를 정면으로 보고 있노라면 막연한(?) 의무감이 밀려왔고 가만히 버텨보자니 도덕성보다 자존심이 무너지는 게 남자다. 그런 불편한 고민들의 연속이 되는 젊은 여자와의 동행. 차라리 한국인이면 속이라도 알겠는데 쿨할 것 같은 외국인들이니 더 헷갈린다. 그래서 결론은 한국인 남자동행자가 최고로 편해질 수밖에 없는 것이다.

마추픽추에서 쿠스코로 돌아온 그날 오후, 최고로 편할 것 같았던 동행자로부터 예기치 못한 변수가 생기고야 말았다. 인터넷 서핑을 하던 지석이 형이 이곳에서 만나야 될 사람이 생겼단다. 그는 언제나 농담처럼 "나 콜롬비아 여자랑 사랑에 빠진 것 같아."라고 말하며 밤마다 메신저로 쪽지를 주고받으면서 히죽거렸는데 그 꿈이 다시 이뤄진 순간임을 직감적으로 느꼈다.

"내가 콜롬비아를 여행하던 도중에 현지인 아가씨랑 며칠 놀았다는 거 이야기 했었지? 그 여자 나랑 헤어지고 얼마 뒤부터 남미여행 중이였거든. 부에노스아이레스에 친척이 있어서 거기 들렸다가 페루까지 여행한다는데 지금 쿠스코라는데? 어떡하지? 떨려…"

형은 리셉션으로 다가가 전화를 걸었고 얼마 지나지 않아 도미토리의 방문에 노크소리가 들렸다. 형의 손님임을 의식하지 못한 채 방문을 열자 한 백인 여인이 서 있었고 악수를 건넸다.

"안녕. 만나서 반가워. 라우다야. 콜롬비아 보고타에서 왔어."

그 짧은 찰나에 그녀를 스캔했다. 아름답다고 하기엔 뭔가가 아쉽고 귀엽

다고 하기엔 키가 너무 큰 그녀. 주제넘은 생각을 하는 도중 뒤에서 지석이 형이 다가왔다.

"오…. 라우다. 오랜만이야."

그러면서 가볍게 서로의 볼을 뽀뽀하며 인사를 나누었고 서로 두 손을 꼭 맞잡은 채 침대에 앉아 그간의 안부를 물으며 계속해서 끈적한 수다를 떨었다. 얼씨구, 하나만 하지…. 고산병과 비슷한 증상이 발생하자 나는 로비로 피신했다. 코카 차를 한 잔 우려먹고 올라오자 그제야 라우다는 내게 관심을 보였다. 나이는 몇인지 사는 곳은 어딘지 부터 세세하게 묻더니만 그녀가 도미토리의 방안을 좌우로 둘러봤다.

"와우. 이걸 도미토리라고 하는구나. 나 사실 도미토리는 처음이라서 걱정을 많이 했는데 정말 좋네. 아담하기도 하고…."

2층 침대가 달랑 두 개 놓여진 작은 4인실 도미토리. 차라리 규모라도 커서 다른 외국인들이라도 많았으면 분위기라도 좋겠는데 마침 그 도미토리에 손님이라곤 우리 셋이 전부였으니 더 불편했다. 더구나 우린 쿠스코에서 이틀만 머물고 아래로 내려갈 계획이었는데 지석이 형은 끝까지 3일을 머무르자며 고집을 피웠다. 보고 싶었던 라우다를 드디어 만났으니 하루라도 그녀의 스케줄에 맞추고 싶단다. 어차피 그녀는 3일 뒤에 리마공항으로 이동해서 콜롬비아로 날아가야 하니깐 최소한의 배려라는 말과 함께. 참나, 배려는 당신이 하는 게 아니라 지금 내가 당신을 배려하고 있는 거라고!

불편한 동행의 시작은 해가 뜸과 동시에 시작했다. 식을 줄 모르는 둘만의 뜨거운 애정행각을 보고 있노라면 못 봐줄 만도 했다. 다행히 숙소에서는 자제를 했지만 숙소 밖만 나오면 둘의 손은 전기톱으로 끊지 않는 이상 떨어질 것 같진 않았다. 먼지가 자욱한 쿠스코의 골목을 파리나 프라하의 거리로 착각한 그 커플 틈에 끼어 있다 보면 갑자기 엄마 생각이 날 정도였으니

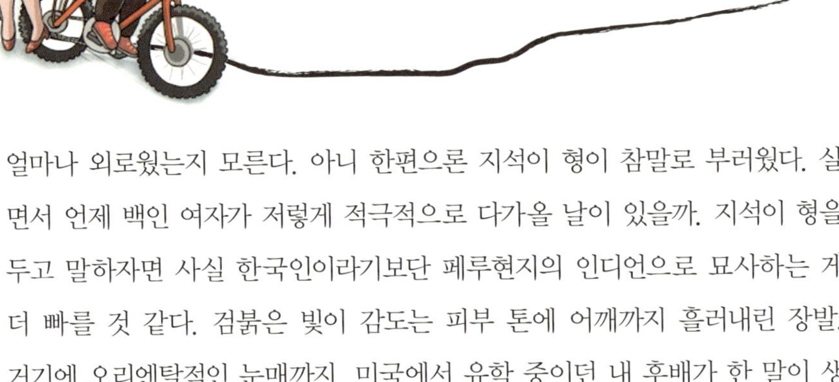

얼마나 외로웠는지 모른다. 아니 한편으론 지석이 형이 참말로 부러웠다. 살면서 언제 백인 여자가 저렇게 적극적으로 다가올 날이 있을까. 지석이 형을 두고 말하자면 사실 한국인이라기보단 페루현지의 인디언으로 묘사하는 게 더 빠를 것 같다. 검붉은 빛이 감도는 피부 톤에 어깨까지 흘러내린 장발, 거기에 오리엔탈적인 눈매까지. 미국에서 유학 중이던 내 후배가 한 말이 생각났다.

"형, 여기서 동양남자는 언제나 개차반이야. 놀아주지를 않는다니깐? 동양 여자들이야 뭐 백인들 눈에는 섹시하게 보여서 인기가 좋은데 동양남자는 어디를 가도 이런 가봐. 그래서 난 맨날 흑인들이랑 놀지."

그랬던 그의 말은 결코 지석이 형에겐 해당되지 않는 것 같았다. 스킨십이 도를 넘어서자 나는 지석이 형과 단둘이 있을 때 방을 싱글룸으로 바꾸겠노라고 진지하게 이야기하곤 했었다. 그럴 때마다 형은 절대 그것만은 안 된다며 말렸다. 안 그래도 뜻하지 않은 친구가 와서 내가 불편할 텐데 방까지 옮겨간다면 더 미안해 질 것 같단다.

"형, 차라리 저를 죽여주세요. 이것은 정녕 고문입니다."

완강하게 거부하는 형 덕분에 나는 다음날부터 혼자 여행하기로 마음먹었다. 둘의 로맨스를 위해 적당히 자리를 피해 준 이유와 더불어 그냥 잠시 동안이라도 혼자 돌아다니고 싶었다. 혼자 여행을 하면 동행자가 그립고 동행자가 있으면 언제나 혼자일 때가 그리워진다. 아무리 괜찮은 동행자를 만나

도 서로 눈치껏 배려해 주지 못하면 오래갈 수 없는 법이다. 핑곗거리도 있거니와 혼자 거리를 느껴보고 싶은 마음에 홀로 바에 가서 되지도 않는 짧은 스페인어로 바텐더와 말도 섞어 보고 기념품을 판매하는 아주머니와 대화도 나눴다. 때론 이런 소소한 행동이 내가 혼자 여행하고 또 자유롭다는 걸 자각해줬으니 필요한 시점에 요긴하게 빠져나온 것이라 생각했다. 홀로 여행하는 키워드는 분명 '자유'인데 요 며칠 전혀 자유롭지 못했고 쓸데없는 고민은 고산병보다 더 머리 아픈 고통이었으니 말이다.

그날 저녁 나는 진작 싱글룸으로 옮기지 않은 것을 후회했다. 눈치껏 그 둘에게 내가 외출하면 도착예정시간을 사전에 말해주곤 했었지만 적어도 암묵적으로나마 숙소 안에서는 건전하게 자기 할 일을 하는 게 서로간의 약속이었다. 그날 밤, 그게 무참하게 깨져버렸다. 여전히 4인실 도미토리에는 오직 우리 세 명. 근처에서 맥주를 몇 캔 사들고 와 먹다 보면 어느새 취기가 올랐다(쿠스코도 해발 3천 미터가 넘는 고산도시여서 쉽게 취한다). 나는 테이블에 앉아 인터넷 전화를 하고 있었는데 그때부터 약간 거슬리는 소리가 뒤에서 들렸다. 헤드셋을 끼곤 있었어도 인터넷이 터지질 않아 벗으려는 찰나 침을 섞는 야릇한 소리가 헤드셋 틈으로 비집고 들어왔다. 청각이 진돗개보다 오백 배는 예민해지던 그 순간, 입술이 부닥치는 소리와 청바지가 서로 엉키며 긁어대는 소리가 엇박자 스테레오로 들려오고 있었다. 낡은 매트리스의 푹 꺼지는 소리가 쉼표 역할을 하면 그럴 때마다 참아왔던 뜨거운 숨소리가 좁은 방안을 채워갔다. 이해는 되지만 인정은 되지 않는 그들만의 퍼포먼스 때문에 내가 주인공이 아닌데도 목젖이 탔다.

'언제 뒤를 돌아봐야 하지? 어느 시점에 나가야 하지?'

도저히 모니터에서 눈을 뗄 수가 없었다. 노트북의 전원을 끈 뒤 모니터를 거울삼아 사건의 현장을 바라봤다. 라우다가 지석이 형의 무릎위에 올라타긴 다리로 그의 허리를 놓아주지 않고 있었다. 쟤네들은 꼭 키스할 때 저런 자세를 취해야 하나 보다. 이런 비신사적인 인간들! 그렇다고 이 순간 자리를 박차고 나가는 게 더 이상해 보였다. 얼마 후 정적이 흘렀고 라우다가 샤워를 하러 화장실로 간 순간 정적은 배가 되었다. 나를 배려하지 못한 형은 미안함과 본능 사이에서 싸우고 있는 게 여실히 보였으나 그는 분명 도미토리에서 해서는 안 될 짓을 한 거다.

"내가 진작에 방 바꾼다고 그랬죠?"

"아, 미안. 진짜 미안해……."

"여긴 도미토리에요 형. 다른 사람들도 언제든지 이용할 수 있는 곳이라고요. 급하면 나가서 했어야지요. 라우다가 아마 도미토리가 처음이라고 하니깐 그 개념을 잘 모르는 것 같은데 기회가 되면 꼭 알려주길 바랄게요."

달콤 살벌한 그들만의 로맨스를 두고 졸렬해 보이지 않게 그리고 한편으론 지석이 형의 기분을 해치지 않는 범위 내에서 최대한 이성적으로 그를 다독였다.

물론 지석이 형의 잘못도 컸지만 무턱대고 공격적으로 달려드는 라우다의 잘못도 컸다. 글쎄다. 난 그냥 내가 불편한 걸 떠나서 라우다가 처음엔 상당히 껄끄러웠다. 라우다는 나보다 한 살 어린 동생이었지만 완숙미가 완연하게 풍기는 전형적인 백인이다. 고향은 콜롬비아이고 현재 유학 중인 곳은 미국. 이중국적인 그녀는 미국의 물가에 비해 페루가 너무 싸다며 언제나 돈 지랄을 했다. 맥주보단 와인을 즐겼고 노점상보단 고급스러운 레스토랑을

선호했다. 가끔 내가 길거리에 놓여진 꼬치를 보고 좋아라하면 그녀는 다섯 발자국 뒤에서 썩은 표정으로 바라보곤 했다.

"저런 세균 덩어리를 어떻게 먹니? 우웩."

구토하는 시늉을 하면서 나를 야만인취급 하던 그녀다 보니 당연히 정나미가 툭 떨어졌다. 돈이 떨어져 환전할 땐 더 가관이었다. 수수료가 저렴한 시티은행을 부랴부랴 찾아 10만 원 단위로 소액출금을 하고 있는 나와는 대조적으로 그녀는 환율을 무시한 채 환전소로 향했다. 장지갑에 두둑이 들어 있는 100달러짜리 지폐를 손에 잡히는 대로 집었다가 환전해버리는 그녀를 보고 있노라면 도대체 뭐 하는 사람인지 알 수가 없었다. 이런 말을 하면 벌 받겠지만, 한국보다 상대적으로 빈곤한 콜롬비아사람이 씀씀이가 너무 커서 어이가 없기도 했다.

그래도 시간은 빨리도 흘러갔다. 그녀와의 동행을 달관할 때 즈음 벌써 마지막 밤이 찾아왔으니 불행 아닌 다행으로 여겼다. 그녀는 그날 밤 멋진 저녁을 대접하겠노라며 우리를 데리고 갔고(정확히 말하자면 나는 깍두기다) 광장이 보이는 전망 좋은 레스토랑에서 식사를 했다. 사정없이 주문을 하는 그녀는 역시나 먹는데도 대책이 없었다. 식사를 하며 와인을 몇 잔이나 비웠을 때 그녀가 끝내 참아왔던 눈물을 터뜨렸다. 지석이 형의 넓은 어깨에 기대어 눈물을 쥐어짜던 그녀. 여자의 눈물 앞에선 모든 남자가 최대한 다정다감해지니 지석이 형은 목소리를 반키 낮춘 채로 그녀를 위로했다.

"지석, 내가 마음 같아선 비행기티켓을 버리고 너와 함께 계속 여행하고 싶어. 하지만, 난 콜롬비아에 중요한 일이 있어서 곧 떠나야만 해. 진작 하루라도 더 빨리 너를 만났으면 좋았을 텐데 너무 아쉬워. 손, 너도 정말 좋은 친구였어."

깍두기인 내게도 덩달아 칭찬해주는 라우다. 마음 한켠에는 이제 떠날 수밖에 없는 그녀가 다행스러웠다. 적어도 내 입장에서는.

'가야 할 때가 언제인가를 분명히 알고 가는 이의 뒷모습은 얼마나 아름다운가. 결별이 이룩하는 축복에 쌓여 지금은 가야할 때야 라우다. 그동안 즐거웠다….'

라우다에게 남겨두었던 조금의 부정적이었던 시각도 그녀의 열정적인 순정을 보고 있노라면 해피엔딩으로 마무리되는 것 같았다. 그래서 더 박수를 쳐 주고 싶었는데 안타깝게도 그녀는 끝까지 말썽이었다.

마지막 날 밤, 본디 불면증을 달고 사는 나는 2층 침대에 누워 천장만 멀뚱멀뚱 쳐다보며 잠을 못 이루고 있을 때였다. 아래층의 침대에서 부스럭거리는 소리가 들려왔다. 반대편 1층을 쓰던 라우다가 부스스 일어나더니만 반대편의 지석이 형 침대로 다가가고 있었다. 짜증이 치밀어 올랐다. 기념품으로 산 대나무 화살 통을 꺼내 입으로 후 불어 그녀의 목덜미를 마비시키면 차라리 속이라도 개운할 것 같았다. 내 침대의 바로 밑층에서 일어나는 부스럭거리는 소리를 어떻게 받아들여야 할까. 어른놀이도 때와 장소가 있는데 굳이 같은 침대에서 오감을 다 느끼는 4D체험을 하기란 너무나 잔인한 일이었다. 다행히 지석이 형이 미안하다며 그녀를 밀쳐냈다. 내가 어제 쏘아붙인 훈계가 먹혀들었나 보다. 그리고 한편으론 내가 진정 그 둘의 로맨스에 방해가 되었을지도 모른다는 약간의 죄책감까지.

이튿날, 라우다를 보내는 날이어서 굳이 지석이 형에게 어젯밤 일은 되묻진 않았다. 어차피 여행 중의 로맨스는 누구나 꿈꾸니깐. 오직 내가 불편했을 뿐이어서 그들의 감정을 충분히 공감 못 했으니깐. 장기여행을 하는 여행자에게 로맨스는 꼭 한번은 찾아오는 것 같다. 게다가 그 로맨스가 벌어지는 장소는 이해관계가 뒤섞인 한국이 아닌 낭만적인 여행지여서 더 아름답게 미화되기도 한다. 언제나 긴장하며 여행하는 나홀로 여행자가 마음을 의지할 누군가를 만난다면 그 또한 축복이리라. 단지 지석이 형에게 찾아온 시기가 공교롭게 나와 동행하던 시기에 벌어진 것일 뿐 그 이상도 그 이하도

아니라고 믿고 싶었다.

　우린 그녀를 떠나보냈다. 라우다의 마지막 모습을 보면 그래도 잠시나마 여행을 하며 같이 웃을 수 있던 친구여서 한편으로 아쉬웠다. 지석이 형은 오죽했을까. 그녀가 버스에 올라타 사라질 때 즈음 지석이 형에게 말을 건넸다.

　"형 많이 슬프겠네요. 괜히 저번에 짜증 내서 미안해요."

　"아니야, 내가 더 미안하지. 이제 다시 여행하면 되는 거야."

　"라우다가 아쉽지는 않아요? 어제 대충 이야기 들어 보니깐 형만 괜찮으면 라우다가 형을 콜롬비아로 초대하려고 하는 것 같던데. 티켓 값도 대준다는데 왜 거절했어요?"

　"말이 안 되니깐 그렇지. 거기 갔다가 어느 세월에 한국으로 돌아가."

　"그나저나 라우다 정말 돈 많은 여자 같아요. 매번 놀라요."

　"쇼킹한 이야기 해 줄까? 너 없는 동안 라우다랑 이야기하다가 들은 게 있는데 충격적이야. 라우다 아버지가 콜롬비아에서 제일 큰 식료품회사 사장이래. 돈이 진짜 많나 봐. 카메라로 자기 집 사진을 보여줬는데 궁전이 따로 없더라. 이번에 혼자 여행하는 것도 처음이래. 그래서 아직은 세상물정을 몰랐던 것 같아."

　숙소로 돌아왔다. 우리도 떠날 채비를 하며 짐을 정리하는데 형의 가방 안에 한 통의 편지가 꽂혀 있었다. 라우다가 남기고 간 편지였다. 콜롬비아에서 만난 날들이랑 쿠스코에서 만난 날들을 다 합쳐봐야 일주일밖에 되지 않았지만, 그동안 나는 너를 정말 사랑했었다. 이유 없이 설레였고 너와 헤어지기 싫어서 아버지께 전화도 몇 차례 넣어봤지만 결국은 떠날 수밖에 없는 나를 용서해 달라. 대신 한 달 후에도 네가 아직 남미를 여행 중이라면 망설이지 말고 나를 불러 달라. 어디에 있든 간에 네가 부르면 바로 달려가겠다. 뭐 대충 이런 이야기다.

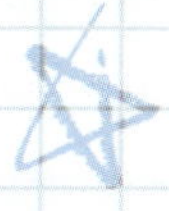

씁쓸해하는 지석이 형의 안면에 만감이 교차하는 게 비춰졌다. 여행을 위해 재벌 2세와의 사랑을 걷어차 버린 형. 아쉽지만 다시 배낭여행자로 돌아가야 할 시간임을 그도 알고 있었던 것 같다.

동행자에 대한 잠깐의 고찰

동행자는 파트너다. 상대가 좋은 파트너가 되기 위해선 나 또한 상대에게 좋은 파트너가 되어야 한다. 노력이 필요하다는 건 두말하면 잔소리 같다. 문제는 동행자를 만나고 또 같이 움직여야 하는 곳이 여행이라는 데 있다. 여행 중의 관계는 굉장히 의미 깊어지거나 혹은 굉장히 가벼워지거나 둘 중 하나다. 그래서 사람들은 여행 중의 관계니깐, 쉽게 잊어버릴 수 있는 관계니깐 좀 맞지 않으면 쉽게 접어버리곤 하는데 일종의 중독과도 같아 보인다. 고로 상호간의 배려와 노력이 존재하질 않는다면 그 파트너와 좋은 관계를 유지하기 힘들어질 수밖에 없는 것이다.

나 편하자고 여행 왔는데 내가 남 신경이나 쓰면서 굳이 에너지낭비를 해야 할 필요가 있을까란 생각이 들 수 있다. 만약 상대가 마음에 들지 않는다면 '너 아니고도 같이 여행할 사람은 널렸어.'라고 생각할 수도 있겠다. 당신이 그런 생각을 하게 된다면? 진작 결정해야 한다. 시작 후엔 돌이킬 수 없고 결국은 불편한 관계로 남게 되니깐. 물론 그 불편한 관계가 본인의 아름다운 여행에 오점이 되는 건 지극히 당연한 일일 테니깐. 결정하려면 빨리 결정하자. 이 사람이랑 다닐지 말지를.

새로운 것들에 익숙해져야 할 우루족

  내가 푸노의 영상을 본 건 남미여행을 앞두고 페루에 대한 다큐멘터리를 시청하고 있을 때다. 정확히 말하자면 푸노를 끼고 있는 거대한 하늘 호수 티티카카 호수에 관한 내용이었는데 왜인지 모르게 나에게만큼은 감성적으로 다가왔었다. 해발 4천 미터에 달하는 곳에 형성된 호수는 서울면적의 14배가 된다고 하니 하늘 위의 바다라고 불러도 무방하다. 그래서 사람들이 남미를 여행하면 어디가 가장 기대되냐고 물었을 때 나는 망설임 없이 티티카카 호수라 답하곤 했었다.

  푸노에 위치한 대부분의 숙박시설은 티티카카 호수의 투어를 대행했다. 그리고 투어의 비용은 생각보다 저렴해서 별다른 흥정 없이 순조로이 진행되었다. 가이드의 안내에 따라 제법 큰 보트에 올라타자 한 남성이 페루의 전통악기와 더불어 노래를 하는 작은 연주회가 열렸다. 항상 서울역의 광장이나 지하철역 문화공간에서만 봐왔던 남미의 소리. 대나무에서 옅은 음색이 흘러나오면 아무리 리드미컬한 박자라 해도 애절하게 들려오곤 했었는데 그때 당시는 그 뒷배경이 서울역이라서 그러한 줄 알았었다. 그런데 장소가 실제 남미로 바뀌어도 변하지 않는 그 곡조. 스페인으로부터의 아픔이 있는 그들의 역사를 떠올려 그런지 나도 모르게 색안경을 낀 채 연주하는 청년을 주시했다.

요즘 유행하는 가수오디션 프로그램을 보면 사람의 목소리 톤을 두고 말이 많다. 흑인의 성대는 어떠하고 백인의 성대는 어떠하다느니 이야기를 들으면 흥미로울 때가 많았다. 간혹 동양적이지 않은 흑인풍의 보이스가 나오면 심사위원들은 '합격'의 싸인을 보냄과 동시에 흔치 않은 음색이라 극찬을 아끼지 않는다. 동양인도 아니고 백인, 흑인도 아닌 남미 사람들의 목소리는 어떠할까. 궁금해 하는 도중 악기를 연주하던 청년이 피리를 내려놓고 노래 한 곡을 읊조렸다. 허스키한 하이 톤이지만 충분히 깊이 있는 가락 사이로 꾹꾹 담아냈던 노랫말. 우리가 스페인어로 된 노랫말을 들을 때와는 분명 달랐던 그들의 리듬이 말하고자 하는 건 결국 아픔 속에서도 굳건히 지켜왔던 그들의 역사처럼 가슴 깊이 새겨 들고 있었다.

티티카카 호수가 유명한 이유는 사실 호수의 경관이 매력적이어서가 아니다. 그 호수 위에 삶을 살고 있는 우루족이 특별해서다. 푸노에서 뱃길로 1시간 거리에 있는 우로스 섬. 인공섬인 이곳은 '토토라'라고 불리는 갈대를

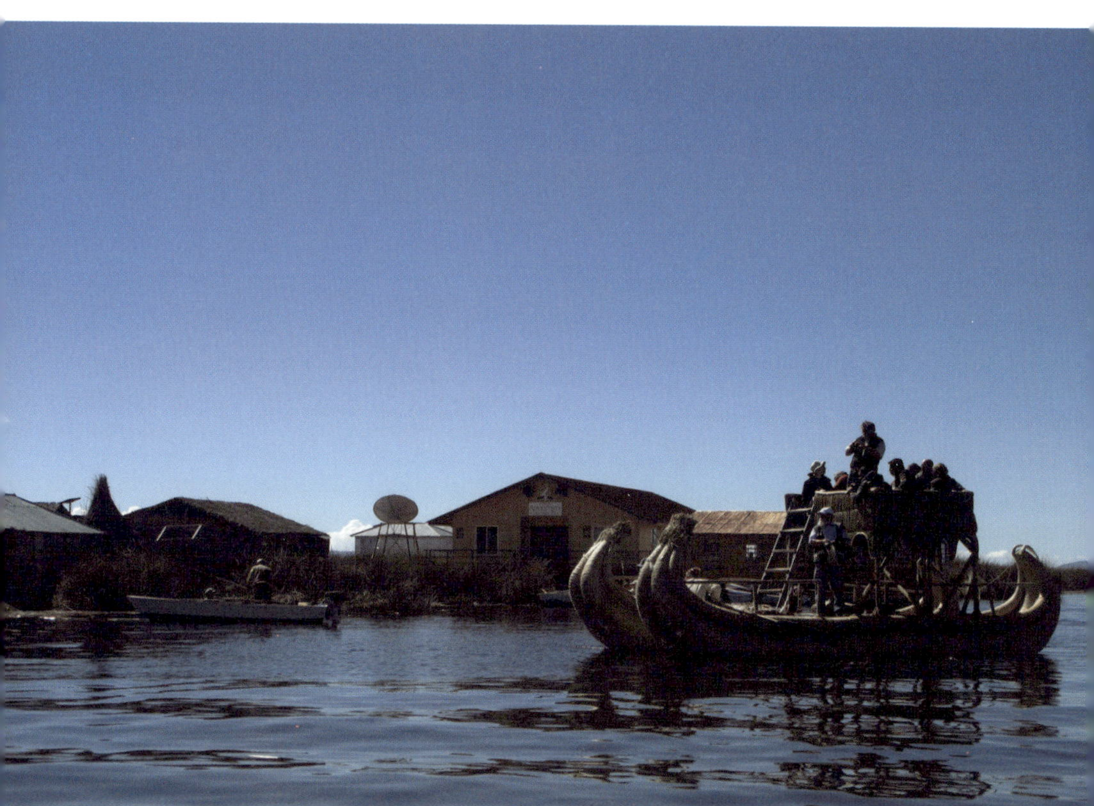

엮어 만들었다고 한다. 때문에 우로스 섬이란 게 어느 한 섬을 지칭하는 것이 아니라 이곳 위에 떠있는 갈대 섬들을 통칭하는 말이기도 하다. 거주지가 다 다르니 배가 다가오는 소리가 들리면 그곳의 현지인들은 서로서로 마중을 나와 호객을 하기 바빴다. 전통춤을 선보이는 가족들도 있고 박수를 치며 노래를 하는 이들도 있었는데 선택은 선장의 몫이다. 그리고 내디딘 갈대 섬. 폭신한 대지가 중심을 잡기도 어려울 만큼 푹 꺼졌다. 이내 가이드는 사람들을 불러 모았고 현지인들의 안내에 따라 준비된 설명을 했다.

"여기 보이는 갈대의 뿌리는 견고하면서도 물에 잘 뜨지요. 그래서 이곳을 갈대로 덮어 땅을 만들었답니다. 갈대는 썩기 때문에 3개월에 한 번씩 새로운 갈대로 덮어주면 돼요. 이들이 이곳에서 살아온 지도 600년이 흘렀지요. 저기 보이는 배와 집 모두가 갈대로 엮어 만들었어요."

미리 다큐멘터리를 봐 버린 게 실수라면 실수일까. 측은해 보이는 그들의 삶이 안타까울 수밖에 없었다. 겨울에는 지독하리만큼 춥고 여름에는 지긋지긋한 더위를 감당해야 하는 우루족들. 심지어 4천 미터란 고산지대에 생활하다 보니 그들의 평균 수명은 일반인들에 비해 짧다고 한다. 그런데도 그들이 굳이 이곳을 살아야 했던 이유는 그들 나름대로 이곳에 특별한 의미를 부여해서 그럴 것이다. 과거 잉카제국의 세력에 밀려 땅을 빼앗긴 이들의 선조들은 더 이상 갈 곳이 없어 섬 위에 정착하였고 그들이 가장 신성하게 여기는 동물들 중 하나인 푸마의 형상이 마치 이 호수와 닮았다 하여 티티카카란 지명을 붙였단다('티티'는 케츄아어로 푸마를 뜻한다). 호수의 지도를 바라보면 너무나 억지스러운 데 그들은 그렇게 이곳에 의미를 부여했고 또 전설과 설화를 만들었다. 그리고 그곳을 굳이 떠나지 않은 채 수백 년을 이렇게 살아온 것이다.

과거에는 자급자족을 통해 살아왔던 그들의 삶은 관광지로 각광을 받으면서 점차 변해갔다. 여인들의 주된 일과는 관광객에게 판매할 기념품을 만드

는 것이었고 아이들은 사진을 찍으면서 돈을 받았다. 단 몇 시간을 보고 헤어짐에 익숙해져야 하는 아이들은 이미 그 생활에 적응되었는지 먼저 다가가 말을 걸어보아도 시큰둥했다. 가이드는 우로스의 의미가 '새로운'을 뜻한다고 했다. 과거 새로운 땅을 발견한 것을 기념하기 위해 지어진 이름일 텐데 이제는 그 의미가 변해가는 것 같다. '새로운 땅'보다 '새로운 삶'을 살아가야 하는 이들. 사람들은 그저 그들의 삶이 호수위에 사는 것 이외엔 특별할 것이 없다며 불평했고 또 생각보다 관광객의 때가 너무 묻어나 실망이라 했다. 그러나 어쩌면 그것이 그들이 항상 새로운 것을 찾아 떠나고 적응했던 선조들의 삶이 드러났기에 더욱 우루족스러웠다. 세월이 지나고 이곳이 더 이상 관광지로 인기가 없어진다 해도 딱히 그들의 삶이 걱정스럽진 않다. 항상 새로운 것에 익숙한 그들이기에 그들은 수백 년이고 수천 년이고 이곳에서 우루족이란 이름으로 남을 것이니 말이다.

소소하고도
특별한 페루 사람들의
이야기

Caracas
VENEZUELA
GUYANA
SURINAME
FR GUINEA
MBIA
Manaus
Amazon
Amazon
BOLIVIA
RA IL
Cus
Rurrenabaque
BOLIVIA
La Paz
ra_
Uyuni
Rio de J
Sao Paulo
PARAGUAY
n
HILE
ARGENTINA
URUGUAY
Santiago
Buenos Aires
Montevideo

PART 05

떠나도 괜찮아

BOLIVIA

루레나바께 ▶ 라파스 ▶ 우유니

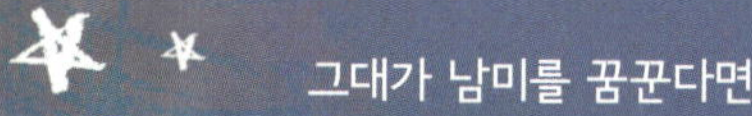

그대가 남미를 꿈꾼다면.

"정글 갈래?"

"아니요."

"가자 제발."

"관심 없어요. 전 이미 아마존에 오래 다녀왔잖아요."

"북반구랑 남반구랑 식생이 다른 거 알지? 더 신비롭지 않을까?"

귀가 팔랑거렸다.

"그렇긴 해도…."

"그리고 볼리비아 정글은 동물이 엄청 많데. 지금 마침 건기라서 동물들이 바글바글하다더군."

귀가 팔랑팔랑거렸다.

"브라질만 다녀와서 어디 정글 다녀왔다고 말할 수 있겠냐?"

"갑시다, 가요. 볼리비아 도착하자마자!"

그리하여 나는 뜻하지 않게 볼리비아로 넘어온 지 하루도 되질 않아 볼리비아의 정글에 위치한 도시 루레나바께로 가는 티켓을 끊고 말았다. 몹쓸 팔랑귀 덕택에 그 소름끼치는 정글로 다시 발길을 돌렸다.

자동차에 유난히 관심이 많았던 초등학교 2학년짜리 소년은 과학 시간만 되면 담임선생님께 번쩍번쩍 손을 들며 질문하길 좋아했다. 자동차가 움직이는 원리도 궁금했고 어떻게 엔진에서 동력이 발생하는지도 궁금했는데 그럴 때마다 유심히 지켜봤던 차가 아무래도 가장 가까이에서 볼 수 있는 아버지의 차였다. 아버지의 차는 준중형계의 최고봉인 아반떼. 당시 사립초등학교를 다녔던 내 친구들 집에는 그랜저도 있었고 벤츠도 꽤나 많았다. 그렇다고 부끄럽진 않았다. 정말 친구들 집의 차가 왜 우리 집 차보다 좋은지 몰

랐기 때문이다.

"선생님! 왜 좋은 차는 덩치가 커요? 우리 아버지 차는 세상에서 제일 잘 나가는데요? 밟으면 고속도로에서 160킬로미터도 나와요!"

"제영아, 좋은 차가 덩치가 큰 이유는 안정감이 좋기 때문이란다. 특히 코너를 돌 때 차량의 길이가 길수록 흔들림이 적지. 그래서 비싼 거야. 제영이네 집 차는 뭐니?"

아버지의 차가 세상에서 제일 좋은 차가 아니란 걸 직감적으로 깨달은 나는 충격에 휩싸여 대답을 하지 못했다.

세월이 지나보니 선생님께서 하신 말씀이 틀린 말은 아니었나 보다. 널찍한 비행기를 타고 이리저리 이동할 때는 강풍이 불든 말든 간에 비행기가 공포스럽지도 않았고 어떤 때는 내 집처럼 편안해서 다리를 쭉 뻗고 잠을 잘 때도 많았다. 나는 비행기만 평생 타고 다녀도 괜찮을 것 같다는 착각도 했었다. 적어도 경비행기를 제대로 타기 전까지는.

베네수엘라에서 카나이마 국립공원으로 향했을 때 탔던 경비행기는 장난감 같은 4인승 비행기여서 비행을 한다는 인식이 들지 않았었는데 라파스에서 루레나바께로 가는 12인승 비행기는 롤러코스터보다 딱 3배 무서웠다. 기류를 만나면 쉴 새 없이 흔들렸고 날개가 방향을 바꾸려고 든다면 기내 안은 사정없이 흔들려 창문 밖의 감상도 불가능하게 만들곤 했다. 차라리 버스를 탔으면 좋았을 것을. 공항에 내리자마자 내가 가장 먼저 달려간 곳은 화장실이다. 구토를 그렇게까지 해 보기란 대학을 입학하고 오리엔테이션을 다녀온 뒤로 처음이었다.

위산 과다 분비로 정신없이 떨어진 루레나바께. 도시의 분위기는 결코 아니며 시골 마을의 분위기가 물씬 풍겼다. 도착한 시각이 이른 아침이었느니 곳곳마다 아침을 맞이하는 소리가 들려왔다. 저잣거리에선 아침식사를 판매하는 이들이 가게 문을 열고 있었고 여행사들도 일제히 셔터를 열어젖히며

홍보팻말을 걸어두곤 했다. 그런 활기가 반가워서 혹은 괜찮은 숙소를 한번 찾아볼까 하는 마음에 동네 한 바퀴를 돌았다. 계획적인 도시의 조경에 따라 분리된 블록들과 그 블록 사이사이마다 존재하는 노점상 아주머니들. 아시아와 같은 정겨움에 발이 묶여 꽤 오랜 시간을 보냈을 만큼 분위기엔 생동감이 있었다.

루레나바께는 볼리비아의 대표적인 관광지이지만 이곳 자체가 관광지는 아닌 탓에 현지인들의 생활상이 고스란히 드러나는 곳이다. 덕분에 물가도 저렴하거니와 레스토랑의 음식도 서양식보단 현지식이 더 많았다. 간단히 아침을 해결한 후, 문을 연 여행사로 발길을 옮겼다. 그런데 정글 투어가 생각보다 훨씬 비쌌다.

"분명 저희가 알아봤을 땐 이 가격이 아니었는데요?"

"이런. 뭐라 드릴 말씀이 없네요. 원래는 3일 투어로 500볼리비아노(7만 5천원)를 받았는데 정부의 정책에 따라 900볼리비아노로 통일이 되었어요. 불과 한 달 전에요."

가격을 낮춰볼 생각에 애교 섞인 싱그러움으로 승부를 걸려했다. 최대한 스위트하게 눈웃음을 쳐 봤지만, 직원은 꿈쩍도 하질 않았다. 직원은 남자였다. 그 뒤로 한 대여섯 군데의 여행사를 죄다 뒤져 보아도 사정은 마찬가지였다. 두 배로 튀어 오른 건 확실히 예기치 못한 일이다. 루레나바께에는 ATM이 그때 당시엔 없었다. 은행에서 인출을 할 수 있지만 복잡한 과정과 더불어 수수료도 도시보다 많이 떼어 갔기에 확신이 서질 않으면 출금은 곤란했다. 가지고 있는 돈으로 어떻게 해야 할까. 지석이 형은 항상 그랬듯이 나의 헛소리에 경청을 하며 진지해했다.

"형, 강 포구로 나가면 카누가 몇 대 보이던데 그냥 하나 빌려서 가면 안 될까요? 저 카누 되게 잘 모는데. 아마존 있으면서 매일 아침마다 카누를 몰았어요. 카누 타고 정글로 들어가는 게 어떨까요?"

언제나 긍정적인 지석이 형. 이번만큼은 진짜 농담이었는데 형은 진지했다.

"어떻게 그런 생각을 했지? 어메이징!"

호랑이를 잡으려면 호랑이굴로 가야하고 카누를 빌리려면 강으로 나가야 한다. 한데 분위기가 조금 심상치 않았다. 카누를 쓰는 사람도 없거니와 죄다 큰 보트만 떠다닐 뿐 아무런 소득 없이 강변을 따라 거닐고 있으니 스스로가 봐도 한심했다. 아마 투어를 신청했더라면 곧바로 출발을 했을 텐데. 지푸라기라도 잡는 심정으로 여행사 직원에게 다가갔다. 전 세계 어디서든 여행사 직원의 정보력은 최고다. 지력과 정보력에서 항상 우위에 있기에 그들이 가진 지식의 범주는 단지 관광에만 한정되지 않는다. 그러나 여행사 직원의 단점은 무언가 거래를 하지 않는 이상 친절하기 힘들다는 데 있다. 정보력은 우수해도 매력도는 떨어지는 이가 여행사 직원인 셈이다. 그 뒤로 철

물점도 가보고 시장의 노점상 아주머니에게 여쭈어 봤지만 정확한 답변을 하는 이가 없었다. 다시 포구로 길을 나섰다. 마침 큰 카누에서 어떤 할아버지가 물고기를 실어 나르고 있었다. 동네주민들은 방금 잡힌 신선한 물고기를 집어 들며 흥정을 했고 우린 그곳에서 물고기가 다 팔릴 때까지 하염없이 기다렸다. 드디어 손님이 다 빠진 상태에서 할아버지에게 다가갔다.

"할아버지. 저희가 카누를 빌릴 수 있을까요? 고기잡이용 말고요, 혹시 다른 카누가 있으시다면요…."

"저 옆에 작은 카누 보이지? 저건 어때? 좀 낡았지만."

"하루 빌리는데 얼마나 드려야 할까요?"

"30볼(4,500원)에 빌려 줄게. 며칠을 빌릴 건데?"

"5일 정도요?"

"그럼 하루에 20볼 해서 100볼 하면 되겠네, 100볼! 기다려 노를 가져 올 테니깐."

이윽고 할아버지는 스쿠터를 몰고 가서 두 자루의 노를 싣고 왔다. 두 자루의 노만 가지고 오셨으면 충분했는데 할아버지는 오묘한 분위기도 덤으로 가지고 오셨다. 할아버지의 뒤를 따라 점점 모여드는 마을 사람들. 강둑에는 제법 많은 마을 사람들이 모여들었고 호기심 어린 시선을 우리에게 쏘아대고 있었다.

"너희 시험 삼아 한 번 여기서 저기까지만 몰고 와봐."

할아버지는 우리를 시험하고 싶었던 것이다. 카누를 밥 먹듯이 몰아본 내게 이런 미션은 식은 죽 먹기. 나는 지석이 형에게 약간의 자만심을 섞어가며 세세하게 설명을 했다.

"형, 카누의 생명은 서로의 합이 맞아야 되는 것이죠. 뱃머리를 돌릴 땐 노에 스핀을 이용해 물살을 쳐내야 되요. 정말 별거 없어요. 저만 믿으세요. 오케이?"

　그리고 올라 탄 카누. 생각보다 큰 규모에 잠시 주춤했지만, 고작 몇십 미터도 안 되는 강의 반대편만 찍고 오면 되는 미션이었다. 사람들은 종전보다 더 많이 모이고 있었다. 동양인 둘이서 카누를 빌려 몰아보겠다고 했으니 그들에게 그만한 이벤트거리도 없었으리라. 곧이어 할아버지의 출발신호와 함께 우린 열심히 노를 저었다. 그런데 이 강, 물살이 빨라도 너무 빨랐다. 게다가 나아가지 않는 카누. 카누는 제자리에서 빙글빙글 두 바퀴를 돌더니 순식간에 강의 하류로 떠내려가고 있었다. 나는 떠내려가는 카누 위에서 서로의 합을 망각한 채 열심히 노를 저었다. 저으면 저을수록 카누는 점점 길을 잃어 갔다.

　'아~ 씨, 이게 아닌데. 이게 아닌데⋯'

　고작 1분도 안 지난 그 상황에 이미 마을 사람들과의 거리는 꽤 벌어졌고 하류에 있던 다른 아저씨가 마치 기다렸다는 듯이 다가와 나루터에 카누를 정박시켰다. 친절한 아저씨는 카누를 다시 저어 원래 할아버지가 있던 곳으로 향했다. 죄송한 마음에 카누를 같이 저어 보려 하는데 우리보곤 노에 손도 대지 말란다. 할아버지께 도착하자 마을 사람들은 완전 신이 나 있었다. 뭐 저런 사람들이 있냐며 손가락질을 하며 웃어 보이고 웃음소리가 루레나바께 강 포구를 가득 메웠다. 할아버지께서 마지막으로 감춰둔 돌직구를 던졌다.

　"너넨 도저히 안 되겠다. 그냥 가. 이거 못 줘."

　상실감과 패배의식. 호랑이를 잡기 위해 호랑이굴로 향하던 두 청년은 쥐구멍이라도 숨고 싶을 지경이었다. 정말 극한의 쪽팔림을 맛보자 눈물이 날 것 같았다. 엄마가 보고 싶었다. 사람들이 하나 둘 천천히 사라졌고 마지막엔 동네 꼬마들도 와서 놀려대더니 그 큰 강나루에 우리 둘만 남게 되었다. 서로 애꿎은 담배만 찾으며 말을 잊지 못했다. 불과 2년 전엔 귀신 잡는 해병이었던 박지석 병장도 그리고 불과 한 달 전엔 칼자루 하나를 허리춤에 차

고 정글을 누비던 용맹의 아이콘 손제영도 그 순간엔 존재하지 않았다. 인생 최대의 쓰디쓴 패배감을 맛본 우리는 서로 말도 하지 못한 채 강줄기를 30분 넘게 바라봤다. 형이 어렵게 말을 꺼냈다.

"이대론 도저히 자존심 상해서 안 되겠어. 할아버지 집을 찾아가자."

"형, 이건 아닌 것 같아요."

"안 돼. 무슨 수를 써서라도 카누를 빌리고 말거야."

형은 동네 사람들을 쫓아다니며 할아버지의 집을 수소문 했다. 그리고 도착한 할아버지의 댁. 마침 문 틈새로 할아버지가 앉아 있는 게 보였다.

"할아버지~ 저희 왔어요."

"이번에는 또 왜? 카누 못 빌려준다니깐 그러네."

신문에서 눈을 떼지도 않는 할아버지는 더 이상 할 말이 없다는 무언의 신호를 주기적으로 보냈다.

"정말 한 번만 더 기회를 주세요. 카누를 어떻게 몰 수 있는지 가르쳐 주시면 되잖아요."

"안된다니깐!"

노한 할아버지께서 버럭 소리를 지르셨다. 두 번째 방문도 실패. 다시 형과 나는 강나루에서 담배를 30분가량 태웠다.

"형…. 이건 아닌 것 같아요. 냉정하게 현실을 직시해야 할 것 같아요. 여행사에 가서 가격을 깎아보는 게 여러모로 빠를 것 같은데."

"이건 돈 문제가 아니야. 우리 둘이 웃음거리가 된 게 너무 비참해서 그래. 아까 할아버지 카누에는 모터가 있던데 모터를 빌려볼까 그럼? 한 번만 더

찾아가 보자. 삼고초려를 해도 안 되면 깔끔하게 포기하는 게 어때?”

모터라…. 고기잡이를 생업으로 하시는 할아버지로부터 모터를 빌리려 한다면 뭔가 획기적인 금액이 필요했다. 비장한 마음을 굳게 먹고 할아버지를 다시 찾았다.

“할아버지~ 저희 또 왔어요.”

“허허 참나! 절대 못 빌려 준다니깐!”

“모터를 빌려주시면 안 돼요? 노를 저을 필요 없잖아요. 모터를 5일간 빌리는 데 500볼(7만 5천 원)로 하는 게 어떠세요? 500볼!”

예상대로 할아버지께서 움찔하셨다. 약 3초 정도 생각을 하시더니만 고개를 반대편으로 다시 젖혔다.

“그래도 안 돼.”

두 남자는 동시에 할아버지의 손을 맞잡았다.

“빌려 주십쇼!”

“안 돼!”

“뽀르 빠보르(제발)!”

“안 돼, 안 돼, 안 돼!”

잠시 후 메리야스 바람이던 할아버지께서 깔끔한 남방을 입으시더니만 거울을 보며 빗질을 하셨다. 콧노래를 불러가며 뭐가 그리도 기분이 좋은지 무스도 탁탁 머리에 바르시던 멋쟁이 할아버지.

“너네 나가서 맥주 한잔할래? 할아버지가 사 줄게. 그리고 이따가 할아버지가 요 근처 교회에서 오늘 작은 연주회를 해요. 시간 되거든 놀러 오라고. 일단 맥주나 한잔하세.”

당황한 우리는 무작정 할아버지를 졸졸 따랐다. 생각해보면 돈으로 할아버지의 생계수단을 위협한 고약한 청년들인데 인자한 할아버지께선 더없는 인심을 베푸셨다.

“도대체 어디를 가고 싶어서 그러는 건데?”

“팜파스요. 꼭 거기가 아니더라도 정글에 가서 캠핑하고 싶었거든요.”

“거긴 여기서 배로 6시간은 가야 돼. 너넨 못 가. 10미터도 못 가는 주제에…”

코웃음 치는 할아버지는 껄껄 웃으시며 남은 맥주가 담긴 잔을 털어 넘기셨다.

“저기 여행사들 보이지? 저 골목에만 수십 개가 있어요. 저기 가서 신청해. 여행사가 저렇게 많은 데 무슨 놈의 캠핑이야?”

그날 오후 할아버지의 말씀대로 우린 수십 군데의 여행사를 돌아다니며 흥정의 흥정을 거듭한 뒤 가격을 맞출 수 있었다. 대신 조건이 붙었다. 이곳 루레나바께에서 할 수 있는 투어는 동쪽의 대평원인 팜파스를 가는 투어와 서쪽의 정글로 이동하여 습지를 트레킹하는 투어로 나뉘는데 그 두 개를 모두 하는 조건. 그 두 가지를 모두 한다면 가격은 오르기 전의 가격과 비슷하게 해 주겠단다.

결국은 여행사를 방문한 우리지만 하루를 버려가며 시간을 허비한 것에 후회는 없었다. 같은 목적지를 두고 비록 돌아갔다 한들 올곧이 그 길을 먼저 갔던 이들은 돌아서 온 이들의 자취를 알지 못하니 더 소중한 것일지도 모르겠다. 세상에는 객기로 되는 일이 있고 안 되는 일이 있다. 열정이 과해도 냉정함을 잃어버리기 마련이고 너무 냉정하게 모든 일을 이성적으로 하려 해도 열정 없는 도전은 재미가 없어진다. 오늘 우리는 충분히 재밌었다. 무엇보다 냉정과 열정 사이를 적당히 조율하며 산다는 게 곧 삶의 재미라는 것도 가슴 깊이 얻어갔다.

사람보다 악어가 많은 곳, 팜파스

팜파스는 어떠한 도시의 지명이 아니다. 엄밀히 따지면 아마존도 아니다. 남미 대륙에서 남부지방의 대평원을 뜻하는 팜파스는 특히 볼리비아에서 인기가 좋았다. 아마존 정글에서는 볼 수 있는 동물들도 사실은 제한적이지만 이곳 팜파스는 그 수가 다양해 다녀온 이들의 만족도가 상당히 높기 때문이다.

여행사의 문 앞에서 빗줄기를 피해있는데 체구가 작은 한 남성이 다가왔다.

"오늘 투어에 참여하시는 분들이죠? 바모스(가자)!"

3일간 우리의 투어를 책임질 것이라는 이 남자. 이름이 후안이란다. 아마 남미 전역에 후안이라는 이름은 천만 명 가까이 있나 보다.

팜파스로 향하려면 루레나바께에서 지프차로 반나절을 이동해야 했다. 먼지가 폴폴 날려 오는 비포장도로의 끝자락까지 이동해야 하는 시간. 앞서거니 뒤서거니 하는 다른 여행사의 차량 뒤로 따라갈 땐 유년시절 익히 봐왔던 소독차가 기억날 만큼 온 세상이 자욱했다. 그렇게 어렵사리 이동하면 다시 숙소로 향하기 위해 보트를 타야 하는데 그때부터가 사실상 투어의 시작이다. 여기도 악어 저기도 악어. 보트를 탄 지 5분도 안 지났는데 악어를 벌써 20마리 가까이 봐버렸다. 10분이 지나자 40마리, 20분이 지나자 80마리…. 그다지 반갑지 않은 등비수열이다. 처음엔 이 악어들이 전부 다 인위적으로 제작한 박제일 것이리라 생각했다. 강의 폭이라 해 봐야 고작 15미

터도 안 되는데 그 사이사이로 악어가 이렇게 기형적으로 많아도 되나 싶었다. 그때 어디선가 많이 봤던 거대한 포유류가 반대편에서 나를 멀뚱멀뚱 쳐다보고 있었다. 그 녀석은 필시 아마존에서 봤던 거대 쥐 카피바라였다. 문제는 그 카피바라 옆에 나란히 놓여진 악어. 카피바라가 뒷발로 몸을 긁자 놀란 악어가 강물로 첨벙 뛰어들었다. 상식적으로 용납할 수 없는 시추에이션이다.

"후안! 여기 악어는 카피바라 안 먹어요?"

"이 강엔 물고기가 너무 많아서 카피바라에 관심이 없는 거야."

사람은 짜장면만 먹다 질리면 짬뽕도 먹게 되고 가끔씩 외식을 통해 기분 전환이 필요한데 이놈의 악어들은 물고기가 그리도 맛나는 갑다. 육질이 부드러운 카피바라가 옆에 있어도 그들은 경계근무를 서는 군인들처럼 서로의 등을 돌린 채 앞만 바라볼 뿐이었다.

팜파스 투어를 통해 볼 수 있는 동물의 수는 일일이 지칭하기 힘들 만큼 그 종류가 다양하지만, 대표적으론 악어(3일간 천 마리 가까이 볼 수 있다), 카피바라, 원숭이, 피라냐 그리고 핑크돌핀이다. 아마존 강은 강물이 워낙 넓어서 핑크돌핀을 보려면 전생에 덕을 쌓지 않는 이상 직접 마주하기 힘들다. 반면 팜파스는 강의 폭이 좁아 어디서든 돌고래를 만날 수 있었다. 아마 악어들이 한 데 모여 있는 것도 돌고래의 영향이 클 것이다(악어와 돌고래는 서로 안 친하다).

이렇게 평화로운 팜파스에서 돌고래랑 장난도 치고 숙소 가서 주는 밥만 먹으면 정말이지 알찬 프로그램이 될 것인데 우리의 가이드는 급기야 사고를 치고 말았다. 후안이 운전하는 보트는 세로 10미터 가로 2미터 정도가 될 법한 작은 보트였고 정원은 6명이 전부였다. 사람이 없다 보니 맨 앞자리에 앉은 나와 지석이 형은 카메라를 쥔 채 강물을 따라 이리저리 다니면서 사진 찍기에 열중이었다. 그러던 와중 내 눈에 들어온 악어 한 마리. 언덕배기에서 훌륭한 자태를 뽐내고 있던 악어를 렌즈에 담아내고 있는데 후안이 센스를 발휘했다. 그는 배의 속력을 줄이더니 점점 육지 쪽으로 다가섰다. 그런데 후안은 시동을 끄는 걸 깜빡했나 보다.

"쾅!!"

배가 정면으로 언덕에 충돌하고 말았다.

"쾅!!"

배 위로 무언가가 공중에서 뚝 떨어졌다.

"…"

내 발 앞 두 뼘 남짓한 곳에 있는 악어 대가리. 악어는 놀란 나머지, 이 비좁은 배에 같이 승선해 버렸다. 물론 그와 함께 같이 동행할 마음은 추호도 없었다. 악어의 길이는 대략 3미터. 뱃머리의 공간이 비좁았는지 악어는 허리를 곧게 펴며 대가리를 내 쪽으로 홱 돌렸다. 그의 도톰한 입술이 내 발끝으로 툭 하고 부딪혔다.

"으아아 씨이이벌~!"

화들짝 놀란 나는 순식간에 간이의자 뒤로 몸을 피했다. 의자 뒤에 숨어서 악어가 있는 뱃머리를 주시했다. 아직도 피하지 못하고 얼어붙어 있는 한 남자, 지석이 형. 1초도 안 되는 그 짧은 시간 동안 오만가지 생각이 교차했다. 악어가 지석이 형의 발목을 물어뜯을 상상과 반대로 악어가 나를 향해 돌진할지도 모른다는 생각. 하지만, 트라우마가 있어서 그런지 이번만큼은 비겁한 사람이 되기 싫었다. 다시 악어의 정면을 향해 다가가 지석이 형의

옷을 붙잡고 뒤로 끌어냈다.

툭, 툭. 자신보다 덩치가 큰 포유류 두 마리의 움직임과 발자국 소리에 놀란 악어는 그 순간 다시 90도로 방향을 꺾더니만 강물로 첨벙 뛰어들었다. 그 순간마저도 지석이 형의 다리는 여전히 얼어붙어 있었다.

이건 완전히 형법 제255조에 의거한 살인미수다. 나는 후안을 바라보았다. 계획적인 의도가 없었던 탓에 어렵게 선처를 베풀었으나 낄낄 웃는 그가 얼마나 얄밉던지…. 후안은 비록 말은 안 했어도 그 웃음 속의 메시지는 충분히 전달되고 있었다.

'카피바라도 안 먹는 악어들이 너넬 왜 먹겠어.'

이 모든 상황이 사실 5초도 안 되는 짧은 시간이었는데 나는 태어나 5초가 그렇게 길게 느껴진 적이 없었던 것 같다. 등골에는 여전히 식은땀이 흘렀고 지석이 형은 너무 놀란 나머지 몸을 바들바들 떨었다.

다음날도 또 다음날에도 우린 악어를 무수히 마주해야 했다. 야생동물을 열렬하게 사랑하는 동물애호가들에겐 적극적으로 권할 만한 팜파스 투어. 투어의 대단원은 3일째 되는 날 오전 습지에서 아나콘다를 찾는 것으로 막을 내린다. 은혜롭게도 마지막 날의 아침은 날씨가 그리 좋지 못했다. 후안은 걱정스럽게 말했다.

"날씨가 흐린 날은 아나콘다 보기가 어려운데…."

그래, 차라리 다행이다. 후안이 아나콘다를 발견했다면 우리 둘 중 한 명은 지금쯤 아나콘다의 밥이 되어 해외토픽 뉴스거리가 되었을지도 모른다. 안 본 게 천만다행이다.

정글을 사랑한 남자.
  그리고, 그 사람들

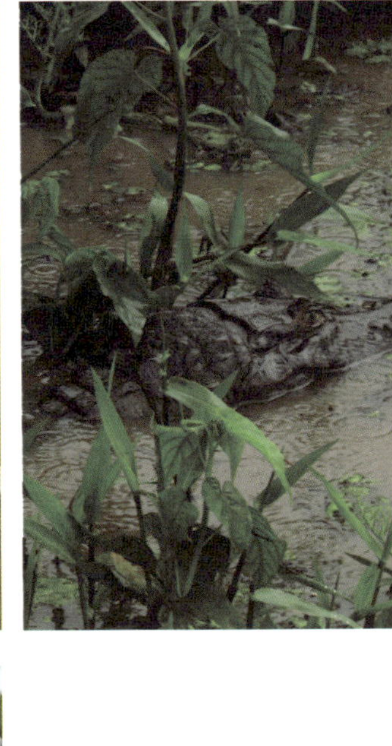

이제 정글이 진절머리 날 지경에 이르렀다. 대자연의 보고, 대자연의 신비로움 따위의 낭만적인 수식어는 이제 질렸다. 그렇지만, 아직 3일을 더 보내야 했다. 셀바(정글) 투어. 이번에는 투어의 이름도 정글 투어란다. 투어를 시작함에 앞서 이토록 걱정이 앞서긴 또 처음이었다. 하늘에선 천둥이 치더니 어느새 강물이 불어났다. 아마 카누를 빌렸더라면 어떤 식으로든 악어 밥이 되었을 테다. 보트에 탄 인원은 선장과 밥을 해 줄 아주머니 그리고 우리 둘이 전부였다. 그래서 더 불안했다. 그럴듯한 간판이 걸린 여행사에서 신청했더라면 좀 더 많은 사람들과 걱정을 나눌 수 있었겠지만, 최대한 허름한 여행사를 찾은 게 실수였다. 팜파스 투어와는 달리 정글 투어는 순전히 여행사에서 고용한 가이드의 재량에 따라 움직인다. 뿐만 아니라 가이드가 운영하는 숙소도 제각각이라 완전히 운에 맡겨야 한단다.

도착했어도 세찬 비는 멈출 생각을 하질 않았다. 3일간의 식량도 우리가 날라야 했고 아주머니가 필요로 한 취사도구를 날라야 하는 것도 우리의 몫이었다. 질퍽한 흙 계단은 우리가 발을 디딜 때마다 힘없이 무너지곤 했다. 과연 이곳에 투어를 하는 이가 있기는 있을까? 숙소에 다가서자 그물 침대에서 한 남성이 다가와 말을 건넨다.

"정글을 온 걸 환영해 친구들! 만나서 반가워 난 호세야."

우리와 나이가 비슷해 보이는 청년. 코카 잎사귀를 잘근잘근 씹으며 그가 앞으로의 프로그램을 설명했다.

"여기가 보기에는 이래도 너넨 운이 좋은 거야. 아랫동네에는 롯지가 많이 생겨나면서 동물들이 이곳으로 올라왔거든. 미리 말해두지만 여기서 동물을 다 볼 수 있다고 확신은 못 해. 빗줄기가 약해지면 언제든 출발을 하자고!"

아주머니께서 마련한 식사를 먹은 후 신발 밑창에 끼인 흙을 털어내고 있

는데 어느새 하늘 위로 햇살이 비쳐왔다. 이윽고 등장한 호세. 오늘은 첫날이니만큼 무리한 트레킹을 하지 않을 것이란다.

그리 내키지는 않았지만 호세의 뒤를 따라 정글로 향했다. 비가 내린 후여서 숲 속은 여전히 습했고 나뭇잎사귀에 고인 빗방울의 낙하소리가 촉촉하게 들려오고 있었다. 수십 미터는 되어 보이는 높다란 나무들부터 발아래까지 놓여진 버라이어티한 식생. 그 나무들 사이로 햇빛이 내리쬐자 이따금씩 새들의 지저귐 소리가 울려와 그나마 기분이 편안했다. 유난히 머리 위로 시선이 많이 갈 수밖에 없었던 까닭은 정글이 너무 울창해서다. 호세는 결코 칼자루로 눈앞의 덤불을 쳐내는 법이 없었다. 무엇이든 맨손으로 덤불의 위치를 옮겼고 우리가 먼저 통로로 지나가고 나면 그제야 그가 이동하곤 했으니 평상시 평지를 걷는 시간의 몇 곱절이 걸린 건 어쩔 수 없는 일이었다.

호세는 주위에 이상한 소리가 들려오면 본능적으로 발걸음을 멈추며 검지

를 입에 대고 우리에게 조용히 하라는 신호를 보내왔다. 그러고선 기괴한 소리를 꽥꽥 질러댔다. 지석이 형이 속삭였다.

"뭐지? 이 미친놈은?"

"뭐하는 짓인지 한번 물어봐요."

호세가 방금 낸 소리가 너무나 궁금했다. 너무 진지한 그의 눈빛을 보면 질문하는 자체도 신사적이지 못 해보였는데 마침 그가 친절히 설명했다.

"앵무새를 불러 모으는 소리야. 지금 우리가 가는 곳은 새들이 많이 있는 곳이지. 그들의 동태를 확인해 보려고 신호를 보냈어."

우린 그가 생각했던 것보다 훨씬 더 미친놈이라 여겼다. 서로 언어가 다른 너랑 나랑도 이야기를 못하고 있는 이 마당에 앵무새랑 교감을 한다고? 필시 호세 이 친구 공상과학 영화에 중독된 청년이 분명해 보였다. 그러더니만 이번엔 재규어 소리 다음번엔 멧돼지 소리를 내보인다. 오, 지져스!

호세가 하는 행동을 보면 처음에는 모든 것이 허세처럼 느껴졌는데, 가는 길목마다 무언가를 분주히 설명하는 자태가 여간 예사롭지 않았다. 갑자기 가시가 뾰족한 나무 앞에서 멈춰선 그는 일단 나무에서 멀리 떨어지라며 또다시 진지한 눈빛을 쏘아 보냈다.

"이 나무가 정글에서 가장 조심해야 할 나무지. 여기 보이는 가시는 인디언들이 사냥을 할 때 화살촉으로 썼던 가시야. 가시엔 맹독이 있거든. 찔리는 즉시 2분 내로 사망하게 되니 조심하도록."

잠시 후 그는 몇 발자국 안가 다른 풀을 꺾어 보이더니만 손으로 세차게 비볐다. 희멀건 진물이 나오자 우리에게 냄새를 맡아보란다. 코끝을 자극하다 못해 중추신경을 찌르는 강렬한 냄새가 깊이 파고들었다.

"이게 바로 이 나무에 찔렸을 때 쓰는 효과적인 해독제야. 정글에는 꼭 맹독성의 식물 옆엔 해독제가 존재하지."

호세가 그 말을 한순간부터 우린 그를 신봉했다. 절대적인 존재가 되어 버

린 호세. 그의 프로페셔널함은 어디까지란 말인가! 물론 프로페셔널 한 사
람은 언제나 냉철하고 이성적인 자세로 모든 것을 해결하려 들진 않는다. 사
람의 심장을 쫄깃하게 늘였다 조였다 하는 감성의 마술사들이 언제나 더 프
로처럼 보일 때가 많다. 호세는 울창한 열대우림 속에서 우리의 긴장을 극
도로 끌어올리더니만 놀랄만한 곳으로 데려다 주었다. 황토 빛의 절벽 아래
로 구멍이 숭숭 나있는 앵무새의 집. 대략 30마리 이상의 앵무새가 군락을
이루며 서식하는 장관이 펼쳐졌다. 앵무새 중에 가장 덩치가 큰 빨간 앵무
새. 국내외 TV광고에 전속출연 하던 그 앵무새다.

"앵무새는 때론 사람보다 더 로맨틱해. 무조건 쌍으로 이동하거든. 먹이를
잡으러 갈 때도 그리고 어딘가를 이동할 때도 서로 떨어지는 법이 없다고.
사람은 한 사람을 영원히 사랑하기가 때론 힘들지만, 앵무새들의 세계엔 그
런 게 없어. 결코, 바람을 피우는 일도 없고 처음 만났던 짝이 아무리 일찍
죽는다 해도 다시 짝을 찾지 않지. 저들 중 혼자인 앵무새는 일찍이 짝을

잃어버린 채 그리워하는 거야. 그리워하다 일찍 죽는 것이지."

그래서 사람들이 다정한 부부를 두고 잉꼬앵무새를 닮았다고 하나 보다. 호세를 만나기 전만 해도 우려 섞인 걱정에 썩 내키지 않았던 정글 투어. 그와 함께 고작 반나절을 보냈을 뿐인데 남은 이틀이 내게는 너무나 짧아 보였다.

호세는 부지런한 청년이었다. 이른 아침부터 식사시간에 늦지 않게 우리를 깨워주면 기상과 동시에 오늘 할 일에 대한 브리핑을 해 주곤 했다. 오늘은 꽤 장거리를 걸어야 하니 마음의 준비를 단단히 하라는 말과 함께.

팜파스와 같이 동물이 밀집된 곳이라면 매번 마주하는 동물들이 그리 특별할 게 없다. 그런데 정말 울창한 숲 속에서 호세의 감각에만 의지한 채 이동하다 발견한 동물들은 그렇게 반가울 수 없었다. 좀 더 가까이 보고자 욕심을 부리면 동물들은 경계를 품고 홱 달아나기도 했으니 그 짧은 시간이 더없이 아쉬웠다. 호세는 오늘도 어김없이 정글의 식물들을 열심히 설명했다. 특히 독성이 있는 식물들은 우리 스스로가 조심해야 했기에 이름과 특징을 수첩에 받아 적지 않으면 안 되었다. 그는 수시로 뒤를 돌아보며 조금 전에 본 식물의 이름을 물어보곤 했었다. 때론 손톱크기 만한 개미떼가 지나갈 땐 호세는 길을 멈췄고 개미떼가 모두 이동할 때까지 기다려주곤 했다. 그러면서 꼭 독이 있다는 말은 빼놓지 않았다.

"덩치를 봐. 이 개미도 독성이 있는 개미지. 물리면 하체가 3시간 동안 마비가 돼. 그렇지만, 언제나 해독제는 근처에 있지. 바로 개미가 좋아하는 저 나무야."

호세는 나무의 껍질을 벗겨 내 흐르는 수액을 우리에게 보여주곤 했다. 정글을 대자연의 보고라고 한다는 건 단지 다양한 야생동물이 서식해서만이 아닌 것이다. 음양의 조화가 꼭 이곳에선 존재했다. 독성이 있는 풀 옆에는 반드시 해독제가 있었고 에너지원이 되는 유익한 식물들 근처엔 항상 위험한 벌레들이 서식하고 있었으니 밀이다. 그는 그럴 때마다 항상 이 말을 즐겨했다.

"정글에선 무엇이든지 가능하지. 하지만, 어느 것 하나 위험하지 않은 게 없어."

에너지원이 되는 유익한 식물들. 호기심 당기는 식물이 몇 가지 존재했는데 가령 남성의 정력을 향상시켜주는 천연 비아그라도 있었고 산모의 출산을 돕는 약초까지 정말 없는 게 없었다. 과거 이곳에 거주했던 인디오들은 무엇이든 정글에서 해결을 해야 했기에 그들 나름의 민간요법이 지금까지 전해내려 온 것이란다. 그러한 식물 중에는 마약성분이 함유된 약초도 더러 있었고 마침 수십 뿌리의 약초가 한 곳에 집단을 이루고 있었다. 그때 호세가 냄새를 맡아보라며 한 뿌리를 모종삽을 이용해 조심스레 뽑았다. 흙을 털어낸 뒤 그는 뿌리의 냄새를 확인시켜 주었는데 사실 놀랄만한 일은 그의 조심스런 행동들이다. 그는 결코 잔뿌리 하나도 함부로 건드리는 법이 없었다. 우리가 냄새를 맡고 나면 다시 있던 제자리에 심어준 뒤 흙으로 정성스레 덮어주었고 모종삽으로 흐르는 개울의 물을 퍼서 그 자리에 뿌려주는 섬세함까지. 지석이 형과 나는 정글에 오면 새를 잡아볼 생각으로 새총을 항상 허리춤에 꽂고 다녔는데 들키지 않은 게 다행이다.

투어의 마지막 날, 반갑지 않은 소낙비가 또 억수같이 몰아쳤다. 트레킹을 못한 것에 대한 아쉬움을 뒤로 한 채 숙소의 테라스에 앉아 있는데 저 멀리서 호세가 톱 한 자루와 코코넛씨앗을 가지고 왔다.

"비가 와서 어디를 못 나갈 것 같군. 대신 코코넛열매로 악세사리를 만들어 보는 건 어때? 한국으로 돌아가서 아내에게 선물하면 좋아할 거야."

"난 아직 미혼인데…."

"얼굴을 보면 벌써 결혼을 한 것 같은데?"

'사돈 남 말 하고 있네….'

코코넛열매를 톱으로 썰고 있는 가운데 나는 호세에게 궁금했던 것들을 물었다.

"이봐 호세. 언제부터 가이드를 시작한 거야? 넌 정말 최고의 가이드였어."

"7년 정도 됐지. 솔직히 처음엔 이것도 하기 싫었어. 그래도 밥벌이를 해야 했거든. 이 일이 싫어서 연중 반은 도심으로 나가 있곤 했지. 다른 일도 잠시 동안 해 보고…. 적성에 맞지 않는 일이라 생각했었어. 그런데 어느 순간 내 직업에 보람을 느끼는 날이 오더라고. 그리고 더 욕심이 생긴 것 같아. 최고의 가이드가 되고 싶어서 공부를 꽤 많이 했지. 물론 지금도 공부 중이지만 내 일에 애착을 가지고 나서부터는 더 큰 보람을 느끼게 된 거야."

"그래도 가족이 있을 거 아냐? 보고 싶진 않아?"

"지금 여기선 숲 속의 동물이랑 식물이 내 가족이나 마찬가지지. 내가 하는 일이 여전히 즐거워. 너희가 만족하고 돌아간다면 난 더 기쁠 거야."

내게 자동차에 대한 충격을 안겨주었던 초등학교 2학년 때의 담임선생님은 공교롭게 6학년 때도 나의 선생님이셨다. 졸업식 날 선생님께서는 우리들에게 이런 말을 건네셨다.

"여러분이 앞으로 중학교를 가고 또 고등학교를 가면 선택의 폭을 점점 줄

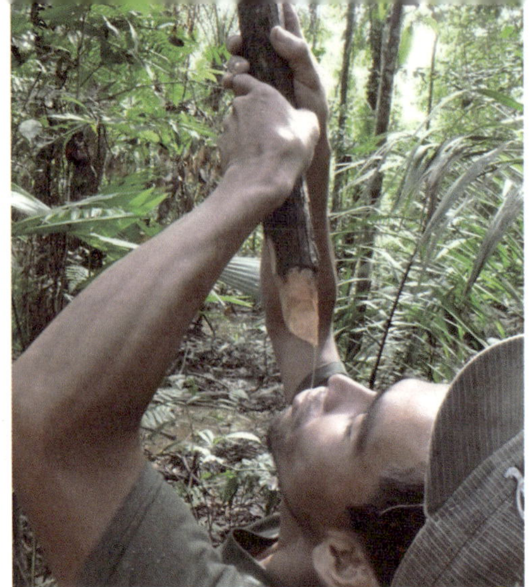

여나가게 될 겁니다. 성인이 되어 갈수록 무슨 일을 해야 할지 결정해야 될 시기가 오거든요. 그런데 명심하세요. 세상에는 어떤 일을 하는 게 중요한 것이 아니라 그 일을 어떻게 하느냐가 훨씬 더 중요하단 사실을요.”

  세상에는 할 수 있는 일들이 많다. 하지만, 어느 것 하나 쉬운 게 없다. 자신의 분야에서 프로가 되기 위해 오늘도 수많은 청년들이 땀방울을 흘리지만 결국 그 해답은 호세처럼 자신의 일에 얼마나 애착을 가지느냐에 있는 것 같다. 나 또한 한국으로 돌아간다면 그 무섭다던 취업전선에 뛰어들어야 하고 어떠한 직장에서 순응하며 살아야 할 날이 올 것이다. 월급날을 잊은 채 일을 하다 보면 가끔 적성을 되짚어 볼 시기가 올지 모르겠지만, 그 일을 사랑하기 위해 최대한의 노력을 해보겠노라 스스로에게 다짐했다. 물론 지금 하는 일이 회의적이어서 빨리 다른 판단을 하는 것도 중요한 능력이다. 그래도 그 공식이 가장 잘 어울릴 때는 수학문제를 풀 때나 적용되는 사례이지 않을까. 적어도 자신이 할 일을 사랑하기까지 7년의 세월을 보낸 호세. 정글을 사랑한 호세는 한동안 관광객이 오지 않을 것을 알면서도 굳이 루레나바께로 향하지 않았다. 자신의 일에 한없이 정직했던 내 기억 속에 호세는 프로페셔널을 넘어선 생활의 달인이다.

루레나바께에서 라파스로 이동하자마자 찬바람이 몸속으로 파고들었다. 거칠어진 손마디는 갈수록 건조해졌고 속도 텁텁했다. 고도가 급격하게 올라간 탓이다. 세상에서 가장 높은 곳에 위치한 수도로 유명한 라파스. 엄밀히 말하자면 볼리비아의 수도는 헌법상의 수도 수크레와 행정상의 수도 라파스로 분류된다. 그러나 모든 경제의 중심이 되는 라파스가 제대로 된 수도역할을 한다는 데는 사람들의 이견이 없다.

어떠한 나라를 방문했을 때 그 수도가 매력적이지 못하다면 공통적인 특징이 존재한다. 그것은 십중팔구 식민지 시대를 거치면서 열강에 의해 계획적으로 만들어진 수도라는 점이다. 페루의 수도 리마가 재미없는 것도 이러한 이유에서다. 자신들만의 유구한 역사가 결여되어 있으니 특별한 유적지도 없으며 그렇다고 전통적인 생활을 고수하는 것도 아닌 식민시대의 수도. 단지 세련된 건물들과 복잡한 도심의 풍취는 종로 바닥에서도 충분히 느낄 수 있기에 그다지 흥미롭지 못하다. 대부분 식민지 통치하에 계획적인 수도로 자리 잡아야 했던 남미. 이러한 법칙을 빗나가는 곳이 한 군데 정도는 있지 않을까? 그곳이 바로 지금 우리가 향하는 라파스다.

라파스의 첫인상은 의외로 엉망진창이다. 시끄러운 경적소리와 함께 정비가 덜 된 도심을 마주하면 일단 겁부터 난다. 게다가 해발이 3,600미터에 달하다 보니 호스텔로 올라가는 계단마저도 숨이 가빠 올랐다(산소의 양이 다른 곳보다 1/3이나 적다). 편리함보다 불편함이 더 많은 곳이다. 그럼에도 라파스가 꾸준히 여행자들로부터 사랑받는 이유는 여행자들이 좋아할 공통분모가 고스란히 묻어나기 때문일 것이다.

여행자들이 좋아할만한 것들? 비싸지 않은 물가가 있겠고 친절한 사람들 그리고 다양한 볼거리가 있을 수 있다. 또 뭐가 있을까? 이국적인 냄새와 분

Unosport
HOTEL
MAJESTIC

위기. 아, 제일 중요한 게 빠졌다. 입맛에 꼭 맞는 음식! 이 모든 것들이 피해가지 않고 한데 어우러져 있는 곳에 왔으니 할 이야기가 많을 수밖에.

루레나바께로 가기 전에 직감적으로 느꼈지만 라파스는 일단 싸다. 호스텔에서 하루를 숙박하는데도 우리 돈 3~4천 원 정도면 충분했고 그럴듯한 레스토랑에서 음식을 먹는다 해도 결코 예산을 넘어가는 법이 없었다. 무엇보다도 이 도시가 주는 강렬한 분위기. 상상이상이다. 복잡하고 낙후된 도심은 시간이 갈수록 매력으로 다가오는데 중심가에 서서 라파스의 전경을 한눈에 돌아보면 그 놀라움에 미소가 지어지는 그런 곳이다. 전체적으로 분지의 형상을 하고 있지만, 곳곳마다 솟아오른 언덕에는 기암괴석이 버티고 있고 그 절벽 주변으로 주황색의 가옥들이 오밀조밀 놓여 있었다. 또 그 언덕 너머로는 만년설이 살포시 놓여진 은은한 산맥들이 배경으로 버티고 있었으니 그곳에서 시내를 바라보는 것은 신선놀음이나 마찬가지였다.

물가가 싸면 당연히 쇼핑을 하고 싶은 욕구도 강렬해 지며 때로는 특별한 음식을 먹고 싶어 질 때가 많다. 기념품을 양손 가득 산다 해도 혹은 이탈리안 레스토랑을 가서 파스타를 먹는다 해도 전혀 부담스럽지 않았던 라파스. 이미 후한 점수를 매겨버린 라파스는 또 한 번 동양인에게 친절을 베풀었다. 콜롬비아, 페루를 거쳐 오면서 종종 마주했던 행복의 근원은 중국식당이었는데 라파스의 경우는 일반 레스토랑처럼 중국식당들이 줄지어 있었다. 저렴한 가격에 중국에서 먹는 것보다 훨씬 더 중국스러운 음식들을 매일 먹을 수 있다니! 밑반찬을 더 달라고 해도 사람들은 환하게 웃어 보이며 친절함을 서비스로 대접했다. 그 친절함은 그들의 언어습관에도 고스란히 묻어난다. 직원이 실수로 떨어뜨린 포크를 다시 주워줬을 뿐인데 그들은 양쪽 눈썹을 미간으로 곧게 땡겨올린 뒤 이렇게 말하곤 했다. 충분히 '고맙다'로 대신할 수 있는 상황임에도.

"께에 아마블레(이렇게 친절할 수가)!"

　소소한 일상에서 매력들이 분수처럼 쏟아지는 이곳 라파스는 도시가 주는 분위기 속에 특별한 이벤트가 많았다. 그중에서도 가장 쇼킹한 곳이 있었으니 그것은 라파스가 모두 내려다보이는 꼭대기에 위치해 있었다.

　일주일 전 루레나바께로 향하는 비행기 안에서 나는 무료 관광안내 책자를 받아보았는데 그곳에서 충격적인 사진을 보고 말았다. 머리를 양 갈래로 곱게 딴 아주머니 한 분이 다른 아주머니를 업어 치는 사진.

　"형, 형! 촐...리...타스? 쫄리타스? 이게 뭐에요?"

　"아줌마란 뜻인데?"

　"그럼 여기에 적혀 있는 촐리타스 레슬링은 도대체 뭐죠?"

　그렇게 우연히 마주하게 된 촐리타스 레슬링. 루레나바께에서 마지막 날 인터넷 카페에서 철자대로 검색해 보았다. 아니나 다를까 엄청나게 쏟아지는 자료들. 웅장한 배경음악은 프로레슬링을 방불케 했고 갑자기 아줌마 한 분이 나오더니 현란한 기술을 선보이던 그 영상. 라파스에 도착한 우리가 가장 먼저 해야 할 일임을 직감적으로 깨달았다. 행여나 못 찾을까 두려워 가슴속까지 텁텁했으니 그 불안함을 어찌 표현할 수 있으랴.

마침 우리가 머물던 호스텔에서 주말이 다가오자 레슬링 티켓을 판매한다
는 팸플릿이 걸렸다. 굳이 서두를 필요가 없었음에도 1등으로 티켓을 예약
했고 옥상으로 올라갔다. 만년설을 등지고 있는 까마득한 곳에 위치한 경기
장을 바라보며 소중한 티켓이 바람에 날려갈까 봐 꼭 움켜쥐었다. 그 오묘
한 긴장감은 설명이 불가능하다.

원래 레슬링은 재미난 스포츠다. 그 재미난 스포츠의 주인공이 완숙미 넘
치는 아줌마들이라면? 스포츠가 가진 원초적인 매력들인 긴장과 설렘뿐 아
니라 자극적인 눈요기까지 포괄하고 있음에 틀림없어 보였다. 그런 복잡한
심정을 고스란히 간직한 채 레슬링 경기장으로 하염없이 올라갔다. 도시의
가장 꼭대기인 그곳에 서서 라파스를 바라보면 모든 집들이 성냥갑처럼 보
일 만큼 신성한 아우라가 감돌았다. 그곳을 경기장이라 하기엔 뭐하고 신전
으로 표현하는 게 어울릴 정도다.

묘한 분위기로 채워진 경기장은 낡을 대로 낡아 있었다. 천장 틈새로 옅게
새어 나오는 채광, 전기세를 고려하며 돌리는 것 같은 오래된 조명, 흩날리
는 미세먼지, 경기장의 역할을 궁금하게 만드는 구식 체육시설 그리고 그 체
육시설보다 더 다양한 관람객들. 그들 중 절반은 외국인이었으니 상당히 인
기가 좋은 모양이었다. 장내 아나운서의 안내와 함께 드디어 등장한 아줌
마! 핑크빛 전통의상을 입은 아줌마는 역시나 이곳에서도 높은 중절모와 예
쁜 구두를 까먹지 않았다. 한 손에는 악기를 들고 빙글빙글 돌아 보이는 아
줌마를 보자 사람들은 뜨거운 함성을 지르며 환호했다. 그런데 아줌마는 가
장 열심히 응원하는 백인 청년 앞으로 다가가 웃으면서 귀싸대기를 한 대 때
렸다. 아마 이곳에서 하이파이브가 이런 식으로 해석되나 보다. 청년들은
더 좋아하며 서로의 볼을 때려 달라고 차례로 달려들었다. 이런 상황이 익
숙하다는 듯이 아주머니는 춤을 주며 미소를 잃지 않은 채 차례대로 귀싸
대기를 감질 맛나게 후려갈겼다. 탁, 탁, 탁. 나와 지석이 형도 달려가 볼을

가져다 댔다. 아줌마의 두툼한 손끝에서 울려 퍼지는 찰진 그 소리! 학창시절에도 선생님께 단 한 번 맞아본 적 없는 귀싸대기를 볼리비아에서 맞을 수 있었다는 건 지나친 영광이다.

경기는 아줌마가 남자 두 명을 상대하는 것부터 시작했다. 복면을 쓴 건장한 남자 두 명이 함께 달려들더니만 아주머니를 사정없이 업어 쳤다. 그리고 다운이 되기 직전 부활한 아주머니가 공중에서 달려들며 두 청년을 물리치는 스토리다. 그런데 이 아줌마를 자세히 보면 그냥 재미삼아 한다기엔 너무 기술이 화려했다. 가히 프로답다. 그 정점은 역시나 아줌마끼리 싸우는 것인데 서로의 머리를 쥐어뜯는 여고생들의 싸움을 상상하면 곤란하다. 그들은 정말 레슬러였고 때론 다치지 않을까 걱정도 들 정도였으니 말이다. 레슬링이 절정으로 치달았을 땐 아주머니 한 분이 링 밖으로 튕겨져나가 있었고 뒤에서 달려오던 다른 아주머니는 의자로 사정없이 머리를 찍었다. 어떤 때는 그 행동이 너무 과격해 관중석 근처까지 가기도 했는데 그럴 때마다 백인들은 너무나 흡족한 미소를 지으며 카메라로 영상을 담아냈다.

빙긋이 웃어 보이는 천연 그대로의 웃음과 선홍빛 잇몸. 정말 좋아하지 않으면 나올 수 없는 행복한 미소가 백인들의 입가에서 동시에 지어지는 게 더 인상 깊었다. 본디 피는 못 속이는 갑다. 무언가를 파괴하고 깨부수고 정복하기를 좋아하는 서구 열강의 후예들. 그런 그들에게 내재된 감성을 적절히 끄집어 낸 스포츠가 눈앞에 펼쳐졌으니 더 이상의 설명이 필요 없겠다.

　그러나 꼭 알고 가야 하는 것은 아줌마들이 레슬링을 시작한 역사에 있다. 아줌마들도 꽃다운 처녀 시절엔 가냘픈 여자였을 텐데 왜 굳이 이런 레슬링을 해야만 했을까? 답은 파괴의 아이콘 서구 열강들 때문이란다. 스페인의 침략이 심했던 수백 년 전 원주민들은 이유 없는 학살을 많이 당했었고 특히나 여성들에겐 끔찍한 시절이었다. 그 불공정한 힘에 대항하기 위하여 원주민 여성들은 스스로를 보호하고 여성의 지위를 높이고자 운동을 시작했는데 그것이 촐리타스 레슬링의 시초란다. 생각할수록 상당히 가슴 아픈 일이고 경기를 보며 마냥 웃을 수만도 없는 일이다.

　베네수엘라, 콜롬비아를 거쳐 내려오다 오면 페루와 볼리비아 사람들의 얼굴이 확연히 다르다는 걸 직감적으로 알게 된다. 국제적 미인의 기준과는 조금 거리가 있는 볼리비아 여인들이 특히 더 그렇다. 혼혈이 많이 안 된 탓이 가장 크지만 처음 그들을 보고 '예쁘지 않다.'라는 생각이 제일 먼저 들게 된다. 그런데 이 촐리타스 레슬링을 보면 경기장에선 즐겁게 웃을 수 있어도 그 뒤엔 씁쓸함이 교차된다. 자신의 몸과 자신의 아이들을 지키기 위해 팔을 걷어붙인 볼리비아의 아줌마 정신. 세상에서 아줌마란 존재는 가장 강하다는 걸 몸소 보여주는 그들을 보고 있노라면 볼리비아의 여인들이 가장 아름답다는 걸 누구도 부정할 순 없을 것 같다.

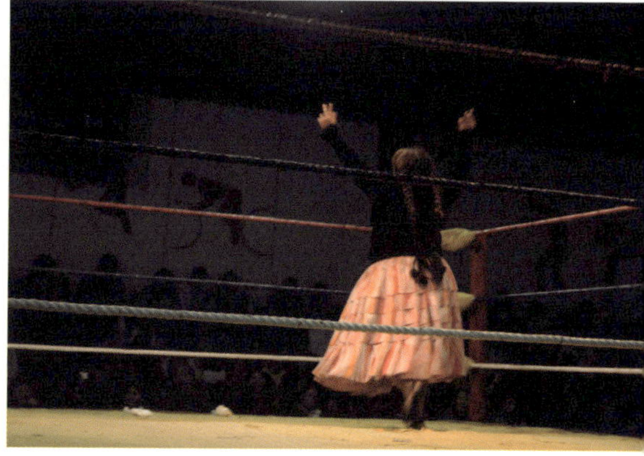

저승으로 향하는 지름길 데쓰로드

"실례지만 어디 다치셨어요?"

"네, 볼리비아에서 자전거를 타다가 굴렀거든요. 페루에 한국인 의사선생님이 계신다고 그래서 소문 듣고 올라오는 길이에요."

페루에서 아주 잠시 스쳐간 한 한국인 여성분은 말을 할 때마다 입에서 쉿소리가 흘러나왔다. 잇몸이 아예 구멍이 뚫려버린 그분은 자전거를 탄 게 너무나 후회스럽다며 한탄하는 중이었다.

"도대체 어떻게 자전거를 타야 그렇게 돼요? 걱정 많으시겠어요. 저런…"

"라파스에 가면 데쓰로드 투어라고 있어요. 절대 하지 마세요. 완전 위험해요."

데쓰로드. 이름부터가 거창하다. 죽음의 길이라니…. 당시엔 솔직히 그 한국인 여성분이 하지 말라고 강조했던 건 피부로 와 닿지 않았었다. 더군다나 데쓰로드 투어를 하겠다는 생각은 안중에도 없었다. 그저 지석이 형과 나는 라파스를 떠나기 싫었고 중국식당에 가서 원 없이 기름진 음식을 먹는 게 행복했었다. 그런 생활이 얼마나 반복되었을까. 그동안 잠자고 있던 무료함이 슬슬 또 기어 나오려고 눈치를 살폈다.

"데쓰로드? 야 저거 그때 페루에서 만난 여자가 말한 그거 아냐?"

여행사 현수막에 또박또박 쓰여 있는 'Death Road'

"저거 해 볼래요?"

"좋지!"

역시나 지석이 형. 금세기 최고의 예스맨이다.

데쓰로드 투어는 해발이 높은 라파스를 적극 활용한 레포츠다. 라파스의 꼭대기에 위치한 산맥의 해발은 4,600미터. 그곳에서 65킬로미터에 달하는 도로를 오직 내리막길로만 이동하여 1,285미터까지 이동하는 게 투어의 전

부다. 아무리 내리막길이라 해도 그 거리가 결코 짧지는 않기에 반나절을 이동해야 하며 비포장도로라는 것을 명심해야 한다. 그리고 이 데쓰로드라는 명칭이 붙은 이유는 그 비포장도로가 상당히 위험하기 때문이란다. 폭 5미터도 채 안 되는 산길 아래론 수백 미터에 달하는 낭떠러지가 존재하고 있으니 자칫 잘못하면 데쓰로드가 황천길이 될 수 있었다.

이렇게 사람의 목숨을 미끼 삼아 장난을 치는 레포츠라면 안전장비라도 확실해야 할 텐데 여행사들은 하나같이 인정머리가 없었다. 자전거의 종류에 따라, 또는 쇼바가 있고 없고에 따라 가격이 다 제각각이었다. 적어도 이래선 아니 된다. 목숨을 담보로 가야 하는 중대한 문제인데 이 가격에는 어림도 없다며 가격을 낮춰달라고 땡깡을 피워대는 건 엄연히 합법적인 일이라 여겼다. 여행사가 무슨 죄가 있겠냐만 아주머니는 그렇게 하라며 원하는 가격에 순순히 가격을 맞춰주는 게 더 불안했다. 어차피 내일이면 죽을지도 모르는데 옜다 인심 썼다는 표정. 환불할지 말지 고민했지만, 이걸 지석이형과 고민할 수도 없는 노릇이었다. 같이 환불하자면 0.1초의 고민도 없이 '예스'라 말할 게 뻔하니깐.

데쓰로드 투어는 새벽부터 움직여야 한다. 우리가 신청한 여행사에서 모여든 사람들은 대략 20명. 우리 둘을 제외하곤 대부분이 유럽인들과 브라질 남자들이었다. 신청한 사람들 중 절반은 여자였으니 꼴찌는 하지 않으리라 확신했다.

4,600미터의 찬 공기는 코털을 얼어붙게 만들만큼 시리었다. 간단히 기념사진을 몇 장 찍으면 그때부터 바로 출발이다. 첫 구간은 경사가 30도 정도인 포장도로를 따라 내려가는 것인데 속도를 내는 건 개인의 재량이다. 안전을 책임질 가이드 두 명이 전방과 후방에서 사람들을 이끌었고 그 뒤로는 구급차량이 따라왔다. 나는 있는 힘껏 속력을 높였다. 아니 굳이 페달을 밟지 않아도 내가 속도가 제일 빨랐다. 몸무게가 가장 많이 나갔으니 중력의

법칙을 그대로 수용한 결과다. 맑은 공기와 더불어 만년설을 가로지르는 신비로움에 흠뻑 도취된 채 긴장을 완전히 놓아버렸고 이 정도라면 충분히 무리 없이 갈 수 있으리라 생각했다. 급격하게 꺾어지는 코너에선 가이드가 안전을 유념했지만 맥이나 신경 쓰라는 눈총을 주며 잽싸게 비켜갔다. 오히려 내 앞에 엉덩이를 치켜들고 쌩쌩 달리는 유럽 여자들이 더 신경 쓰였다. 그들보단 뒤져서는 안 된다는 못난 자존심에 더욱 페달을 힘껏 내딛었다. 모두를 추월하고 바로 앞에 선두로 달리던 아저씨와 사이좋게 내려가며 대자연을 만끽했다. 매서운 칼바람은 귓가에 앵앵거렸어도 막상 피부에 와 닿는 미풍은 촉촉했고 헬멧 속의 두피까지 시원해지자 속도감도 잊은 채 내달렸다. 체감 속도는 이미 100킬로미터를 넘어선 상태였는데도 그저 기분이 상쾌했다. 아주 잠시 행복을 느낀 순간이 지나가자 아저씨는 단지 내 앞에 얼쩡되는 장애물로만 비춰졌고 추월을 하기 위해 틈을 노리고 있던 때였다. 정신을 차려보니 전방 10미터 앞에 옅은 자갈밭이 포장이 안 된 채로 남겨져 있었다. 그 폭은 불과 2미터도 채 되지 않은 짧은 구간이었지만 정신만 차리면 되리라 생각했다. 갑자기 앞장서던 아저씨가 힘없이 넘어졌다.

'헤헤헤, 바보!'

순전히 정신줄을 놔버린 그의 불찰이라 여겼다. 그런데 아저씨는 자전거와 물아일체가 되더니 양팔과 양다리가 맥반석 오징어처럼 휘감기며 데굴데굴 언덕 아래로 굴러버렸다.

'헉, 안 돼. 넘어져선 안 돼!'

그 생각을 머릿속에서 되뇌이는 순간 이미 자갈밭에 입장한 내 자전거의 앞바퀴. 아저씨가 넘어진 걸 봐버려서 그런지 나 또한 넘어질지도 모른다는 공포감에 이미 핸들의 방향을 잃어버린 상태였다.

"치..치직..치이이익..."

나도 결국 아저씨를 따라 언덕으로 떨어졌다. 차라리 아저씨처럼 데굴데

굴 굴렀으면 좋으련만 나는 하필 몸뚱이가 정면으로 부딪히고야 말았다. 갈비뼈와 지면이 세차게 한번 충돌을 한 뒤, 세 바퀴가량을 굴렀을까. 몇 초간 숨을 아무리 들이마셔도 공기가 폐로 들어올 생각을 하지 않았다. 정신을 차려보니 이미 뒤따라오던 사람들이 내 눈앞에 있었고 앞서가던 아저씨는 코가 깨져 얼굴이 피범벅이 된 상태로 얼굴을 부여잡고 있었다.

천천히 숨을 들이켰다. 소량의 공기가 점점 폐로 차오르자 그제서야 손으로 다친 곳이 없는지를 확인했다. 다행히 피는 흘리지 않았다. 초딩싸움도 피가 흘리면 진다고 하지 않는가. 아저씨는 피를 흘렸고 나는 피를 흘리지 않아서 이겼다는 생각이 드는 걸 보니 정신이 돌아온 모양이었다. 그때부터 사람들의 목소리가 들려왔다.

"야 괜찮아?"

"갈비뼈가 너무 아파요."

"어떡할래? 구급차 탈래?"

"아…. 아니요. 돈 아까워요. 끝까지 갈래요."

어리석다는 표현은 이럴 때 쓰는 거다. 4만 원이 아까워서 나는 다시 자전거에 올랐다. 덜컹거릴 때마다 갈비뼈가 으스러지도록 아파왔지만 나약한

모습을 보이긴 죽어도 싫었다. 적어도 서구 열강들 앞에서만큼은! (그만뒀어야 했다. 1년이 지난 지금도 비만 오면 갈비뼈가 제일 먼저 쑤셔온다.)

처음부터 너무 무리한 게 탈이었다. 포장도로가 끝나는 시점에 들어서자 거기서부터가 데쓰로드로 향하는 매표소란다. 시작도 안 했는데 벌써 험한 꼴을 당한 게다. 그리고 그곳에서부터는 오로지 비포장도로와 낭떠러지만 존재했다. 속력을 낼 수도 없었다. 미리 넘어진 게 차라리 나았다. 그날따라 유난히 안개가 심했고 부슬부슬 가랑비도 내렸다. 가시거리가 몇 미터도 안 되는 그 도로는 한 치 앞도 내다볼 수 없었고 코너가 꺾이는 시점은 무조건 수백 미터의 절벽이 존재했으니 추월을 하려 속력을 낸다면 마른하늘로 다이빙인 셈이다. 이런 와중에도 유럽인들은 겁도 없나 보다. 안장에서 엉덩이를 땐 체 있는 힘껏 내려가는 그들. 이젠 경쟁심도 없었다. 그저 내 소중한 갈비뼈가 걱정스러웠다. 페루에서 만난 여자의 빵구난 잇몸이 눈앞에 아른아른 거렸다.

데쓰로드는 사실 처음엔 그 공포감을 시각적으로 느끼지 못한다. 앞이 전혀 안 보이므로 그곳에 낭떠러지가 있는지 없는지도 알 수 없다. 그 순간만큼은 청각적인 공포가 더 크다.

“퍽!”

앞에서 한 명이 넘어진 소리다.

“퍽!”

뒤따라가던 사람이 내 꼴이 난 경우다.

그러면 그 사람들이 넘어진 길목을 지날 때 핏물이 흥건하게 고여 있는 게 자전거의 앞바퀴 앞으로 보였다. 피만 봐도 돌아버릴 것 같은데 진짜 공포는 그 안개가 걷히고 나서부터다. 안개가 서서히 걷히면서 코너마다 하나 둘 보이는 십자가. 그곳에서 떨어진 사람들의 비석이란다. 어떤 곳은 두 개, 어떤 곳은 세 개 그리고 딱 봐도 위험해 보이는 구간은 비석을 세울 공간이 부족해 십자가의 방향이 자기 마음대로 기울어져 있곤 했다. 시계를 보니 아직도 2시간이 더 남았었고 꼴찌로 오는 나를 기다리는 팀원들의 눈치도 살피느라 애를 먹어야 했다. 나를 기다리는 동안 사람들은 담배도 태웠고 브라질 청년들은 그 와중에 대마초를 태웠다. 다들 죽으려고 작정을 한 뒤 이 투어로 명예로운 하직을 꿈꾸는 이들 같았다.

지금 생각해 보면 어떻게 완주를 했는지 신기할 따름이다. 낙오한 이들은 총 3명. 한 명은 코가 깨졌고 두 명은 팔다리가 완전히 부러져 호송되었다. 코가 깨진 아저씨는 이번에 실패했으니 완치되면 다시 도전해 보겠다며 애써 웃어 보였다. 어렵사리 완주는 했다만 가이드는 여전히 내 몸이 걱정인 것 같았다.

“저기요. 궁금한 게 있어요. 도대체 이 투어로 몇 명이 죽었어요?”

“현재까지 27명이요. 관광객 24명, 가이드 3명이요. 참, 보름 전에 일본인 여자 한 명이 또 죽었으니 28명이네요.”

진작 이 말을 들었더라면 시도도 안 했을 것을… 꼴찌로 입성한 나지만 여전히 표정은 내가 제일 힘들어 보였다. 준비해둔 식사를 양껏 들며 맥주까지 시킨 유럽인들은 그저 이 투어가 재밌었다며 극찬을 아끼지 않는 분위기였다.

지구 상에 존재하는 레포츠는 솔직히 유럽인들의 입맛에 맞춰져 있는 경

우가 많다. 가장 여행을 많이 하는 민족이니 그들이 원하는 대로 준비하는 게 효과적이다. 때문에 세계적인 명산을 트레킹코스로 개발하는 건 남미나 아시아나 어디든 마찬가지다. 중요한 건 그들과 똑같은 힘으로 무엇을 하기란 힘이 든다는 것이다. 가녀린 여자들도 나보다 산을 훨씬 잘 타는 경우가 많았고 힘도 어지간한 남자만큼이나 좋았다. 이건 순전히 인종의 차이일지도 모른다고 여겼다. 근육의 조직이 동양인보다 뛰어난 백인들이 가진 특권이 아니라면 도대체 어떻게 해석해야 할까. 그래서 박지성과 박찬호가 위대한 것이리라. 나는 젊을 때 현존하는 지구상의 레포츠는 다 해 볼 것이라 다짐했다. 지구가 전체적으로 살만해지는 날이 온다면 흑인여행자들이 홍수처럼 불어날 것인데 그땐 데쓰로드 따윈 레포츠 취급도 못 하는 날이 올 것임이 틀림없다. 인류최강 흑인들이 배낭을 둘러메는 순간 그들은 데쓰로드 따윈 킥보드에 의지한 채 내려갈지도 모르겠다.

우유니를 향한 솔직한 고백

　데쓰로드 투어의 여파는 꽤 오래갔다. 성한 곳이 한 군데도 없었으니 몸뚱이는 가위에 눌린 것처럼 꼼짝달싹 못했다. 발가락을 꼼지락거리고 몸을 조금씩 움직이기 시작하면 그제야 내가 살아있음을 느꼈다. 다른 나라 같았으면 벌써 귀국을 진지하게 생각했을 테다. 근데 여긴 볼리비아라서 또 그러진 못하겠다. 남미에서 가장 화려하다는 그곳 우유니 소금사막이 눈앞에 있는데 그것을 못 보고 갈 바엔 매일 밤 가위에 눌리는 편이 훨씬 나으니깐.
　다행히 우유니로 향하는 버스는 안락한 버스였고 좌석도 꽤 넓었다. 장거리 버스답게 푹신한 의자가 나를 반겨주었으니 오늘도 생명을 연장한 것이라고 스스로 위안했다. 아쉽게도 간과한 게 하나가 있었다. 이곳은 낙후된

볼리비아란 것을. 한 치 앞도 내다볼 수 없는 곳이다. 세계적인 관광지로 가는 길인데 비포장도로가 출몰했고 덜컹거릴 때마다 자동으로 옅은 비명이 터져 나왔다. 옆자리에 앉은 청년이 힐끔힐끔 쳐다볼 땐 나는 괜찮으니 너 할 일 해라는 부처의 미소로 화답했다.

우유니는 라파스만큼 높은 해발을 자랑한다. 높은 고도와 더불어 하루하루가 지날수록 겨울에 가까워지고 있었으니 아침의 세찬 바람은 매서웠다. 버스에서 내리자마자 여행사에서 나온 직원들이 흥정을 했고 예상했던 가격보다 저렴하게 불러준 곳으로 따라갔다. 한 시간 뒤에 출발한다는 말에 곧장 아침을 해결하고자 우유니의 시가지로 향했다.

'사람이 살기는 할까?'

황량한 골목들 사이로는 음산한 바람과 그 바람에 휩쓸린 쓰레기 조각들만 나부꼈다. 가끔 동네꼬마들이 문밖으로 나왔다 들어가면 안도가 되었지만, 여전히 사람냄새가 안 나는 곳이긴 했다. 소금사막이란 거창한 타이틀을 지닌 도시치곤 꽤 섭섭한 느낌이 드는 동네였다. 아침거리를 찾아 한참을 돌아다녀도 그 흔한 레스토랑이 보이질 않아 시장으로 들어갔는데 마침 구멍가게에서 아침을 팔고 있는 아주머니가 보였다. 그들이 팔고 있는 건 야마(라마라고도 한다). 안데스 산맥의 고산에 적응한 유일한 가축인 야마를 그제서야 처음 맛보게 되었다. 갈비탕처럼 구수한 육수에 들어 있는 푸짐한 야마고기. 따뜻한 육수로 몸을 녹이자 한결 나았다. 비록 고기는 너무 질겨서 그 맛을 느끼기엔 힘이 들지만 한 번쯤 먹어볼 가치가 있는 고기임엔 틀림없었다. 다시 여행사로 돌아오자 어느새 같이 이동할 사람들이 모여 있었고 가이드는 어서 가자며 재촉했다. 그 이름도 유명한 우유니로 소금사막으로 말이다.

우유니 투어는 당일치기부터 3일짜리까지 다양한데 모든 투어는 지프차로 이동한다. 비좁은 차량의 뒷좌석에 구겨 앉았지만 새로운 사람들을 만났으니 당연히 친절한 첫인상은 기본이다.

"안녕 친구들! 만나서 정말 반가워. 난 제영이야."

"응."

악수를 건넸지만, 옆에 있던 영국남자 둘은 차갑게 반응했다. 악수도 마지못해 한다는 느낌이 강했던 이들은 내 이름이 무엇인지 궁금하지도 않는 것 같았다. 실내에서 선글라스를 굳이 벗지 않은 걸 보니 눈이 좋지 않은 것일까. 그렇다면 투어를 할 필요가 없을 텐데…. 여러 생각이 드는 와중 옆에 있던 영국청년이 앞자리에 앉은 독일여자에게 이곳의 환율에 대해 열심히 물어보았다.

'나도 아는데….'

여행을 하다 상처를 받을 때가 사실 이런 경우다. 여행자 거리에서 서성이고 있을 때 굉장히 다급해 보이는 외국인을 본 적이 있다. 차라리 내가 무슨 문제가 있느냐며 묻고 싶을 정도로 분주해 보이는 그녀. 마침 그녀기 내 쪽으로 달려오는가 싶더니 휙 스쳐 지나갔다. 그리곤 나의 바로 뒤에 있는 백인 남성에게 가서 화장실이 어디 있냐며 물어보는 게 끝이었다. 이런 사사로운 것에서 때론 이들이 우릴 벙어리 취급을 하질 않는지 의심스러울 때도 있지만 만약 이런 이들만 세상에 널려 있다면 여행을 결코 못했을 것이다(참고로 내 수염은 전혀 미개인스럽지 않았다). 그래도 지구 상의 대부분의 여행객들은 동양인을 반겨주니깐 괜찮다. 고로 간혹 나타나는 이런 캐릭터가 은근히 신경 쓰이는 것이다.

우유니 투어는 가장 먼저 사막 근처의 작은 마을에서 시작한다. 이곳이 소금사막이라고 불리는 이유는 인공위성에서도 확연히 보일 만큼 넓은 대지를 자랑해서 그러한데 그 소금의 매장량은 볼리비아의 사람들이 수천 년을 소비해도 남을 만큼 거대하단다. 아주 먼 옛날 바다였던 이곳이 융기가 되면서 소금사막으로 변모했고 계절에 따라 그 모습이 달라 더 매력적인 곳이 되었다. 우기에는 빗물이 고여 거울처럼 하늘을 비춰내는 몽환적인 분위기를 연출하며 건기에는 끝도 없는 눈밭이 지평선까지 펼쳐진 곳. 그때 당시 난 운이 상당히 좋았다.

내가 우유니를 갔을 때가 7월이었으니까 건기 중에서도 가장 춥고 건조할 시기다. 그런데 대자연의 위기가 당시엔 큰 선물을 안겨주고 갔었다. 이상기온으로 갑자기 눈이 일주일 동안 내린 우유니는 눈이 녹으면서 장소에 따라 우기의 모습을 띠고 있었으니 천운을 맞이한 것이나 다름없었다. 안타깝게도 구름이 한 점도 없어 세상을 거울처럼 비춰내는 경험은 불가능했지만 그래도 우유니에 들어섰다는 게 마냥 행복했다.

가이드는 사진을 찍을만한 곳마다 직접 내려주며 우유니의 설명을 덧붙여주었고 설명이 끝날 때마다 사람들은 저마다 기억에 남을 사진을 찍고 있었

Sala de Uyuni

다. 우리의 투어 인원은 총 6명. 나와 지석이 형을 제외하곤 나머진 모두 오늘 처음 만난 유럽인들이었다. 하나같이 그들은 사진을 찍지 그래놓고 자기들끼리만 찍더니 우리에겐 말도 걸지 않았다. 다시 지프차에 올라타서 좀 더 친해져야겠다는 의무감에 농담도 건네 봤다. 역시나 영국남자들의 반응이 시큰둥했다. 세상 모든 국경들 중 가장 넘기 어려운 게 동서양 개그의 국경인 것 같다. 더군다나 영국인의 개그코드. 일찍이 영국코미디언 '미스터 빈'이 재미없다는 것을 알고 있었어도 그들은 너무 달랐다. 정서가 다르니 어떻게 웃길지가 매일의 숙제다 숙제!

우유니 소금사막에 대해서 미리 아시는 분들이 많을지 모르겠지만 아마 사진으로 한 번 정도는 봐왔을 그런 곳이다. 눈이 부실 만큼 하얀 대지는 원근감을 잃게 만들 정도로 오묘하며 호수 근처엔 분홍빛의 플라멩고가 서식하는 환상적인 장소인 건 확실하다. 이 말을 해야 될지 말아야 될지 상당히 고민스러운데 사실 그건 사진으로 봤을 때의 이야기다. 위험한 발언인 건 알고 있다. 우유니를 보기 위해서 오늘도 여행의 꿈을 몽실몽실 키워가는 이들도 많을 테니 명확한 근거가 필요하리라 생각된다. 첫 번째 근거는 일단 건기에 이곳은 영하권이라는 사실. 밤이 되면 영하 15도까지 떨어지고 그나마 다행히 영하 10도를 유지하는 실내에서 잠을 청해야 한다. 또한, 숙박시설의 수도관은 작동이 안 되는 경우가 많아서 제대로 씻는 건 상상도 못한다. 경우에 따라선 고산병을 동반해야 하며 가장 중요한 사실은 이곳 자체가 그리 매력적이지 못하다는 데 있다. 소금사막? 그래, 물론 멋지다. 한 시간 정도는 그 매력에 흠뻑 도취되고 두 시간 정도는 봐줄 만하다. 세 시간이 지나면 어떻게 될까? 다른 예를 들어보자. A++ 한우를 세 끼 연달아 먹는다면? 마찬가지다. 사막을 이틀 내내 본다면 지루해질 수밖에 없다. 물론 우유니는 소금사막이 전부가 아니다. 간헐천이 솟아오르는 곳엔 온천이 개장되기도 하고 어떤 곳은 트레킹코스로 잊지

못할 감동을 선사해 주는 곳도 있다. 그래서 우유니는 방문한 사람마다 그 느낌이 제각각인 경우가 많았다.

종합적으로 결론을 내려보자면 우유니 소금사막은 야마고기를 먹어 보는 것과 그 느낌이 비슷하겠다. 남미까지 와서 남미에서만 서식하는 야마를 안 먹으면 후회할 것이라는 생각에 먹어보게 되는 질긴 고기. 어디까지나 한 번 정도는 먹어볼만 한 고기 그 이상은 아니다. 우유니도 그랬다. 남미여행에서 우유니를 빼먹는다면 섭섭한 이야기지만 영혼을 울릴 만큼 인상 깊었던 곳은 못 되는 곳이 우유니였다. 적어도 내게는.

아마 그래서 같이 투어를 함께 한 이들과 가까워지려 애를 썼는지도 모르겠다. 밥을 먹을 땐 어쩔 수 없이 대화가 오가니 그때 기회를 틈타 말을 섞어 보려 했다. 그럴 때마다 아예 등을 비스듬히 돌린 채 자기들끼리만 대화하는 그들. 사람이 상대방과 대화를 할 때 경청하는지를 알 수 있는 건 배꼽의 위치라 했다. 심리적으로 배꼽의 위치가 상대방을 향하지 않고 다른 곳에 가 있다면 아무리 진지한 대화라도 무의미하단다. 이들 넷 모두의 배꼽 위치가 일단 나는 아니었다. 그러나 우리에겐 식사가 있지 않은가. 누구든지 관대해지는 본능적인 시간 말이다. 음식이 목구멍으로 넘어가는 틈을 타서 대화를 섞어 보려 호시탐탐 기회를 노렸다.

곧이어 우리 앞에 놓여진 스파게티. 냄새가 남다르고 옆 테이블의 팀이랑 음식도 달랐다. 레스토랑에는 4팀 정도가 모여 있었는데 왜 우리 테이블만 음식이 다를까. 알고 보니 이들 중 둘은 채식주의자란다. 그들이 처음으로 내게 말을 건넨 긴 마디가 생생하다.

"쏘리 아임 베지테리언(미안 나 채식주의자야)."

투어란 게 아무리 좋은 곳에 왔다 해도 같이 참여한 이들이 이 모양이면 당연히 재미날 리가 없다. 식사가 끝나고 와인이 서비스로 나왔을 때 넷 중 가장 젠틀한 청년이 우리에게 말을 건네도 보았지만 그럴 땐 나머지 셋이 입

을 꾹 닫았다. 어쩔 수 없이 우리가 자리를 피하는 상황을 만들고 나서야 그
들의 밤은 무척이나 아름다워 보였다. 외국생활을 오래한 지석이 형은 이런
경우를 많이 경험한 탓인지 의연하게 대처하려고 노력했다. 방방 뛰는 날 진
정시키기 위해 어찌나 애를 쓰던지…. 정말이지 나는 투어가 끝날 시간만을
손꼽아 기다린 것 같다.

 다음날도 위치는 달랐지만 비슷한 소금사막으로 이동하여 사진을 찍는
것으로 아침을 시작했다. 넷은 어제의 술자리를 통해 더 친해졌는지 유쾌
하게 아침을 맞이했다. 그리고 그 유쾌함은 결국 도를 넘어섰다. 남자 둘
은 갑자기 웃통을 훌훌 벗더니 팬티만 입은 채로 사진을 찍었고 급기야 다
벗고 말았다. 여기선 이런 사진을 찍는 게 일종의 유행이란다. 차마 그 짓
은 못할 것 같아서 사막 위를 거닐고 있었는데 마침 같이 참여했던 독일인
여성이 내게 사진을 부탁했다. 아마도 친구들이 멀리 떨어져 있다 보니 급
한 대로 나를 찾은 듯했다. 그러곤 그 여자는 내 앞에서 옷을 하나 둘 벗

어댔다. 속옷만 걸친 상태로 갑자기 사막 한가운데로 들어가 찍어 달란다. 카메라 LCD창의 비춰진 몸매를 훔쳐봤는데 몸매만 놓고 보면 나오미 캠벨의 사촌뻘은 되어 보였다. 문제는 그 LCD창이 갑자기 포르노 동영상으로 변해갔다는 거다. 속옷을 훌훌 다 벗은 채로 찍어달라며 소리치는 그녀. 실오라기 하나 안 걸친 상태에서 점프도 하고 연속촬영도 부탁했다. 민망함을 적절히 조절하며 최대한 쿨하게 셔터를 눌렀다. 촬영을 마친 뒤 그녀는 속옷만 챙겨 입고 다가와 사진이 잘 나왔는지를 살펴봤는데 속옷 바람인 여자가 바로 옆에 있어도 내 아랫도리엔 아무런 감각이 없었다.

　일체유심조(一切唯心造)라 그랬던가. 모든 것은 마음먹기에 따라 다르다. 육감적인 유럽여인의 나체를 정면으로 보았음에도 싸가지 없는 그녀 앞에선 별다른 감흥이 없었다. 넓게 해석하면 소금사막도 마찬가지다. 그 아름답다던 소금사막을 단지 영상에서만 봤던 모습으로 기억하고 싶었던 것도 나 스스로의 정신이 건강하지 못해서 그런 것이라 믿고 싶었다.

　과거의 이곳 소금사막은 억압받던 볼리비아 하층민들의 피난처였다고 한다. 그 치열했던 현장도 세월이 지나면서 관광지로 개발되었고 사람들은 이제 이곳을 세상에서 가장 아름다운 곳으로 손꼽는다. 어떤 이들은 그 아름다움을 보기 위해 목숨을 바치고 어떤 이들은 소금을 캐서 하루하루를 연명하기 위해 목숨을 바쳐야 하는 우유니 소금사막. 입장은 달라도 서로에게 소중한 곳이다. 사람들의 루머 중 하나는 언젠가 이 소중한 곳이 없어질 것이라는 것인데 이곳의 자원을 탐낸 글로벌 기업들이 개발에 착수했기 때문이다. 지구가 보유한 리튬의 절반 가까이 이곳에 집중되어 있어서 볼리비아 정부도 자국의 이익을 위해 어쩔 수 없이 타협점을 늘려가고 있다니 조금은 걱정스럽다. 하지만, 이곳 사람들은 그 루머가 근거 없는 소문일 뿐이라며 손사래를 쳤다. 개발이 이루어지는 건 알고 있지만, 이 넓은 대지를 모두 개발하려면 수백 년은 걸릴 것이라며 애써 위안했다. 그 말은 내게도 위안이 되었다. 앞으로 수백 년은 멀쩡하게 유지될 것이라 굳게 믿고 싶었다. 그래야 다시 방문했을 때 아름다운 소금사막을 다시 마주할 수 있을 테니깐. 우유니 소금사막이 별다른 기억 없이 스쳐 지나가 버린 건 두고두고 아쉬운 이야기가 될 것 같다.

BRAZIL
Cusco
BOLIVIA
ARGENTINA
CHILE
Salta
GUAY
Rio de
Sao Paulo
ARGENTINA
Cordoba
Santiago
URUGUAY
Montevideo
Buenos Aires
Andes
Patagonia
Ushaia

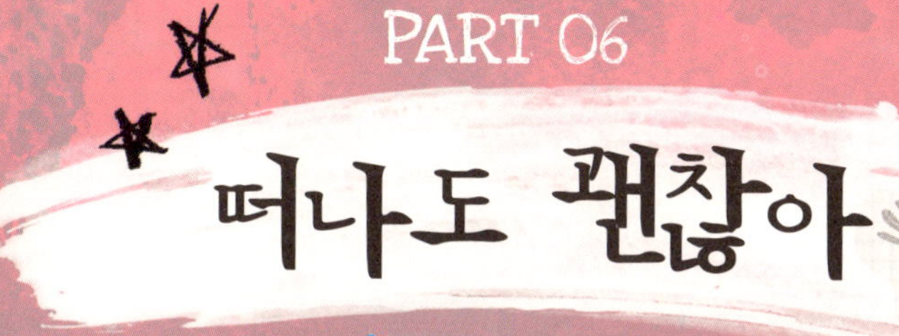

PART 06

떠나도 괜찮아

Argentina

살타 ▶ 코르도바 ▶ 부에노스아이레스

그대가 남미를 꿈꾼다면.

　볼리비아에서 우유니 투어를 마친 이들은 대부분 칠레로 향한다. 그러나 나와 지석이 형은 아르헨티나로 향하기로 했다. 시간도 촉박했고 시기도 좋지 않았다. 때는 완연한 겨울. 칠레와 아르헨티나 최남단에 위치한 트레킹코스도 겨울엔 일시적으로 폐쇄한다고 하니 자의 반 타의 반에 아르헨티나의 국경에서 가장 가까운 도시 살타로 향했다. 볼리비아~아르헨티나 국경을 넘는 도중 우린 반대편에서 올라온 한 프랑스 남성과 잠시 대화를 나눴다. 단지 라이터를 빌렸을 뿐인데 그 자리에서 담배를 같이 태우며 서로에게 유익한 여행정보를 공유하고 있을 때다.

　"아르헨티나는 소고기가 훌륭하지!"

　그러면서 그는 오른손을 입술 앞에 오므리다 활짝 펼쳐보이다 "쪽!" 하며 소리를 냈다. 상당히 느끼한 제스쳐이지만 진실성이 있어 보이는 파리지앵의 행위예술. 그 감동을 상기시켜버린 그는 고개를 절레절레 흔들며 믿을 수 없는 맛이라고 한 번 더 극찬을 아끼지 않았다.

　쳇, 그럴 만도 하지! 역시 아르헨티나의 키워드는 소고기다. 소를 빼면 대화가 안 되는 곳이 아르헨티나. 대지는 우리나라보다 열 배는 큰 땅덩이에 인구는 고작 4천만 명인 반면 소는 5천만 마리가 넘는단다. 인구보다 소가 많은 나라. 그래서 좋은 소고기가 돼지고기보다 싼 나라. 우리의 임무는 질 좋은 소고기를 원 없이 마시는 것이었다.

　우유니에서 베지테리언들을 만난 바람에 뱃속엔 기름기가 실종됐던 우리는 아르헨티나 북부도시 살타에 도착하자마자 정육점을 들렸다. 굳이 소고기가 간절해서 그랬던 건 아니다. 3주 동안 길고 긴 동행을 했던 지석이 형과의 마지막 파티를 기념하기 위해서였다. 사실 둘 다 일정도 비슷했고 가는 방향에 서로 뜻만 맞춘다면 언제든 동행이 유효했다. 그러나 서로에게 한 달

가량 남은 여행에 있어서 지금은 헤어져야 할 때가 맞았다. 누구보다 마음이 잘 맞은 동행자였고 그렇다고 여행 도중 큰 트러블도 없었지만 헤어져야할 때임을 누구보다 서로가 잘 알았다. 지나친 과장을 섞어 비유하자면 서로를 너무 아끼기에 축복하며 보내주는 것과 같다고 해야 할까. 둘이 있을 때 할 수 있는 여행과 혼자 있을 때 할 수 있는 여행은 확연히 다르기에 남은 한 달에 대한 배려이자 마지막 열정을 위한 조건이다. 그래서 그날 먹은 소고기가 특별하길 간절히 원했다. 하지만, 웬걸! 이놈의 소고기가 질겨도 너무 질겼다. 정육점에서 아줌마가 사는 고기를 눈여겨보다 따라 산 게 문제일까. 야마고기보다 질긴 육질에 와인을 꾸역꾸역 삼켜가며 눈물의 이별을 맞이해야 했다.

사람들은 언제나 아르헨티나 소고기를 두고 이렇게 말했다.

"마트에서 그냥 팩으로 포장돼서 파는 고기를 아무거나 집으세요. 무엇을 먹든지 간에 뿅 갑니다."

그게 아닌 것 같았다. 부에노스아이레스로 향하는 내내 레스토랑, 길거리 화로구이를 수차례 먹었지만, 여전히 질겼고 정육점에서 다시 사 와서 막상 조리를 하면 고무를 씹는 듯이 괴로웠다. 극찬으로 도배된 아르헨티나의 소고기. 횡성 한우를 경험하지 못한

유럽인들이 지어낸 과장이라 여겼다. 나는 아르헨티나의 소고기가 맛이 없다고 잠정적인 결론을 내릴 수밖에 없었다.

　7월의 부에노스아이레스는 춥다. 근데 그 추운 계절마저도 제법 잘 어울리는 곳이 부에노스아이레스다. 어떠한 여행객들도 부정적인 이야기를 하지 않았던 부에노스아이레스. 가야 할 곳과 경험해야 할 것들이 너무 많아 오히려 복잡할 만큼 다채로운 곳이라 했다. 나는 탱고쇼를 먼저 볼지, 항구로 나가 아름다운 미항을 먼저 감상할지 고민하고 있었는데 막상 길을 나서면 스테이크 가게가 먼저 눈에 들어오곤 했다. 부드러운 육질에 대한 정신적 갈망과 진실함이 묻어나는 나의 눈빛은 잠시의 휴식도 허락하지 않고 고집을 불러냈다. 그 비장한 눈빛으로 호스텔의 직원에게 다가갔다.
　"도대체 어떤 부위를 먹어야 맛있는 거죠?"
　"무엇을 먹어도 맛있는 게 아르헨티나 소고기죠. 로모(꽃등심)이나 아사도(소갈비)가 대중적입니다. 육질도 부드럽고요. 한 블록만 건너면 골목에 노점상이 있을 거 에요."
　직원의 말대로 골목 한켠엔 소갈비를 통째로 조리하는 할아버지가 있었고 꽤 정직하게 고기를 굽는 중이었다. 숯불을 이용해 적당히 불 냄새를 입혔고 소금만으로 간을 하며 고기 본연의 맛을 살리는 기술이 기가 막혔다. 고기가 익는 향기는 좁은 골목을 가득 메웠지만, 그 누구 하나 불평하는 이들이 없었다. 식사시간이 아님에도 대기 중이었던 사람들은 거룩한 소고기 앞에 경의를 표하는 이들로 보였다. 마침내 받아 든 소갈비. 한입을 덥석 베어 물었다. 그리고 그다음 한입을 베어 물기까지 3분은 걸린 것 같다. 질겨도 너무 질긴 고기. 먹다가 잇몸이 아파서 할아버지가 키우던 개에게 몰래 던져주었다. 개도 고생스럽게 먹는 걸 나더러 먹으라니. 또 속았다.
　벌써 소고기만 5일째, 끼니로는 10끼를 넘겼음에도 제대로 된 소고기를

먹지 못했다면 문제가 심각했다. 집념과 오기로 사로잡힌 나는 혼자서라도 최고급 레스토랑을 가기 위해 은행을 찾았다. 단지 소고기 때문에 돈을 출금하는 것보다 혼자 레스토랑에 가서 스테이크를 먹는 게 더 신경 쓰이는 일이지만 다행히 이곳은 아르헨티나다. 진정한 미식가의 아우라를 발산하면서 소고기를 음미하리란 생각에 나는 하루 종일 부에노스아이레스의 레스토랑을 찾아다닌 것 같다. 나는 무조건 가격으로 질을 평가했다. 대부분의 레스토랑 입구에는 메뉴판이 거치되어 있었는데 시시한 가격에는 결코 들어서는 법이 없었다. 여행자 커뮤니티의 정보에 의하면 100페소(2만 3천 원)에 무제한으로 소고기를 제공하는 뷔페가 있다 했지만, 기어코 최상급의 고기를 맛보기 위해 꾹 참았다. 타이어를 무제한으로 씹을 것이란 불안함 때문이다. 그리고 찾아간 레스토랑. 150페소라는 메뉴판을 한번 스윽 보고 내부의 인테리어를 힐끔 훔쳐본 뒤 곧장 들어갔다. 150페소(3만 5천 원). 밥 한 끼를 먹는데 이 정도 돈을 주고 먹기란 여행 중 처음 있는 일이었다. 정말 이번마저도 소고기가 내 뒤통수를 친다면 나는 귀국 날짜를 앞당겨서라도 강원도로 갈 작정이었다. 그놈의 소고기 때문에.

목조로 된 화려한 내부는 바로크 양식의 건축물보다 더 고풍스러웠고 입구로 들어서자 잔잔한 선율이 레스토랑 전체에 울려 퍼지고 있었다. 사람들의 표정을 주시했다. 가족끼리 혹은 연인들끼리 삼삼오오 모여서 와인 잔을 손에 들고 가벼운 미소를 흘려보내는 사람들. 그 틈에 끼인 나 홀로 여행자라 살짝 민망했지만, 당당히 중앙의 테이블에 자리 잡았다.

"어서 오세요."

흰머리가 희끗희끗 나 있는 웨이터 할아버지가 나의 테이블을 책임졌다. 고기를 어떻게 익혀줄지 세세하게 설명해 주는 베테랑 할아버지. 그는 나의 비장한 눈빛을 인식했다는 듯이 최고의 고기를 선보이겠다며 약속했다. 검지와 중지로 석탁을 두드리며 배고픔을 연주한 지 20분이 지났을까. 양질의 스테이크가 드디어 내 눈앞으로 다가왔다. 지금껏 먹은 소고기들이 화산활동을 멈춘 휴화산과 같았다면 시금 내 눈앞에 나온 소고기는 필시 활화산과 같았다. 구릿빛의 고깃덩이 위로 피어나는 정열적이고 뜨거운 김은 고기가 가진 에너지를 그려내는 장치였고 고기 위에선 가지런한 핏물이 한 떨기 마그마처럼 흘러내리며 단조로운 색감에 포인트를 주고 있었다. 비장하게 나이프를 가져다 대었다. 우려를 불식시키는 연한 소고기의 탄력. 연하지만 절대 그 모양새의 틀을 잃지 않은 소고기는 나이프가 지나가는 방향을 따라 모세의 기적처럼 둘로 나눠졌다. 그리고 입안으로 들어간 150페소짜리 스테이크. 혀끝과 고기가 만난 지 0.1초도 되지 않았건만 이미 미각을 책임지는 세포들이 뇌세포로 빠르게 전달되는 중이었다. 자연스레 눈이 감겼다. 빰빰 빰 빰…! 머릿속에 울려 퍼지는 베토벤의 운명 교향곡 1악장!

충격적인 맛에 눈물이 흘러내리려 했다. 이 맛을 찾기 위해 지난 5일간 얼마나 삽질을 해왔던가. 정육점의 아저씨, 타이어고기를 팔던 노점상 할아버지, 이상한 정보를 흘려준 호스텔 직원, 국거리 고기를 사가는 아줌마인지도 모르고 따라 샀던 추억들이 주마등처럼 스쳤다. 그 생생한 추억들이 하나 둘 지나가자 입속에서 울려 퍼지는 소고기의 심포니! 양손에 쥐어진 나이프와 포크는 마에스트로의 지휘봉이요 그 지휘봉은 곧 고기가 입안에서 움직여야 할 방향을 제시해 주니 이보다 더한 기쁨이 어디 있겠는가. 어금니와 어금니 사이에 놓여진 가냘픈 소고기가 질겅 씹히면 그 마찰은 첼로의 굵직한 음색만큼이나 탄력적인 선율을 뽐어냈고 입 안 가득 퍼지는 육즙은 가벼우면서도 현란한 바이올린의 연주와 같았다. 그리고 한 모금 들이킨 아르헨티나산 와인. 자칫 느끼할 수 있는 입안을 깔끔하게 정돈시켜주며 미각을 본래의 자리로 돌려놓는 건 피아노를 닮은 와인이 있기에 가능한 일이었다. 먹으면 먹을수록 깊이가 있어진 아르헨티나의 소고기. 좀 더 그 맛을 천천히 느껴보고자 오래 씹을수록 그 고기는 역사보다 혹은 전설보다 깊이 있는 맛

을 그려내곤 했다. 그런데 기이한 일이 벌어졌다. 참을 수 없는 배고픔에 이미 어금니는 지휘자의 동작을 무시하기에 이르렀다. 모데라토, 알레그레토, 알레그로! 점점 씹는 속도가 빨라지더니 급기야 소고기는 베토벤의 역사를 초월하여 비발디에 이르렀다. 입안에선 봄의 어린 새싹을 먹고 자란 아르헨티나 대평원의 송아지들이 뛰어다니며 가을이 되기까지 살찌우는 사계(四季)의 영상이 필름처럼 혀끝을 휘감는 기적 같은 일이 벌어지고 만 것이다. 그 아름다운 영상이 끝나자 접시엔 지휘를 마친 나이프와 포크가 가지런히 본래의 자리로 돌아가 있었다. 오, 마이 갓! 아베 마리아!

　관객이었던 나의 세포들은 기립박수를 쳤고 이를 지켜보던 웨이터 할아버지도 미소를 던져주었다. 젠장, 어떻게 이런 맛이 있을 수 있을까…. 연주는 끝났지만, 접시에 남겨진 소고기의 핏물은 만족한 나를 향해 눈물을 흘리는 것으로 비치고 있었다. 너무 고생한 대가가 컸기에, 너무 주위의 기대가 컸기에 부담이 많았던 소고기는 연주가 끝남과 동시에 기쁨의 눈물을 흘린 것이리라. 마치 벤쿠버 동계올림픽의 김연아처럼….

　한편의 멋진 연주회가 끝났다. 문밖을 나오면서 차가운 겨울바람을 마주하며 식후 땡 담배에 불을 붙였다. 남미를 돌면서 가장 한국적인 음식을 먹어서 그런 것일까 괜시리 드는 고향 생각은 지나간 감동을 움켜잡고 놓아주질 않았다. 그 어느 때보다 기분 좋게 결제를 했지만 밀려드는 2% 아쉬움. 돌이켜 보면 자라 등껍질만 한 고기를 3만 5천 원이나 주고 먹었다는 게 후회스러워서 그러하리라. 문득 고향 생각이 나면서 나는 횡성 한우를 기억했다. 제아무리 아르헨티나 소고기가 훌륭하다고 한들 어찌 한우에 비교할쏘냐. 나는 조심스레 새로운 결론을 내렸다. 그래. 소고기는 역시 한우다. 그날 밤은 웅장한 오케스트라보다 김덕수 사물놀이패가 더욱 그리워진 밤이었다.

소고기 예찬론을 마쳤으니 본격적으로 부에노스아이레스의 소개를 해 볼까 한다. 부에노스아이레스. 스페인어로 '좋은 공기'라는 뜻이지만 직접 그곳을 방문한다면 다른 느낌을 받게 된다. 좋은 공기라기보단 '좋은 물'로 표현하는 게 맞는 것 같다.

백인의 혼혈 비율이 97%에 달하는 아르헨티나. 그중에서도 부에노스아이레스는 과거 식민지시대부터 남미 속의 유럽으로 불리며 가장 모던한 도시로 성장해 왔었다. 세련된 패션과 선남선녀들이 소보다 흔한 도시. 그곳이 바로 아르헨티나의 수도 부에노스아이레스다. 내가 처음으로 인상 깊게 봤던 이는 키가 내 허리까지 밖에 오지 않던 작은 꼬마 숙녀다. 엄마의 손을 잡고 아장아장 걸어가던 아이는 그 어린 나이에 어찌나 그 비율이 완벽한지 장차 모델을 해도 손색없을 재목이었다. 갈색 부츠에 검정색 트렌치코트를 입은 그 소녀는 코트의 끈이 흘러내리자 잠시 길을 멈춰 섰다. 대부분 이런 경우 엄마를 찾지만, 패션에 조예가 깊은 소녀는 익숙하다는 듯 흘러내린 끈을 다시 허리에 감더니 쇼윈도를 보며 옷매무시를 한 번 더 점검했다. 그러곤 차가운 겨울바람에 갈색 머리를 흩날리며 엄마 뒤를 다시 아장아장 걸어갔다. 그렇게 조기교육을 받은 아이들이 성장하면 하나같이 패셔니스타가 되는 것일까. 세련된 젊은 여인들이 부에노스아이레스의 중심가 플로리다 거리를 가득 메워버리니 눈을 어디다 둬야 모를 정도였다. 뭇 남성들의 마음을 너무나 손쉽게 털어버리는 아르헨티나 여인들. 이를 두고 사람들이 부에노스아이레스를 '부에노'하다고 극찬하는 갑다.

털린다는 의미가 잠시 의도치 않게 빗나간 것 같다. 하고 싶은 이야기는 사실 이런 게 아니다. 부에노스아이레스는 유럽만큼 모던하지만 유럽만큼 날치기나 잡도둑이 많다는 걸 말하고 싶었다.

부에노스아이레스는 첫인상이 여느 남미도시와는 다르다. 폭넓은 차선 옆으론 길쭉길쭉 솟아오른 빌딩들이 눈에 보이고 그 사이사이론 건축연도를 가늠할 수 없는 오랜된 유럽풍의 건물이 촘촘하게 놓여져 있다. 근대적, 현대적인 단어가 더 어울리는 이곳은 겨울에 방문하길 잘했다는 생각이 들 정도로 차가운 분위기가 잘 묻어나는 곳이었다.

내가 아침에 길을 나선 시각은 오전 10시. 분주한 아침을 기대했지만, 일요일의 오전은 한산했다. 그래서 더 도시가 차갑게 느껴졌는지도 모르겠다. 모든 상점은 문이 닫혀 있었고 그 큰 대로에 지나다니는 차량도 그리 많아 보이진 않았다. 여행하는 사람은 매일이 휴일처럼 느껴진다. 휴일의 개념이 따로 없으니 이런 분위기는 때때로 시간개념을 잡아주는 역할을 하곤 해서 반가웠는데 그날 아침은 이상하게 을씨년스러웠다. 차가운 겨울바람 속에서 외로이 대로변을 걸으며 카메라로 도심의 분위기를 담고 있을 때였다. 사람 한 명 없는 그 도로에서 갑자기 나를 부르는 소리가 뒤에서 들려왔다. 두꺼운 외투를 입은 중년의 부부가 급하게 다가와 뭐라며 이야기를 해댔다. 아주머니는 하늘에서 뭔가가 떨어져 등과 가방에 묻었다며 이내 휴지로 닦아주었다. 어디서 준비를 했는지 복대에서 한 움큼 나오는 물티슈. 구석구석을 닦아주는데 냄새가 지독했다. 정체를 모를 약품이 내 등에 완전히 얼룩져 있었고 닦으려면 시간이 걸릴 듯했다. 그래 맞다. 이 사람들 강도다. 지금 가장 핫하게 유행한다던 남미의 범죄스타일 일명 '새똥 소매치기'다. 하늘에서 새똥이 떨어졌다며 몸을 닦아주는 척하고 지갑을 털어가는 사람들. 손은 눈보다 빠르다는 이론을 겸허하게 수용한 그들은 몸을 닦아주는 와중에도 바쁘게 손이 움직였다. 애써 웃어 보이며 고맙다는 말을 하면서도 경계를 늦추질 않았다. 그때다.

"뚝."

아저씨의 소매에서 무언가가 떨어졌다. 내 몸에 뿌린 인공 새똥 색깔과 똑

같은 액체가 한 방울 떨어지는 순간 그 자리의 있던 세 명은 시선이 그리로 고정되었다. 멋쩍게 웃어 보이는 아저씨와 아주머니. 뒷걸음을 치던 그들은 이내 지나가던 택시를 얼른 잡아타고 달아나 버렸다. 실감이 나질 않던 나는 아저씨에게 몸을 닦아줘서 고맙다며 손을 흔들며 배웅했다. 운이 좋아서 초보자에게 걸린 것이지 실제론 굉장히 위험했던 강도와의 조우. 남미에서 처음 만난 강도가 이렇게 순박한 이들이란 건 축복 아닌 축복이리라.

　남미는 신종범죄의 온상지다. 기발하고 창의적인 범죄가 각 지역만의 독창적인 범죄문화로 굳어져 계승되고 있으며 매해 한탕을 노리는 수많은 사람들이 오늘도 기적을 노래하고 있다. 가짜 경찰이 여권을 보여 달라고 한 뒤 달아나기도 하고 때에 따라선 택시기사와 마을주민들이 모두 담합하며 관광객을 궁지로 몰아넣기도 한다. 그래서 언제나 긴장을 늦춰선 안 되는 남미. 현지의 분위기를 느끼는 시간은 사람들의 유동이 많은 낮 시간으로 제한하는 것이 여러모로 안전하다. 나는 가던 길을 계속 갔다. 긴장한 덕에 응고된 심장은 쫄깃했지만, 그마저도 스릴넘쳤으니 특별한 나의 일요일의 서막을 알리기에 이보다 더 멋들어진 이벤트가 어디 있겠는가.

　부에노스아이레스의 일요일은 언제나 특별하단다. 부에노스아이레스에서도 가장 유럽다운 골목 전체가 세계에서 가장 큰 벼룩시장으로 변한다고 하니 누구든지 그곳을 꼭 가봐야 할 여행지로 추천하곤 했다. 이름하여 산텔모 시장. 과거 식민지시대부터 유럽에서 모여든 이들이 아르헨티나드림을 꿈꾸며 정착한 곳. 그래서 더없이 유럽의 모습을 친숙하게 빼닮았고 심지어 이민자들의 문화도 이곳에서 뿌리를 내렸다. 즉, 부에노스아이레스의 부흥은 산텔모에서 시작했다고 해도 과언이 아닌 것이다. 그렇게 화려했던 아르헨티나 속의 진짜 유럽인 산텔모는 오래전 갑자기 전염병이 창궐하며 사람들이 하나 둘 떠나갔고 황량한 채로 한동안 방치가 되었다. 그 암흑기가 지나자 이곳을 그리워했던 사람들이 다시금 모여들었고 아르헨티나 정부는 산텔모 거리를 예술의 부흥지로 조성하며 새로운 중흥기를 맞이하게 된다. 이 때문에 지금의 산텔모 시장은 벼룩시장, 골동품시장, 예술인의 거리 등 어떠한 수식어를 가져다 붙여도 잘 어울리는 것 같다.

　제법 이른 시각에 시장에 도착했음에도 거리는 이미 초만원 사태였다. 명동 지하철역 6번 출구로 나와 바라보이는 풍경과 쏙 빼닮은 산텔모 거리는 비스듬히 굴곡이 져 있어서 먼발치에 움직이는 사람들도 모두 보였다. 대략 1km 남짓 되어 보이는 거리에는 수백 명의 사람들이 빽빽하게 응집해 있었고 시간이 지날수록 흥겨운 음악이 여기저기서 울려 퍼졌다. 관광객을 상대로 마술을 하는 아저씨, 마리오네트 인형을 손에 쥔 채 멋진 인형극을 선보이는 아저씨 등 볼거리가 너무나 많아서 이동이 불가능할 징도였디. 1km밖에 안 되는 그 짧은 거리를 한번 지나가는데도 거의 반나절이 걸리는 산텔

＃ 부에노스아이레스의 일요일은 언제나 특별하다.

모 시장. 워낙 다양한 요소가 많아 독특한 물건들도 거리로 쏟아져 나와 있었다.

관광객을 상대로 하는 계획적인 거리엔 대부분 짝퉁명품이나 조잡한 기념품 따위로 늘 가득하곤 했는데 산텔모 시장은 더할 나위 없이 특별하다. 여행을 하는 배낭여행자들도 스스로 장사치가 될 수 있는 곳. 그들 스스로가 장판을 펼쳐놓고 자신이 수집한 기념품을 되팔기도 하고 시간이 지나면 소비자로 탈바꿈하기도 한다. 그런 사람이 있는가 하면 산텔모 시장의 터줏대감처럼 한 자리를 굳건히 지키고 있는 할아버지도 있는데 마침 뜻하지 않는 골동품들이 한가득 놓여 있었다. 어디서 흘러왔는지 모를 북한의 우표와 지폐들. 잘만 뒤진다면 로또보다 더 소중한 물건들이 널려 있는 곳이 바로 산텔모 시장이다.

그 거리를 한번 지나갔다가 다시 돌아오는데도 반나절이 걸린다. 오전에는 볼 수 없었던 사람들이 더 많이 모여 있는 그곳. 탱고춤을 춰 보이는 거리의 악사들을 지나는 가운데 할머니 한 분이 자신이 만든 수공예품을 판매하는 게 눈에 들어왔다. 열쇠를 걸어두는 키홀더를 예쁘게 장식한 수공예품은 독특한 색감 덕분에 누군가에게 선물하기에도 안성맞춤이었다. 조심스레 가격을 물었다.

"100페소(2만 3천 원)."

기대했던 것보다 너무 비싸서 대꾸도 하지 않은 채 그곳을 지나쳤다. 스테이크를 한 번 더 먹을 수 있는 돈이라 생각하면 끔찍한 가격인 셈이다. 그런데 불과 10분도 지나지 않아 다시 발목을 붙잡았다. 지금 저걸 사지 않으면 영영 놓쳐버릴 것이란 불안함. 생전 기념품 따윈 사지도 않던 내가 왜 그리도 마음이 갔을까. 다시 할머니를 찾아갔다.

"깎아줄 수 있나요?"

"미안해요…."

“흠….”

또다시 지나친 나는 가벼운 점심식사를 했지만 식사를 하는 내내 키홀더에 대한 잡념이 가시질 않았다. 한 번 더 찾아가면 할머니가 짜증을 내리라 생각했건만 의외로 반갑게 맞아줬다.

“사고 싶으세요?”

“근데 너무 비싸요. 70페소에 어때요?”

“미안해요…. 정말 힘들게 만들었어요.”

“그렇다면 80페소!”

“90페소….”

“그러죠 뭐. 90페소에 주세요.”

할머니는 돈을 받는 그 순간에도 자신이 정말 아끼는 작품이라고 몇 번이고 내게 말을 했다. 굳이 그럴 필요도 없는데, 빛바랜 포장지를 꺼내 정성스레 포장을 하더니만 포장지의 겉면에 본인의 이름과 만든 날짜를 꼼꼼하게 기입했다. 어차피 뜯어서 버릴 텐데 왜 굳이…. 그러더니만 자신의 작품을 가슴으로 꼭 끌어안았고 잘 쓰라며 내게 건네주었다. 다시 한 번 자신이 아끼는 작품이라고 강조하시는 할머니. 무슨 사연이 있는지는 몰라도 할머니가 건네주는 잔돈 10페소를 건네받기가 참으로 곤혹스러웠다.

〈방망이 깎던 노인〉이란 수필이 있다. 나와 동시대에 학창시절을 보냈다면 한 번쯤은 교과서에서 만났을 그 수필이다. 수필 속의 필자가 아무리 재촉해도 천천히 방망이를 깎았던 그 노인. 수필이 말하고자 하는 메시지는 다르지만, 그가 느낀 감정은 나와 상당히 닮은 구석이 많아 보였다. 숙소에서 그의 수필을 다시 한 번 찬찬히 읽었다. 필자는 미안한 마음에 탁주라도 한 잔 대접하고자 다음날 노인을 찾았다고 했다. 나 또한 할머니에게 괜시리 미안했다. 포장을 뜯어 할머니의 수공예품을 보면 아무리 봐도 잘 산 느낌이 들어서 그 느낌이 더했는지도 모른다.

이튿날 나는 돌려받은 10페소로 할머니께 추운 몸을 녹여줄 따뜻한 커피를 대접할 생각이었다. 급한 대로 노점의 테이크아웃 커피를 사들고 찾아간 산텔모 시장. 어수선했던 거리가 언제 그랬냐는 듯 자동차가 활주하고 있었고 몇몇 장사꾼을 제외하곤 그 누구도 거리에 존재하질 않았다. 수필의 작가처럼 나 또한 노인을 다시 만날 순 없었다. 2,300원밖에 안 하는 10페소를 깎으려 오랜 시간 할머니의 심기를 불편하게 해서 더 죄송스러웠다. 10페소가 뭐라고….

여행을 처음 할 때는 기념품을 팔아 어렵게 생계를 유지하는 사람들을 보며 굳이 1달러를 깎는 게 미덕이 될 수 없으리라 여겼는데, 흘러가는 시간과 망각은 참으로 무섭다. 바쁘게만 무언가에 집중하다 보면 가장 기본적인 것들을 망각하기 쉽고 특히나 사람을 많이 만나야 하는 여행지에선 오롯이 드러나기 마련이다. 그렇게 깨닫고 또 망각하고 다시금 깨닫는 반복. 인간은 망각의 동물이 분명한가 보다. 그럼에도 너그러이 내 부탁을 들어주며 10페소를 건네주던 산텔모 시장의 장인할머니. 간단하고 편리함만을 추구하는 세상이어서 할머니의 정성어린 수공예품이 더욱 소중하게 느껴진다.

나에게는 그 어느 때보다 특별했던 부에노스아이레스의 일요일이다.

예전에 한 연예칼럼을 본 기억이 있다. 대한민국을 대표하는 방송인 강호동씨가 사랑받는 이유에 대한 것이다. 사람들은 왜 그에게 열광할까? 칼럼을 쓴 필자는 그에게서만 찾을 수 있는 반전의 매력을 손꼽았다. 천하장사 출신의 걸출한 타이틀과 무대를 앞도 하는 그의 풍채 이면에는 때론 호탕하게 때론 가볍게 웃을 수 있는 반전이 있단다. 무뚝뚝할 것이라고 생각하며 지레 거부감을 일으킨 대중들도 그의 익살스런 표정과 행동에 쉽게 매료될 수밖에 없다고 했다. 일상 속에서 그런 부류의 사람들은 언제든지 사랑을 독차지하곤 한다.

아르헨티나를 여행하는 여행자에만 한정하지 않더라도 사람들은 남미의 진한 향기에 열광하는 이들이 많다. 생긴 건 꼭 유럽인들을 빼다 박았는데 그 이면에는 아프리카사람들처럼 흥이 넘치고 호쾌한 분위기를 지녀서 가능한 일이다. 삭막한 도시 분위기에 어울리는 진중한 유럽인들이 결코 닮을 수 없는 남미사람들. 그런 그들이 만들어낸 문화는 역사와 기원을 떠나 그 자체로 고결한 가치가 있지 않겠는가.

남미의 사람들을 설명할 땐 하나로 묶어 설명하기 힘들다. 워낙에 다양한 집단이 많고 영향을 받은 요소가 달라서 그렇다. 페루나 볼리비아처럼 원주민들의 피가 고스란히 잔재된 국가도 있는 반면 백인들의 피가 대부분인 아르헨티나 사람들도 있다. 그리고 조금만 올라가서 브라질을 살펴보면 흑인들의 피가 또 섞여 있다. 피가 섞인다는 것은 곧 문화가 섞인다는 걸 의미한다. 다시 말해 남미를 두고 설명할 때는 이민자들의 문화를 배제할 수가 없다.

대중문화를 일컫는 항목은 문학, 미술, 춤 등 여러 가지가 존재한다. 그래도 역시나 음악이 가장 보편적이고 사람들에게 친근하게 다가갈 수 있는 요소가 아닐까. 따라서 남미의 음악은 그 나름대로 독자적인 형태로 발전해

왔었고 이곳 아르헨티나에선 탱고가 상징적인 의미처럼 다가오곤 한다.

탱고. 그 어원으로 보나 유입된 역시로 보나 스페인의 영향을 많이 받은 장르다. 좀 더 넓게 의미하자면 유럽 각 지역의 색채를 고스란히 담아낸 장르다. 비단 탱고에만 국한되진 않는다. 브라질의 삼바, 보사노바도 쿠바의 살사도 결국은 그 뿌리가 토속적인 음악으로만 피어나진 못했다. 이민자들의 의해 완성되었다는 탱고. 나는 그 탱고를 직접적으로 느끼기 위해 아르헨티나의 항구가 위치한 보카란 동네로 향했다.

보카는 시가지에서 조금 떨어진 곳에 위치해 있다. 외곽에 있어도 사람들의 발길이 끊이질 않는 곳. 사람들은 탱고를 보기 위해 들르기도 하지만 이곳에서 뿌리내렸던 이민자들의 역사를 시각적으로나마 느껴보고자 이곳을 찾는다. 그리고 분명 보카지구는 그런 기대를 충분히 충족시켜주는 곳이기도 하다.

안 그래도 추운 겨울날 바닷가에 있는 보카를 찾아간다면 벌써부터 몸속으로 시린 기운이 감돌지만 내가 갔던 보카는 그 어느 동네보다 따스한 기운이 맴돌았다. 알록달록한 페인트가 건물의 외벽마다 다양하게 장식되어 있는 곳. 컬러쇼크를 불러일으키는 보카를 넋 놓고 바라보고 있노라면 이들이 가진 예술의 혼을 피상적으로나마 느낄 수 있었다. 한데 그 이면에는 또 다른 반전이 있다. 100년 전 유럽인들이 새로운 꿈을 찾아 아르헨티나를 찾았을 때 가난한 노동자들은 선박을 칠하고 남은 페인트로 자신의 건물을 이렇게 칠했다고 전해진다. 그리고 그곳에서 우리가 아는 탱고가 시작되었다.

흔히들 사람들은 탱고를 두고 세상에서 가장 정열적이며 섹시한 춤사위로 기억하곤 한다. 짙은 화장에 붉은 드레스를 나풀거리며 한 송이 장미꽃을 입에 문 아름다운 여인이 화려한 춤 동작을 선보이면 그 자태에 넋이 나가버리니 당연한 일이다. 하지만, 탱고를 1분간민 지켜보자. 아니 직접 볼 기회가 생기지 않는다면 인터넷에서 동영상이라도 살펴보자. 결코 화려하지만은

La Boca

Argentina

않은 결코 섹시하지만은 않은 또 다른 반전이 그 속에 또 내재되어 있다.

　탱고를 볼 수 있는 곳은 아르헨티나 어디에서든지 가능하다. 사람들이 많이 모이는 플로리다 거리나 산텔모 시장에서도 거리의 악사들의 춤에 맞춰 탱고춤을 춰 보이는 이들도 있고 일반적인 레스토랑에서도 종종 무료공연을 하기도 한다. 물론 그렇게 사람의 유동이 많은 지역에서는 탱고쇼를 제대로 감상하도록 호객하는 사람들도 쉽게 만날 수 있다. 나는 그날 오후 플로리다 거리에서 한 안내원의 소개를 받고 탱고쇼의 티켓을 예매했다. 적게는 150페소 많게는 300페소(7만 원)에 해당하는 거금이지만 비쌀수록 극장의 규모가 크거나 식사 금액이 포함되어 있으니 단순히 탱고만을 볼 요량이면 그리 큰돈을 지출할 필요는 없어진다.
　내가 간 곳은 부에노스아이레스에서도 역사가 꽤 깊었던 극장이다. 원탁의 테이블이 옹기종기 모여 있는 그곳에는 착석과 동시에 한잔의 와인이 무료로 제공되며 붉은색의 커튼이 올라가길 기다려야 한다. 검붉은 빛의 와인. 왜인지 모르게 탱고가 가진 색과 닮아서 굉장히 잘 어울린다.
　이윽고 펼쳐지는 무대. 경쾌한 리듬이 울려 퍼지더니 곧 진중한 톤으로 분위기를 압도했다. 춤을 추는 무용수들의 발동작은 화려하지만 그들의 표정에서 드러나는 메시지는 고혹했다. 상대를 잡아먹을 듯한 눈빛과 정열적인 사랑의 속삭임에 매료되고 있으면 문득 그들의 춤이 그다지 경쾌하지만은 않다고 느끼게 된다. 사람들의 심금을 울리는 무거운 곡조와 그에 맞춰 표현하는 춤사위. 사람들이 탱고를 섹시한 음악으로 알고 있다 했지만, 탱고는 부둣가의 선원들의 애환을 담아낸 춤이기에 더없이 애절하다. 여성적인 탱고는 본디 항구에 정박해 있는 배에서 남자선원들이 외로움을 달래기 위해 발달한 남자들의 춤이란다. 고독한 지 들이 표현한 몸의 대화는 정제된 미학과 더불어 한편으론 언제 뿜어낼지 모를 에너지가 존재했다.

　이민자들, 즉 부둣가의 선원들이 탱고를 표현했을 당시엔 그 고달픔을 대체할 무언가를 분명 그들의 본국에서 가지고 왔을 것이다. 탱고는 스페인의 플라멩고의 영향을 많이 받은 장르인데 플라멩고 또한 슬픔과 한이 서린 비극적인 정서가 담겨 있다. 그런 유럽인들의 클래식한 절도에는 또 다른 이민자들이였던 흑인들의 야생적인 율동이 합쳐졌고 마지막으로 그들 모두가 하나같이 느껴야 했던 이민자 신분의 고독함과 애절함으로 표현된 결과물이다.

　19세기 말 그렇게 완성된 탱고는 20세기 들어 대중들로 하여금 더 큰 사랑을 받게 된다. 군사정부와 경제난으로 격동의 20세기를 보내야 했던 아르헨티나. 이민자들의 슬픈 감성이 곧 일반 대중들에게도 호소력 있게 전달된 탱고는 노랫말에도 그 슬픔을 담아내기 시작했고 마침내 평소 그들이 잃고 있었던 열정의 돌파구 역할을 톡톡히 해냈다. 여타 다른 남미국가의 사람들이 가지고 있는 열정의 분출 방법과는 조금은 다른 그 분위기. 그들의 춤과 음악은 열정적이면서도 비장하고 또 사람들의 감성을 어루만져주곤 한다.

　결국 대중문화에 있어서 가장 강력한 파워는 '공감'이다. 3분의 드라마 속에 펼쳐지는 그들의 섬세한 동작 하나하나와 애절한 곡조에 취한다면 비로소 아르헨티나 사람들의 정서를 이해할 수 있을 것이다.

　반전의 매력, 그리고 그 속에 감춰진 그들의 애환. 지금 당장 인터넷 검색 창에 탱고를 검색하며 잠시나마 그들의 삶을 공감해 보는 것도 나쁘지 않을 것 같다.

에너지 보존의 법칙

　게스트하우스가 수십 군데는 밀집된 플로리다 거리로 나오면 오전부터 출 근하는 사람들과 여행자들에게 기념품을 판매할 노점상이 들어선다. 간간 이 보이는 노점상 뒤편엔 대형 패스트푸드점이 입점해 있으며 그 옆으로는 소박한 상점들이 줄지어져 있고 그 상점들은 열 상점당 하나꼴로 마라도나

의 티셔츠를 비롯한 축구용품을 파는 가게들이다. 오후가 됨과 동시에 탱고 쇼 티켓을 호객하는 청년들이 팻말을 들고 서 있고 그 청년들 근처엔 어김없이 거리의 춤꾼들이 보란 듯이 무료공연을 펼치고 있다. 서로 신경전을 벌일 법한데 팻말을 든 청년들마저 탱고쇼를 힐끗힐끗 쳐다보며 감상에 젖는다. 도시가 제시하는 테마만 다를 뿐 서울의 여느 거리처럼 활기차고 유쾌한 분위기다.

부에노스아이레스의 중심가 역할을 하는 플로리다 거리. 기념품과 식당의 가격이 높으니 당연히 땅값이 가장 비싼 거리로 생각하기 쉬운데 비싼 곳은 따로 있단다. 그것도 참으로 이해하기 어려운 곳에 말이다.

우리나라는 죽은 자들에게 관대한 것 같으면서도 또 한편으론 매정하다. 햇빛이 잘 내리쬐는 곳은 죄다 명당으로 자리 잡아 묘지를 만들기 바쁜 반면 도심 속의 공동묘지 근처엔 땅값이 뚝 떨어진다. 만약 내가 살고 있는 동네 앞에 공동묘지가 들어선다고 한다면 학창시절 열심히 배운 님비(NIMBY) 현상을 근거로 데모를 준비할 것 같다. 반면 아르헨티나는 참으로 독특하다. 공동묘지가 뭐기에 부에노스아이레스의 노른자 땅이라고 불리 우는가. 그들 나름대로 역사에 한 획을 그은 유명인들의 납골당이 묻혀 있어서 의미가 남다르겠지만 나라면 꺼림칙해서 근처의 카페도 못 갈 것 같다. 조금은 찝찝하면서도 이곳 사람들의 신기한 발상에 도취된 채 찾은 레콜레타 묘지. 묘지라는 이름만 딱 제거하면 조각미술공원이라 해도 손색없을 만큼 화려한 곳이었다.

당장 박물관에 모셔놔도 될 법한 섬세한 조각품들과 잘 정돈된 묘지 내부는 외부와는 완전히 차단된 비밀의 터널처럼 보이기도 하지만 대부분의 사람들이 이곳을 찾는 이유는 오직 한 사람을 위해서란다. 수백 명의 역사 속 영웅들이 안치된 그곳에서 가장 화려한 일생을 산 에바 페론을 기리기 위해서다.

에바 페론이란 인물이 생소할 수 있겠다. 그의 별칭 '에비타'마저도 생소하다. 그래서 영화배우였던 그녀의 영화 같은 일대기를 잠시나마 소개해 볼까한다. 가난한 시골출신인 에바 페론은 아버지의 내연녀 사이에서 태어났다는 이유 하나만으로 법적으로 인정받지 못했고 청소년기에 도시로 가출했었다. 막상 도시에 올라왔지만 특별하게 가난을 이길 방법을 찾지 못한 그녀는 돈과 권력이 있는 남자들 품을 떠도는 꽃뱀과 같은 인생을 살았다고 전해진다. 그럼에도 그녀는 성공에 대한 욕망이 누구보다 강했다. 비록 자신을 쉽게 허락하는 비루한 인생을 살았지만 스스로를 순수하게 표현하기 위해 에비타란 이름으로 불리길 원했다. 부단한 노력 끝에 그녀는 삼류 배우에서 점점 성장하였고 마침내 20세기 중반 아르헨티나에서 꽤 유명한 연예인으로 거듭난다. 그리고 당대 최고의 권력자인 후안 페론을 만나면서 대통령의 영부인이 되는 기적 같은 일을 이뤄냈다. 그녀의 나이 불과 스물일곱 때의 이야기다.

사실 그녀가 널리 알려진 계기는 남편의 선거유세를 도우면서란다. 대중들로 하여금 아리따운 외모와 그녀의 인생역전이 가난한 하층민들에게 폭발적인 지지를 받았으며 이후에도 직접적으로 정치에 관여하게 되었다. 포퓰리즘 정치의 상징, 이른바 페론주의를 통해서다.

장밋빛 인생 같았던 에바 페론은 불행히도 서른셋의 꽃다운 나이에 암으로 생을 마감했지만 죽기 직전까지 지배계급을 비판하고 노동자계층과 서민

을 옹호했다. 그런 그녀를 아직도 잊지 못했던 아르헨티나 국민들. 영화 같았던 그녀의 삶을 떠올리며 아직도 눈물을 흘리는 국민들이 레콜레타 묘지를 오늘도 찾고 있다. 그래서 유독 에바 페론의 묘지 앞에는 사람들의 발길이 끊이질 않았고 조화가 가득했다.

그녀를 어떻게 봐야 할까? 영화같이 표현은 했지만 사실 그녀가 낳은 문제는 아르헨티나의 멸망을 초래했다. 노동자계급의 민심을 사기위해 부단히 노력했어도 그녀는 현실적인 경제를 직시하지 못했다. 그녀가 죽은 뒤 남편 후안 페론은 망명을 떠났고 아르헨티나는 군부독재가 장악한다. 그때부터 수십 년간 아르헨티나의 어두운 역사가 찾아온 것이다. 이 때문에 일부의 사람들은 그녀를 두고 나라를 말아먹은 장본인이자 국민을 희롱한 창녀라 비판한다. 결국 영화는 영화일 뿐인 게다.

포퓰리즘? 사전적 의미로는 성책의 현실성과 본래의 목적을 상실한 채 일반 대중들의 인기에만 영합하여 목적을 달성하는 정치행태를 뜻한다. 그리고 그런 사례는 얼마든지 만연해 있다. 물론 포퓰리즘도 정치 마케팅의 일환이고 어떠한 정치인도 이를 간과할 수는 없기에 그 중요성을 잘 알 것이다. 단지 확실한 건 그들이 추구하는 개혁 뒤에는 언제나 공허함이 남는다는 것뿐이다. 그런데도 사람들은 포퓰리즘 정책에 긍정적인 시선을 보낼 때가 많고 때로는 그리워하기도 한다. 그래서일까? 지금의 아르헨티나 현 여성대통령인 크리스티나 페르난데즈 또한 포퓰리즘 정책으로 민심을 사기 위해 노력한다. 사회복지와 하층민에게 막대한 재정을 쏟아 붙는 그녀의 정책은 아르헨티나를 점점 후진국으로 도태시키고 있지만 국민들은 그녀를 지지했고 당당히 재선에 성공했으니 달콤한 마약 같은 존재가 아닐 수 없다. 포퓰리즘이 괴력을 발휘할 때는 선동에 취약한 국민들을 상대할 때라고 한다. 마약같이 잔혹한 사탕은 언제나 충치를 낳는 시발점이 되는데도 사람들은 충치를 인지하면서 또다시 사탕을 찾게 되는 무한동력을 떨쳐버릴 수 없는 것이다.

우리가 고등학교 물리시간에 배운 이론 중에 에너지 보존의 법칙이란 게 있다. 에너지는 그 형태를 어떻게든 바꾸어도 모양만 다를 뿐 외부에 반드시 존재하기 때문에 총량이 같다는 이론처럼 무리한 복지정책의 말로는 결국 누군가가 짊어져야 할 짐으로 남겨질 테다. 등록금을 반으로 쪼갠다면, 무상급식을 제공한다면, 복지정책에 무리한 보조금을 지급한다면 그 에너지는 어디서부터 흘러가야 하는 것일까? 모양만 탈바꿈한 그 에너지는 결국 또 누군가의 짐이 되어야 하는 것일까?

나는 정치를 잘 모르지만, 그것이 다분히 미래지향적이란 건 안다. 다른 학문과는 달리 과거의 사례들을 두고 더욱 냉철하게 다가서야 해서 그럴 수도 있다. 그 냉철함 속에는 감성적인 자세도, 감상적인 자세도 필요치 않아 보인다. 우리가 에바 페론의 일대기를 보고 난 뒤라면 더 그러하다. 결국 가장 중요한 문제는 대중들이 정확한 판단을 가지고 스스로 국민의식을 높여

야 하는 것일 수 있겠다. 무조건 삐딱한 시각과 옳고 그름만을 논하는 사고
는 위험하겠지만, 그래도 한 국가의 장래에 있어서 나와 같이 당최 정치에
무관심한 대한민국 젊은이라면 모두가 한 번쯤은 되짚어봐야 할 숙제가 아
닐까? 그건 필요해 보인다.

BRAZIL
Cusco
BOLIVIA
La Paz
Sucre
PARAGUAY
CHILE
Rio de
Sao Paulo
ARGENTINA
URUGUAY
Santiago
Montevideo
Buenos Aires
Punta Del Este
Andes
Patagonia
URUGUAY
Ushaia

PART 07

떠나도 괜찮아

URUGUAY

푼타 델 에스테 ▶ 몬테비데오

그대가 남미를 꿈꾼다면.

“혹시 저 기억하시겠어요?”

부에노스아이레스를 떠날 채비를 하며 대로를 건너는데 한 청년이 말을 걸었다. 한국인인데 어딘가 익숙했다.

“글쎄요…. 어디서 봤더라. 아! 요르단!”

“기억하시겠죠? 완전 신기하네요. 이런 곳에서 다 만나다니! 어디 이동하시나 봐요?”

“네, 지금 우루과이로 갑니다. 페리로 가면 금방 가더라고요.”

“특이한데 가시네. 궁금하기도 하고…. 8월에 여행 끝나신다 그랬잖아요. 기분이 어때요?”

“사실 특별한 건 없어요. 더 하려니깐 포기해야 될게 너무 많고 집에 가자니 아쉽고 그렇죠. 즐거운 여행 되세요!”

요르단에서 잠시 잠깐 스쳐 지나갔던 한국인 여행자를 지구 반대편에서 만나는 신기한 인연에 우루과이로 향하는 페리 안에서 계속해서 그가 떠올랐다. 신기함보다는 그냥 그가 마지막에 던진 말이 더 인상 깊었다. 여행이 끝나가는 데 기분이 어떨까? 나도 까맣게 잊고 있었다. 평생 여행할 것 같았는데 어느새 8월이다. 이달 말이면 한국으로 돌아가야 한다. 복잡한 심경이 머릿속을 맴돌면서 지칠 무렵 페리는 세찬 뱃고동소리를 울려대며 우루과이에 도착했음을 알렸다.

우루과이의 수도는 몬테비데오다. 안 그래도 낯선 우루과이에서 아는 곳이라곤 몬테비데오 밖에 없으니 몬테비데오를 아껴두고 싶은 마음에 다른 도시로 이동하려 했다. 핫도그를 먹을 때 빵 껍데기만 날름 발라먹고 아껴둔 소시지로 마지막을 즐기는 초딩심보랑 같은 개념이다. 그래서 내가 선택한 곳은 푼타 델 에스테. 동쪽의 끝이란 의미를 지닌 그곳은 남미에서 가장 인

기 있는 휴양지란다. 아메리카대륙에서 좀 산다는 사람들은 죄다 이곳에 호화스런 별장을 지어놓았다니 기대가 사뭇 남달랐다. 여전히 이 지명이 생소한 이들은 이곳이 우루과이라운드를 출범한 유서 깊은 곳이라 하면 낯설지 않을 것 같다(여전히 낯설다는 건 나도 잘 안다).

　내가 푼타 델 에스테에 도착한 시간은 해가 이미 져버린 저녁 무렵. 터미널에는 겨울비가 부슬부슬 내려왔고 차가운 해풍이 뼛속까지 시리게 만들만큼 겨울 냄새가 강했다. 가까운 호스텔을 찾아보고자 비를 맞으며 도시를 배회했다. 사람 한 명 보이지 않던 조용한 해변은 휴양지의 탈을 쓴 남극이나 마찬가지였다. 운 좋게 호스텔의 간판이 보였고 초인종을 누르자 직원이 몸소 마중을 나왔다. 비수기라서 손님이 오랜만에 왔다며 히죽 웃어 보이는 청년의 미소가 왠지 순박했다. 벽난로에서 몸을 녹이라며 소파로 안내한 그는 여권번호를 받아 적는 동안 따뜻한 차를 권했고 덕분에 겨우 진정되는 듯했다.

"겨울에 이곳을 방문하는 사람들은 거의 없는데…. 이 숙소 통틀어서 손님 하나뿐이니깐 마음에 드는 침대 아무거나 쓰도록 하세요."

"추천해 주실만한 관광지가 있나요?"

"여긴 바다사자가 유명해요. 날이 밝으면 바다사자가 서식하는 작은 섬이 보일 거 에요. 아쉽지만 지금은 비수기라 그곳까지 가기가 쉽지가 않을 것 같네요. 대신 카사푸에블로를 다녀오세요. 아름다운 곳이죠!"

카사푸에블로는 미술관이다. 우루과이의 대표적인 입체파 화가 비랄로의 작업실이자 그의 집인 그곳은 작품들을 전시하며 사람들의 발길을 유혹하는 곳이다. 시가지에서 30분가량 버스를 타고 이동한 정류장 너머로는 깎아지는 절벽 틈 아래로 그리스의 산토리니처럼 아기자기한 하얀 집이 수줍게 자리 잡고 있었다.

역시나 비수기라서 손님이라곤 나 혼자밖에 없는 카사푸에블로. 안내원의 설명에 따라 천천히 그의 작품들을 감상했다. 아프리카를 여행하며 영감을 받은 그의 화려한 작품들은 피카소의 작품과 상당히 닮은 구석이 많았다. 실제로 피카소 또한 아프리카에서 많은 영감을 얻곤 했는데 그런 생각이 들던 와중 전시관의 벽면 한켠엔 비랄로와 피카소가 같이 사진을 찍은 대형액자가 걸려있었다. 하지만 비랄로가 생소한 내게 더 구미가 당기는 건 아름다운 건물과 그 건물에서 바라보는 푸른빛의 대서양이었다. 넓은 바다는 하늘을 닮고 하얀 건물은 백사장의 모래를 닮은 카사푸에블로. 벤치에 앉아 조용히 먼 산을 바라보니 참으로 잘 왔다는 생각이 들었다. 사람이 없는 한적한 분위기라서 여행을 마쳐가는 내가 마음의 준비를 할 여유도 생겼고 정리를 할 시간도 생기는 것 같아 오히려 이런 분위기가 반갑게만 느껴졌다. 아뿔싸. 나도 모르게 여행이 끝났다는 걸 인정해버리는 순간이다. 다시 손목시계를 바라보면 8월이 또렷하게 명시되어 있었고 한적한 대서양 앞바다는 우

울한 장소로 탈바꿈하고 말았다.

다시 호스텔로 돌아오는 길에 마땅히 저녁을 먹을 곳이 없어 인근의 마트를 들렸다. 간이 정육점이 있다면 소고기를 살 예정이었는데 마트도 비수기인 갑다. 고기를 썰어주는 아저씨도 퇴근한 뒤여서 어쩔 수 없이 소시지만 한가득 사와 호스텔의 주방으로 직행했다. 지글지글 구워내자 그 맛있는 소리를 들은 숙소의 주인은 본인이 만든 음식이랑 같이 먹자며 소파로 불러냈다. 자기는 스파게티와 스낵을 준비할 테니 간단히 술도 함께 하자는 그 청년. 사람이 없다 보니 대화할 상대가 그리웠나 보다.

저녁을 먹고 난 뒤 잠시 동안의 이야기가 오가는 도중에 그의 친구가 마침 호스텔로 찾아왔다. 그도 바깥바람이 차가웠는지 콧물을 훌쩍거리면서 총총걸음으로 벽난로를 찾았다. 내가 먼저 인사를 건넸다. 그가 내 국적을 듣더니만 빙긋이 웃었다.

"한국이라 그랬지? 오! 난 그 나라를 무척이나 좋아하지."

"특별히 좋아하는 연예인이 있어?"

"아니, 전혀. 나도 성수기 때는 내 친구를 도와가며 이 호스텔에서 일하거든. 근데 저기 만국기 보이잖아. 저 국기를 보고 있으면 말야 한국의 국기가 정말 예쁘다는 생각을 많이 했지."

그러더니 그가 일어나서 태극기 앞에 다가섰다. 양손으로 태극기를 부여잡고 아름답다는 극찬을 아끼지 않았다.

"이봐 친구, 이 국기에 새겨진 문양들이 무엇을 상징하는지 말해줄 수 있을까? 그동안 너무 궁금했었어. 캬~ 다시 봐도 멋지단 말야!"

"…"

때는 8월 초. 광복절이 열흘도 남지 않은 그 시점에 나는 한 명의 우루과이 청년으로부터 뒤통수를 세차게 한 대 얻어맞았다. 새까맣게 잊고 있었다. 태극기가 도대체 어떤 의미인 줄…. 배낭여행자의 특징은 외국에 나가는

순간 투철한 애국심이 끓어오른다는 공통점을 지닌다. 가령 현지인들이 일본인이냐고 물으면 목소리 높여 한국인임을 강조하고 때로는 '곤니찌와' 대신 '안녕하세요'를 강제로 그들의 머릿속에 주입하며 보람을 느낀다. 그땐 그게 애국이고 한국을 알리는 방법이라 여겼다.

근데 여행을 오래 한 나조차도 태극기에 새겨진 저 복잡한 문양들이 무엇을 의미하는지도 모르고 지냈었다. 부끄러웠던 나 자신을 뒤로한 채 방으로 돌아가 침대에 누웠다. 태극기 생각에 잠을 못 이루는데 더 큰 시련이 닥쳤다. 눈을 감고 태극기를 그려보는데 그려지지가 않았다. 맙소사. 그릴 줄도 모르는 것이다.

나만 그런 것이라고 믿고 싶다. 설마 이 글을 읽는 독자들은 태극기에 새겨진 의미들을 다 알고 있겠지. 아니 적어도 이면지 한 장을 건네준다면 태극기를 보란 듯이 그릴 수는 있겠지. 월드컵만 되면 태극기를 온몸에 칭칭 감고 '애국'을 노래하던 나의 과거가 그날따라 그렇게 부끄러울 수 없었다.

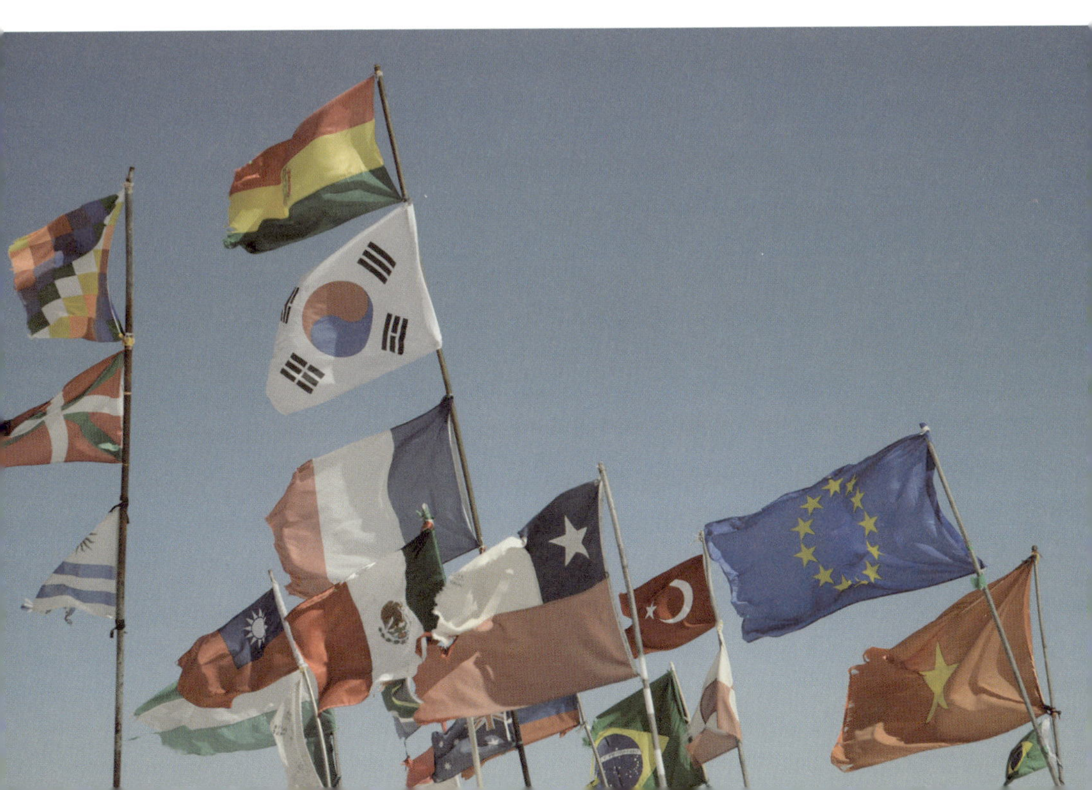

조물주가 인간에게 무쇠로 된 몸과 두더지보다 탁월한 굴삭기 능력을 선물했다고 가정하자. 그리고 서울시청 앞 광장 한가운데서 수십 년간 땅을 판다면 어디가 튀어나올까? 정답은 우루과이의 수도 몬테비데오다. 우리나라와 정반대에 위치한 그 도시는 모든 것이 반대다. 시차는 정확히 12시간이 차이가 나고 계절도 반대며 심지어 변기의 물도 반대로 흐른다.

어린 시절 때때로 내가 살고 있는 세상 반대편엔 누가 살고 있을지 마냥 궁금했었다. 몬테비데오에 도착했을 때 내가 처음 만난 상상 속의 사람들. 그들은 누가 뭐랄 것도 없이 해맑았고 또 에너지가 넘쳐났다. 도시가 아직은 축제의 열기가 식지 않았던 우루과이의 수도 몬테비데오. 남미의 국가들끼리 월드컵보다 더 치열하게 다투는 코파아메리카의 우승컵을 불과 1달 전 우루과이가 차지했기 때문이다. 브라질과 아르헨티나의 등쌀에 밀려 항상 그늘에 가려졌던 그들은 월드컵 초대개최국이란 걸출한 타이틀에도 불구하고 항상 부진했었다. 그런 그들이 드디어 조빱 꼬리표를 떼버렸으니 그 분위기는 상상에 맡기겠다. 상점들은 가게의 유리창마다 국가대표들의 포스터를 걸어두었고 대로변에는 우루과이의 국기와 선수들의 유니폼을 판매하는 흔한 장면들. 코파아메리카의 존재를 몰랐다면 국경일로 착각했을 만큼 그 분위기는 특별했다.

그런 흥겨운 분위기 속에서 나는 도시의 분위기를 만끽해 보고자 부단히 움직였다. 시장에 가서 현지음식을 원 없이 먹어도 보고 유명하다는 건축물은 빼먹는 법이 없었는데 왠지 모르게 따분했던 일상들이 반복됐다. 뭐가 문제인지 모르겠지만 나는 우루과이 사람들만큼 흥이 넘치질 않았다. 아마도 여행이 거의 끝나감에 따라 생기는 여행레임덕 현상일수도 있겠다.

불과 이틀을 돌아다니니 더 이상 갈 곳이 없었던 몬테비데오는 더 이상 머

무를 이유가 생기지 않을 정도로 지루했다. 이럴 줄 알았으면 아르헨티나의 다른 도시나 들렀다가 오면 좋았을 것을…. 귀국해서 사람들을 불러 모아 놓고 여행이야기를 할 때 우루과이란 동네를 다녀왔다고 하면 신비로운 호기심을 심어줄 수 있으리라 내심 기대했었는데 계획처럼 잘 되질 않았다. 우울함을 극복해 줄 카페인을 섭취하고자 카페를 찾았다. 10평 남짓한 소박한 카페엔 주인아주머니와 젊은 여직원이 전부였다. 창밖을 바라보며 지나다니는 사람들을 주시한 채 한 시간 가까이 말없이 보냈을까. 내가 지루한 것이란 걸 눈치챈 종업원이 말을 건넨다.

"여행 오셨어요?"

오랜만에 듣는 유창한 영어에 나도 모르게 고개가 180도 돌아갔다.

"네, 네. 여긴 처음이에요. 몬테비데오를 다 본 것 같아서 시간을 보내고 있죠."

"몬테비데오는 소박하지만 흥미로운 도시에요. 어디까지 가 보셨나요?"

이틀 밖에 되진 않았지만 방문했던 포인트는 빼먹지 않고 차근차근 설명해 나갔다. 그리고 미안하지만 내 솔직한 심정도 빼먹지 않았다.

"이런…. 여기가 부에노스아이레스만큼 화려하진 못해도 정말 재밌는 곳인데."

"아마 당신처럼 이곳을 잘 몰라서 그런가 봐요. 숙소로 돌아가면 카우치 서핑이라도 하려고요."

그 말을 듣자마자 그녀는 눈알이 동그래졌다.

"몬테비데오에 혹시 아는 사람 없죠? 저도 언니를 따라 작년부터 등록했었는데! 실례가 되지 않는다면 제가 도시를 소개시켜 주고 싶네요. 마침 내일이 토요일이잖아요."

그녀의 이름은 엘리사. 운명처럼 만난 그녀는 나와 나이가 같았고 여행을 좋아하는 일반적인 젊은이였다. 엘리사는 내일 오전 10시에 자신의 아파트로 찾아오라며 메모지에 핸드폰 번호와 주소를 기입해주며 꼭 오라는 말을 남겼다. 한국이라면 외간남자에게 상상도 못할 대접이다.

"띵동!"

다소 긴장한 상태로 아파트의 초인종을 수줍게 눌렀다. 여자가 혼자 살지 가족이랑 살지도 궁금했고 남의 집에 빈손으로 온 것도 신경이 쓰였다. 그런 찰나에 문이 활짝 열리면서 엘리사가 반갑게 맞아주었다.

"손~ 제시간에 왔구나. 다시 만나서 반가워!"

가볍게 악수를 하려는데 몸을 바싹 내게 다가 붙이는 그녀. 그러더니만 자신의 얼굴을 내 얼굴로 들이밀었다. 어우 앙큼해라. 순식간에 나를 헷갈리게 만든 그녀의 몸짓 때문에 나는 젓가락처럼 딱딱하게 굳은 채로 얼어버렸다. 그녀가 말하는 건 더 가관이있다.

"오, 미안해. 인사할 때 키스를 하지 않는구나."

"아, 아니…. 그, 그게 아니라…."

영화에서만 보던 그들만의 인사법이다. 반갑다는 표현으로 양쪽 볼을 맞대고 쪽쪽 소리를 내는 게 우리에겐 다소 어색할진 몰라도 여기선 지극히 자연스러운데 난생처음이다 보니 타이밍을 놓친 것이다. 못난 나는 자리에 앉자마자 수습부터 하기 바빴다.

"아, 아깐 그게 아니라 내가 몰라서 그랬어. 음…. 뭐랄까 인사법이 달라서. 한국은 꽤나 보수적인 나라니깐…."

구차하게 서술이 길어지는 와중에 굳이 안 해도 될 말들이 우수수 쏟아져 나왔다.

"보수적인 나라였어? 한국이?"

"음, 그렇지 뭐. 우린 단지 악수만 하거든. 한국말 중에 남녀칠세부동석이란 말도 있지."

"…"

엘리사는 할 말을 잃은 듯 커피잔을 빼꼼히 입에 대며 창가로 눈을 돌렸다. 너무 긴장한 나머지 내가 남녀칠세부동석을 '레이디스 앤 젠틀맨 네버 키스 프롬 세븐'이라는 말도 안 되는 영어를 써서 그러하리라. 괜찮다는 말을 다섯 번은 듣고서야 그제야 진정이 되면서 그녀가 자신의 소개를 제대로 했다. 못난 주둥아리 덕분에 식은땀을 어찌나 흘렸던지 실내가 그렇게 더울 수 없었다. 게다가 텅 빈 그녀의 아파트와 첫인상보다 훨씬 미인이었던 엘리사를 보면 방안이 갑갑해 미칠 지경이었다. 엘리사는 커피 한잔을 다 비우고서야 코트를 챙겨 입었다. 제대로 된 몬테비데오를 소개시켜 주겠단다.

엘리사는 그녀의 직업을 세 가지라 이야기했다. 일단은 어제 보았듯이 카페에서 아르바이트를 하는 종업원이며 오전에는 대학교를 다니는 학생이란다. 끝으로 그녀는 스스로를 '좌절한 사진작가'라 칭했다. 사진에 있어서만큼은 누구보다 열정적이었는데 아무리 해도 만족할만한 작품이 나오질 않는다는 걸 얼마 전에 깨달았다며 이야기했다. 그래서 그녀가 처음으로 나를 데리고 간 곳은 도시 중앙에 있는 소박한 사진갤러리다. 평소에도 자주 들린다는 작은 갤러리는 그녀만이 알고 있는 비밀의 공간처럼 건물의 깊숙한 곳에 감춰져 있었다. 낡은 공중전화부스를 연상케 하는 자그마한 경비실 안에서 신문을 보던 아저씨가 엘리사를 보자 서로 반갑게 인사를 건넸다.

"쪽, 쪽."

시간을 되돌릴 수만 있다면 나도 저렇게 자연스럽게 인사할 수 있는데…. 잡생각에 사무치며 조용히 갤러리를 작품들을 감상하는 와중 엘리사가 무언가가 생각났다는 표정으로 말을 건넸다.

"참, 잊고 있었네. 오늘 주말이면 광장엔 벼룩시장이 들어서. 여기 금방 보고 나서 그리로 가자."

골동품을 파는 벼룩시장에서 수동카메라들을 만지작거리며 자연스레 눈이 가는 그녀를 보니 아직까진 완전히 사진에 대한 미련을 떨쳐버리진 않았나 보다. 대부분의 현지인들이 그렇듯 그녀 또한 관광객이 많이 들리는 명소보단 자신만이 알고 있는 곳들을 보여주길 원했는데 그녀가 진심으로 내게 소개하고 싶었던 건 싶었던 우루과이 사람들의 소소한 일상인 듯했다. 기차가 3분만 연착되도 안내사무실엔 전화가 빗발치고 버스정류장마저도 다음 버스가 언제 올지 분단위로 설명해주는 안내판은 바쁘게 움직이는 대한민국의 상징이다. 그런 변화의 움직임은 해를 거듭할수록 강대국의 초석을 다지는 대한민국의 원동력이란 건 부정하기 어렵지만, 우루과이사람들을 보고 있노라면 우리가 결코 가질 수 없는 삶의 여유가 곳곳에 묻어나곤 했다. 여유롭다고 해서 동남아시아만큼 가난하지도 않고 삶의 수준은 유럽만큼 세련된 우루과이 사람들. 게다가 유럽인들이 놓치고 사는 흥거운 문화가 생활 깊숙이 뿌리내린 건 두말하면 잔소리니 얼마나 완벽한 조합이란 말인가.

여행을 마치고 친구들에게 여행이야기를 할 때 어떤 친구가 내게 했던 말이 생생하다.

"제영이의 여행 이야기를 들어보면 정말 신기한 게 있어. 항상 좋은 사람들을 만났다는 거야."

그 친구에게 이야기를 했을 때도 우루과이 사람들을 이야기할 때였다. 지금 만난 사람들, 바로 엘리사가 소개시켜준 친구들과 그녀의 가족들이다.

엘리사는 그녀의 언니 집에서 저녁을 먹고 늦은 밤에는 호프집에서 친구들과 술을 함께 할 것을 권했다. 인구가 3백만 명밖에 되지 않는 우루과이는 그 중 백만 명이 몬테비데오에 거주하는데 백만 명이라 해도 여전히 소박한 규모다. 아무리 복잡한 도심을 지나간다 해도 차가 막히는 법이 거의 없었고 언제나 한산했다. 너무 한산한 나머지 때때론 뜻하지 않은 행운이 찾아오곤 했다.

"여기 이 집이 국가대표 축구선수의 집이야. 그리고 저기 맞은편에 보이는 게 우리나라 대통령 아저씨네 집이지."

"대통령이라니?"

그래도 남미에서는 나름 선진국에 속하는 우루과이의 대통령궁이라 하면 꽤 으리으리하리라 믿었는데 소박해도 너무 소박했다. 주말농장처럼 마당의 뒤뜰엔 채소가 자라고 있는 소박한 대통령궁. 대통령궁이 아니라 대통령의 집이란다.

"대통령궁은 따로 있는데 이번에 당선된 호세 대통령은 그 궁을 가난한 사람들을 위해 무상으로 내주었지. 검소한 그 아저씨는 때론 동네아저씨 같기도 해. 언니네 동네에서 놀다 보면 술집에서 아저씨를 볼 때도 있고 마트에서 마주칠 때도 있어. 언제든지 쉽게 말을 건넬 수 있으니깐 가끔은 대통령이란 생각도 들지 않거든. 국민들 모두가 그를 좋아해."

"검소해서?"

"아니 사실은 우리 대통령 아저씨 너무너무 귀엽게 생겨서 그래. 이따가 사

진으로 보여줄게. 생긴 게 꼭 쥐를 닮았는데 만화캐릭터처럼 생겼어. 양 볼에 볼 풍선이 빵빵한 게 어찌나 귀엽다고.”

우루과이의 호세 대통령은 청렴하기로 유명하단다. 아마 세계에서 가장 청렴한 정치인일 수도 있겠다. 전 재산이라고 해봐야 1987년도에 산 경차 한 대가 전부이며 은행계좌 따윈 아예 존재하지도 않는다. 그리고 매월 받는 그의 월급 중 대부분은 국가를 위해 환원한다고 하니 욕심 많은 우리나라의 부패정치인과는 너무나 달라 시사점이 많았다. 그렇다고 호세 대통령이 마냥 그의 청렴한 이미지만으로 대중들을 호소하는 것도 아니란다. 귀여운 햄스터이미지 이면엔 게릴라 전사 출신이라는 화려한 경력이 존재하고 지금도 우루과이를 변화시키기 위해 목소리를 낼 수 있는 대통령이라 했다. 그 목소리는 비록 힘이 없는 작은 나라라 할지라도 결코 열강의 힘에 휘둘리지 않으며 주권을 행사할 수 있는 우루과이의 자존심을 이야기한다니 멋지지 않는가?

청렴함과 동시에 국가는 국민들의 것이란 것을 누구보다 잘 알고 있는 호세 대통령. 단지 계절과 시차만 반대일 줄 알았던 우루과이는 그들의 삶은 물론 그 삶을 지탱하는 이들의 역량마저도 180도 반대인 나라였다.

내일 당장 지구가 멸망한다면

"또 해줘! 어서~"

동그란 눈망울을 들이대며 같은 이야기를 몇 번이고 해달라는 그녀. 엘리사의 언니 바네사는 나의 정글이야기를 무척이나 좋아했다. 했던 이야기에 과장을 조금 얹어 이야기하고 있으면 그녀의 친구 마르티나는 나를 계속해서 마당으로 불러냈다.

"손! 언제 태권도 가르쳐 줄 거야? 몸은 이미 다 풀었다고."

태권도 노란띠라는 태권소녀 마르티나. 할리우드 여배우처럼 온 몸이 길쭉길쭉한 그녀는 트레이닝복을 입은 채로 나를 재촉했다. 한국인에게 직접 태권도를 배울 수 있는 기회를 놓치기 싫다는 그녀의 말에 흔들려 잠시 나가보겠다고 하면 주방에선 어김없이 엘리사의 잔소리가 터져 나왔다.

"어딜 나가겠다는 거니? 음식이 곧 완성될 거야! 식기 전에 어서 먹어야지!"

'정말 정신없는 집구석이군. 그나저나 저녁식사를 하기엔 제법 이른 시간인데…'

그들이 준비한 음식은 우루과이의 대표적인 전통음식 치비토다. 생긴 건 햄버거를 빼다 박은 그 음식이 특별한 이유는 단 한 가지 때문이다. 햄버거에 들어가는 패티 대신에 큼직한 소고기가 들어간다는 거다. 얼마나 소고기가 부드러우면 햄버거에 넣을 생각을 다 했을까? 사실 그 치비토보다 더 특

별한 건 그들의 식습관에 있었다. 지금 이렇게 저녁을 일찍 먹으면 배가 고프지 않겠냐는 말에 바네사가 배시시 웃으며 이야기했다.

"이건 저녁이 아니야. 이따가 10시 정도에 또 먹어야 돼."

"원래 그렇게 많이 먹어?"

"아, 몰랐구나. 우루과이 사람들은 일반적으로 하루에 4끼를 먹지. 지금 먹고 또 먹고. 칼로리는 다음날 아침에 걱정하지."

근거 없는 추측을 해 보자면 아마도 스페인의 잔재라고 해야 할 것 같다. 아르헨티나에서 깜짝 놀랐던 건 늦은 밤 자정이 다 되어가는 데도 식당엔 언제나 사람들이 가득하다는 것이다. 단순히 차나 와인을 마시리라 생각하며 창가를 들여다보면 사람들의 식탁엔 피자와 파스타가 놓여 있는 게 흔한 장면이었다. 우루과이도 아르헨티나를 닮아 그랬다. 아니 내 생각엔 우루과이랑 아르헨티나만 그런 것 같다.

스페인 친구들을 여행 중에 만나다 보면 그들도 항상 4끼를 챙겨 먹었다. 여름엔 뜨거운 기온 때문에 씨에스타(낮잠)를 자야하는 그들. 덕분에 4끼를 섭취하고 잠도 늦게 자는 게 일반적이다. 그 스페인 사람들이 남미를 정복하면서 그들의 문화를 옮겼을 테고 남미사람들도 결국 4끼를 섭취했을 것이다. 한데 페루나 볼리비아처럼 생활수준이 높지 않는 그들은 3끼로 만족했을 테고 그나마 생활이 안정된 아르헨티나와 우루과이사람들은 비록 씨에스타가 없더라도 그 문화를 고스란히 수용하지 않았을까? 추측치곤 그럴싸하다.

저녁을 먹은 뒤 내가 해야 할 일들을 하나 둘 수행하는 와중에 엘리사와 친구들이 근처의 호프집으로 가자고 했다. 엘리사의 친구들은 하나같이 같은 대학수업을 듣는 동급생들인데 하는 일이 다 제각각이었다. 따지고 보면 엘리사도 대학을 다니기엔 적은 나이가 아니다. 알고 보니 이미 그녀는 컴퓨터 쪽으로 학위를 가지고 있었는데 경영학을 공부하고 싶어 대학을 다시 다닌단다. 부모님으로부터 독립했으니 등록금을 충당하기 위해 오전에는 대학에서 수업을 듣고 오후에는 아르바이트를 하는 그녀. 그녀의 친구들도 매 한가지였다.

"경영학 공부는 쉬워?"

그들에게 묻자 동시에 손을 내저었다.

"아침부터 학교에 가기란 지옥 같은 일이지. 그렇지만, 난 정말 공부하고 싶어서 이 학교를 등록했어. 원래는 엘리사처럼 다른 길을 가고 있었는데 내가 진정으로 하고 싶은 일을 찾게 된 거지. 그 일을 하기 위해 지금 다시 대학을 다니는 거야. 오히려 재밌어."

삼삼오오 모여 있는 엘리사의 친구들은 하는 일도 다 다르고 나이도 다 달랐다. 단지 정말 필요해서, 정말 절실해서 대학을 다니는 그들이다 보니 학문에 대한 열정은 누구보다 뜨거워 보였다. 무엇보다 인상 깊었던 건 그들 모두가 하고자 하는 목표를 정확히 그려내고 있었다는 점이다.

전 세계 어디를 가도 의대나 법대는 들어가기 힘들다. 우리나라의 경우 수능점수도 가장 높게 반영한다. 까다로운 학문이 그 이유겠지만 아마 학생들

이 가져야 할 진로의 고민만큼은 미리 덜어줘서 그럴 수도 있겠다. 반면 일반적인 대학생들은 막연한 자신의 진로를 학부생활 동안 찾아내야 한다. 대부분 큰 회사에 취업하길 원하는데, 재미있는 건 그들이 가고자 하는 기업이나 직종을 향한 진실한 열망은 취업준비를 하는 과정에서 만들어내기 바쁘다는 점이다. 대한민국의 현실은 냉혹하다는 핑곗거리가 있으니 지난 3년 반 동안의 학부생활은 일단 묻어두기로 하자. 그런데 자기가 하고 싶은 일, 자기가 가고 싶은 직종을 벌써부터 그려내는 우루과이의 대학생들. 마냥 신기했고 샘이 날만큼 부럽기도 했다. 그들 모두가 자신을 좀 더 가치 있게 하기 위해 다니는 대학을 원했고 학위가 아닌 학업이 더 욕심나서 대학을 다니고 있었다. 당신이 만약 대학생이라면 조금 찔리지 않는가?

그리스 신화를 보면 프로쿠루테스의 침대가 등장한다. 프로쿠루테스는 악질적인 요괴인데 그는 행인들이 오다니는 길목에 숙소를 열어 손님들을 받았다고 한다. 그 숙소의 침대는 그 크기가 일정해서 키가 작은 사람은 침대에 맞게 관절을 늘려버리고 키가 큰 사람은 발목을 잘라 불구로 만들었다고 전해진다. 어쩌면 이 시대의 대학도 프로쿠루테스의 침대처럼 획일화된 결과물을 제시하기 위해 학생들을 침대에 억지로 끼워 맞추고 있지는 않을까. 그리고 이미 우리는 그 침대에 익숙해져 있는 게 아닐까. 독창성은 잘라내고 부족한 스펙은 관절을 늘려서라도 맞춰야 하니 말이다. 복사기에 똑같은 페이지를 찍어내듯 획일화된 인재들을 배출하는 우리시대의 대학. 그에 반해 자신이 진정 필요에 의해 학문을 수양하는 그들은 자신의 가치를 좀 더 아름답게 포장하는 코팅기계처럼 상반된 입장을 보여주는 것 같았다.

술자리는 오래 지속됐다. 원래 주말에는 해가 뜨기 직전까지 마시는 게 예의라니 아직 시간이 한참 남아있었다. 동창회를 방불케 하는 호프집의 야외 테라스는 어느덧 열댓 명의 친구들이 비틀거리며 합석했고 모두들 내게 질

문공세를 펼쳤다.

"야, 나는 한국인 생전 처음 봐. 진짜 물어볼 게 있어. 도대체 우루과이에 왜 온 거야?"

혀가 꽈배기처럼 꼬여버린 한 청년이 물었다. 옆에 있는 친구도 동조를 했다.

"도대체 왜 온 거야? 여긴 유명한 관광지가 아니잖아."

그는 그 말을 남기고 테이블로 머리가 고꾸라졌다.

하나 둘 정리가 되면 바네사는 술을 먹고 다시 와서 아마존이야기를 해 달라 하고 마르티나는 내일 태권도를 가르쳐달라고 졸랐다. 그런 그들마저도 결국엔 똑같은 이야기를 해 댔다. 도대체 우루과이에 왜 온 거냐며. 특히 동양사람이 이곳을 방문한 건 굉장히 이례적인 일이다 보니 아직도 신기하고 또 너무나 환영한단다. 술자리란 게 사실 거짓은 진실로, 진실은 거짓으로 탈바꿈하기 쉬운데 그들이 진실하게 나를 환영해주는 술자리가 그저 좋았다. 만약 내가 우루과이에서 이 친구들을 만나지 않았더라면 어땠을까?

철학자 스피노자는 이렇게 말했다. 내일 당장 지구가 멸망한다면 나는 한

그루의 사과나무를 심겠소. 그는 분명 사과나무를 어떠한 무언가에 빗대어 표현한 게 아니었을까? 사과나무는 분명 그 자신을 뜻할 수도 있겠다. 나무가 가진 존재의 목적은 열매를 맺기 위함이다. 그 나무를 누군가의 가슴속에 심어 놓는다면 언젠가 열매를 맺게 될 것이며 그 열매는 곧 결실이다. 나는 우루과이에서 꽤 다양한 사람들을 만나 그들 모두의 가슴속에 각기 다른 나무를 심었다. 비단 우루과이뿐만이 아니라 남미를 유랑하며 만난 사람들 모두에게 서로 다른 이미지의 나무를 심었다. 내가 잘못을 저지른 사람들에겐 손제영이란 나무는 결국 세월이 지나 썩은 열매를 맺을 것이고 나를 좋게 본 이들에겐 시간이 흐를수록 영글어진 열매가 열렸을지도 모르겠다. 내가 뿌린 것들이 언젠가는 고스란히 열매를 맺는 자연적인 이치. 그래서 삶은 인과응보라 하는 것 같다.

내일 만약 지구가 멸망한다면. 아니 현실적으로 내일 당장 내 여행이 끝난다면. 나는 한 그루의 사과나무를 심기 위해 또 다른 사람들을 만나보리라

마음먹었다. 열흘밖에 남지 않은 그 짧은 시간 동안 얼마나 많은 사람을 만나며 그 사람으로 여행을 할지는 나도 알 수 없었다. 그러나 한 가지 확실한 건 내가 심은 나무들이 결국 숲을 이룰 때 삶의 흔적이자 보람을 느끼게 될 날이 오지 않을까. 그래서 사람들은 인생에서 혹은 여행에서 결국 남는 건 사람이라고 말하는 것일 수 있겠다.

우루과이를 떠나기 전날, 나는 여행 중에 만난 친구들에게 심어놓은 사과나무의 물을 주려고 국제전화를 걸었다.

길을 간다는 것

로베르토 후아로스(Roberto Juarroz - 아르헨티나 시인) / 김은중 옮김

길을 간다는 것은 길에서 벗어나는 것이다
길에서 벗어난 길도 길이다.
목표에 이르러야 된다는 생각이 사유의 해독(害毒)이라면,
목표에 다다르지 않아도 좋다는 생각은
대지의 맥박에 화답한다.

길을 되돌리는 것 혹은
길 가는 사람을 되돌리는 것이
좋으리라,
늦지 않도록.

그러나 결국은 마찬가지이다.
길은
길이라기 보다는
장소이며,
모든 장소가 순간이듯,
길은 머무름의 순간이다.

마찬가지로,
모든 장소는 길이다,
잠깐씩
머물러 있음을 꿈꾸는 길이다.

브라질 두 번째 이야기
그리고 내 마지막 여행

　운이 좋아서 대학을 남들보다 조금 일찍 붙었다. 고3, 8월부터 노는데 전문가가 되려고 술집도 드나들었다. 동조한 친구들은 이미 대학을 포기한 친구들이나 졸업한 선배들이었으니 아무리 집안이 축제분위기였다고 한들 부모님은 인내심의 한계를 느끼셨다. 남들은 수능이 몇 달도 남지 않았다고 피터지게 공부하는데 아들이란 작자는 술이 떡이 된 채 들어오고 다음날 아버지께서 북엇국을 끓여주시는 기가 막힐 일들의 연속. 내 삶이 뭔가 문제가 있다고 느꼈을 때 나는 아버지께 처음으로 외국을 나가겠노라고 말씀드렸다.

　짧게나마 배낭여행을 준비했던 그 기간은 곧 여행이나 마찬가지였다. 피폐했던 내 삶이 조금씩 아름다워지면서 도서관을 찾아 책을 보는 재미에 폭 빠진 나는 스스로가 봐도 기특했다. 아는 만큼 보일 것이란 생각에 그 나라에 대한 서적도 찾아서 읽었고 막상 외국을 나가서 당황하지 않으려고 영어회화학원도 열심히 다녔다. 5일짜리 여행치곤 요란스러웠다. 그리고 꿈만 같던 첫 여행을 마친 뒤 한동안 여행에 도취한 채 살았고 대학에 와서도 해외에 보내주는 프로그램이 있으면 적극적으로 지원하곤 했다. 그 달콤함이 얼마나 값어치 있는지 알기 때문이다.

　나는 사람들에게 짧은 여행도 충분히 길어질 수 있다고 강조한다. 그대가 떠날 여행이 고작 3일짜리 여행일지언정 준비를 하는 3일간 여행을 미리 떠나는 것이며 다녀와서 설렘은 3일이 더 지속되니 사실상 열흘을 여행하는 것과 마찬가지라고 설명했었다. 이번에 떠난 나의 배낭여행도 그 준비기간이 6개월이 넘었으며 그 기간은 내게 꿈같던 시간들이었다. 그래도 언제나 마지막은 아쉬울 수밖에 없는 게 여행인 것 같다. 그렇게 길고 긴 시간들도 이제 종착역을 향해 달린다는 생각을 하면 가슴이 철컥 내려앉는 기분이 들곤

했으니 말이다. 돌아가면 이 시간들을 떠올리며 또 추억에 잠길 수 있을까?

많은 생각에 잠겨 도착한 내 여행의 마지막 목적지, 리우 데 자네이루가 눈앞에 펼쳐졌을 땐 설렘과 우울함, 불안과 걱정이 혼혈된 채 나를 맞아주고 있었다.

리우의 첫인상은 터프했다. 대도시치곤 칙칙했던 터미널 밖으론 흑인거지들이 길바닥에 앉은 채로 나를 주시했고 여기저기서 택시기사들이 달라붙었다.

"코파카바나! 70헤알(4만 9천 원)!"

가급적이면 택시를 타고 싶은 충동도 있었지만, 거지같은 가격을 맞이하는 순간 쏙 들어가 버렸다. 수소문 끝에 코파카바나로 향하는 버스에 올라타니 겨우 브라질 냄새가 감돌았다. 오랜만이라 반가운 브라질. 우루과이와는 달리 리우는 등에 땀이 촉촉이 젖어들 만큼 후덥지근했고 여인들의 노출도 관대했다. 여자들의 겨드랑이털도 콜롬비아에서 본 이후로 꽤 오래간만이었다(남미여자들은 노출에 관대하지만, 제모에는 신경을 쓰지 않는 이상한 버릇이 있다. 변태같이 자꾸 눈이 그리로 간다). 버스는 한 시간 가까이 달렸고 해가 지기 직전 아슬아슬하게 원하던 숙소 앞으로 정차했다. 5만 원이 굳었다는 생각에 기분 좋게 숙소로 들어갔는데 시설이 영 아니었다. 3층 침대의 꼭대기를 내줘놓고 2만 원이나 받다니! 기억할는지 모르겠지만, 브라질에서 강도는 따로 존재하는 게 아니다. 이곳 물가 자체가 강도나 다름없으니깐.

숙소에 있는 이틀 동안 내내 잠만 잤다. 일주일을 머물 계획이다 보니 여유도 있었고 어디로 이동할 에너지도 없었다. 솔직히 내 마지막 여행지인데 리우만큼 화려한 곳이라야 어울린다는 억지도 존재했다. 침대에 누워 비행기 티켓을 바라보다 이걸 찢어버릴지 말지도 고민하다 보면 점심시간이 다 되어갔고 산책 삼아 코파카바나 해변을 거닐다 보면 이내 해가 져 버렸으니 일과

가 참 못났다. 불과 며칠 전만 해도 남은 여행을 위해 한 번 더 분발하며 사람들을 많이 만나보려 했건만 아직까지 떨쳐버리지 못한 브라질리언 공포증은 완전하게 회복되지 못했나 보다. 정신을 차리고 리우에서 갈 만한 곳을 검색하는 도중에 SNS 채팅 창으로 반가운 메시지가 도착했다. SNS로 사람들에게 항상 좋은 말씀을 전하는 혜민스님처럼 내게 항상 좋은 메시지를 전하는 친구로부터다. 공교롭게도 그 친구의 이름마저 스님과 같았으니 기가 막힌 평행이론이 존재하는 것 같다. 대학동창인 친구는 내가 입학한 뒤부터 가장 오랜 시간 알고 지낸 사이인데 지금껏 만나온 누구보다 바쁜 청춘을 보내는 중이었다. 학업에 대한 열망은 우루과이의 청년들보다 몇 배는 될법한 그 친구는 오늘도 연구실에서 썩어간다며 아침부터 투정이 심했다. 불평을 잠깐 털어놓더니 언제나처럼 좋은 소식을 전해줬다.

"여행 갈려고."

"너 외국공포증 있잖아. 극복한 거야?"

“친구가 홍콩에 3박 4일간 배낭여행 간다는데 따라 갈까 봐. 답답해서 안 되겠어. 열심히 일했으니깐 어디론가 좀 떠나고 싶다.”

“3박 4일 너무 짧지 않아? 이왕 가는 거 일주일은 푹 눌렀다 오지그래.”

“야, 말이 쉽지 그게 얼마나 어려운데. 이것도 겨우 교수님 눈치 보면서 날짜 잡은 거야. 사실 아직 외국 나가는 게 두렵긴 한데…. 그래도 막상 나가려니깐 막 설렌다. 일주일이나 남았는데도 요샌 가이드북 보는 맛에 사는 것 같아.”

“잘 됐네….”

그 뒤로도 설렌다는 표현을 거칠게 해대는 친구는 벌써부터 떠날 생각에 일이 손에 잡히지도 않는다며 방방 뛰었다. 그리고 그렇게 좋아할수록 채팅창에 글자 하나하나를 치는 내 모습이 그렇게 미안할 수 없었다.

‘오늘이 마지막인 것처럼 하루를 살아라. 누군가에게는 그 하루가 처절하게 원했던 소중한 하루일 테니.’

자기계발서에 단골로 등장하는 글귀다. 공감은 되는데 실천하긴 어려운 게 저 글귀다. 사람들은 대충 보내는 하루의 소중함을 당연히 망각할 수밖에 없다. 아마도 그건 내 눈앞에 정말 하루를 더 살겠다고 몸부림치는 시한부 환자를 직접 마주할 일이 적어서 그럴 수도 있다. 충격이 덜하면 망각하기 쉬우니깐.

반대로 하루의 간절함을 직접 마주한 나는 그 충격이 온종일 지속됐다. 아마 장기적으로 배낭여행을 했던 이들은 누구나 느낄 수 있을 것이다. 컨디션을 핑계로, 정신적인 안정을 핑계로 허튼 시간을 보내는 일은 언제나 있는 일이어서 항상 합리화시키곤 했으니깐. 내가 잠으로 때운 하루가 누군가에게는 직장상사의 눈치를 봐가며 써야 하는 소중한 하루다. 그 별거 아닌 하루에 내 친구는 소중한 3박 4일을 얻은 것이라며 아이처럼 즐거워했다. 뭔가 크게 착각하고 살았던 것 같다. 길고 긴 여행이 마무리되어가니 최대한 몸을 사리며 안락을 취하려던 게으른 일주일이 누군가에겐 결코 가질 수 없는 긴 시간이란 것을….

다시 운동화 끈을 질끈 묶고 거리로 나섰다. 무엇을 얻기 위해서가 아니라 잠자는 시간에 무엇이라도 하기 위해서다. 그놈의 잠. 한국으로 돌아가는 비행기에서 24시간 동안 잘 텐데 지금 좀 안자면 어떠한가?

우리는 소중한 것을 모르는 것이 아닙니다. 그냥 그 소중한 것들이 변하지 않고 항상 존재할 것이라고 착각했기 때문에 잃어버렸을 때 너무도 가슴이 아픈 것입니다.

— 혜민스님의 트위터 중에서

통계로 살펴보는 리우 데 자네이루

수학은 지지리도 못했는데 통계만큼은 좋아했던 어느 고등학생이 있었다. 정확히는 수학적 분석이라기보다 사회적인 이슈를 통계로 분석해서 알기 쉽게 이해하고자 항상 노력하곤 했다. 고등학교 2학년 때 나의 문학선생님은 신문에 게재된 사회적 이슈를 논한 칼럼을 분석하고 그것에 관한 보고서를 내라는 숙제를 주셨다. 틀에 박힌 여느 고교선생님들과는 확연히 다른 진보적인 교육에 나는 심장이 벌렁벌렁 뛰었던 것을 아직도 기억한다.

2004년 그해는 사실 자극적인 뉴스들이 신문의 1면을 도배한 해였다. 황우석 교수의 줄기세포배양이란 역사적인 사건도 있는 반면 희대의 살인마 유영철이 출현했고 그로 인해 싸이코패스를 다루는 영화가 히트를 치게 된다. 이라크에서는 김선일 선교사가 피랍을 당했고 대통령은 탄핵을 당해 촛불시위가 전국 곳곳마다 일어나는 희한한 일들의 연속이었다. 그런 내게 가장 눈에 들어왔던 이슈는 성매매방지특별법의 개정안이다. 나는 국회에서

농성을 하던 화류계여성들의 처우와 그들의 미래에 대해 거침없는 입담으로 보고서를 써내려갔다.

"자, 여러분. 선생님이 숙제로 내준 거 반장이 일괄적으로 거두세요."

보고서를 한 움큼 손에 쥔 선생님은 몇 장을 훑어보더니 다시 말을 꺼냈다.

"이중 여러분이 자신이 왜 이 주제를 다뤘는지 자신 있게 설명해 볼 수 있는 사람 있나요?"

"제가 하겠습니다!"

"역시 우리 반장. 한번 발표해 보세요."

"성매매방지특별법에 대해 조사했습니다. 성매매방지특별법을 개정한다고 해서 변화에 한계가 있는 건 이미 사회 깊숙이 뿌리내린 그 규모가 너무 크다는 게 문제라 생각합니다. 손을 댈 수 없는 상황에 이르렀다고 보거든요. 네덜란드처럼 합법화하지 않거나 좀 더 타협적인 방향을 찾지 않는다면 더 큰 문제를 초래하리라 봅니다. 막무가내로 근절하기엔 그 규모가 너무 크니까요."

고교생이 문학 시간에 발표한 내용치곤 너무 자극적인 주제에 선생님은 적잖이 당황하셨다. 작대기를 턱에 괸 채 선생님은 계속 말해보라 하셨다.

"재미있는 사실은요, 제가 통계적으로 분석해 보니깐 놀랄만한 결과가 나왔다는 거죠. 우리나라 여성인구가 2,400만 명이라 가정해 봅시다. 그중 화류계에 종사가 가능한 10대 후반~30대 초의 여성의 인구비율은 400만 명 가까이 돼요. 그런데 화류계에 종사하는 여자들은 대략 50만 명이 넘어서죠. 비율로 따진다면 놀랄만한 결과가 나와요. 1/8, 약 12% 가까이가 창녀인 셈이죠. 지금 창밖에 버스를 기다리는 여자들을 보세요. 하나, 둘, 셋…. 여덟 번째 사람은 화류계종사자 일 수 있겠네요. 우리 학급의 40명 중 다섯 명은 미래에 화류계 종사자를 배우자로 둘 수도 있다는 말이 성립되죠. 그 규모가 이렇게 크다는 건 흥미롭지 않습니까? 다시 말해 이렇게 만연해 있

N & R
Tel: 2 85 70 80
TODOS LOS
OPERADORES
$ 100

는 성매매를 무작정 법으로 제한한다고 해서 결코 사라질 수 없다는 규모라는 겁니다. 언젠가 어떤 식으로든 존재할 테니까요. 이번 보고서에는 제가 생각한 대책들을 정리해 봤습니다."

"오…. 반~장~"

친구들의 탄성이 터져 나왔지만, 그날 나는 선생님으로부터 분필지우개가 날아오지 않은 걸 감사하게 생각해야 했다. 지금 생각해도 18살짜리가 조사한 것치곤 꽤나 독창적이라 생각하지만, 보수적인 대한민국의 교육과정은 호락호락하지 않았기 때문인 것이리라.

세월이 흘러도 여전히 근절되지 않은 우리나라의 성매매. 여러분들도 수치로 확인한 결과를 직접 보니 놀랍지 않은가? 나는 리우를 여행하기에 앞서 리우가 도대체 얼마나 위험한 곳인지 체감적으로 살펴보고자 리우에 관련된 사설과 인터넷 뉴스를 꽤 진지하게 정독했다. 세계 3대 미항이라는 아름다운 배경 뒤에 숨은 범죄자들의 천국, 리우. 통계로 분석해 보면 더욱 재미있는 결과가 무더기로 쏟아져 나오는 곳이다.

조금 걱정스럽다. 괜히 이런 이야기를 했다가 사람들이 '죽기 전에 꼭 가봐야 할 곳' 리우 데 자네이루를 '죽어도 못 가는 곳'으로 오해할까 봐 두려워진다. 그래도 리우는 범죄를 빼면 이야기가 안 되는 도시다.

리우의 암울한 키워드는 마약과 총기 그리고 살인이다. 젊은이들이 마약에 손을 대는 이유는 여러 가지가 있지만 일단 빈민층에 거주하는 이들이 가장 쉽게 수입을 얻을 수 있다는 것에서 비롯된다. 그런 검은돈은 부유층이 만질 수 없는 제한된 구역이기에 그러하다. 즉, 마약은 빈민가 젊은이들의 전유물이라고 해야겠다. 그리고 그 마약에서 파생된 문제들은 폭력범죄와 살인으로 직결되는 매개체가 된다.

브라질은 어린아이들도 총기를 소유하고 있는 곳으로 유명하고 이 또한 대

부분 빈민가에서 이루어진다. 파벨라라고 불리는 빈민가. 리우의 전체인구 중 1/5이 파벨라에 거주하고 있으며 브라질 전체적으로 10%에 가까운 이들이 빈민가에 거주한다. 총기는 대부분 빈민가에서 유통되는데 경찰이 가진 총기는 160만 정인 반면 민간인이 미등록한 채로 가지고 있는 총기는 1,500만 정이 넘는다. 가히 놀라운 수치다. 이 때문에 살인사고는 리우에선 흔한 일이다. 전 세계 평균치보다 훨씬 웃도는 사망자 수가 이를 말해준다. 브라질에선 10만 명당 사망자수가 평균 25명인데 리우에서는 10만 명당 300명으로 집계되며 매일 100명 가까이 사망해 한해 평균 4만 명이 불법총기로 사망하고 있다. 계산을 하면 14분 40초마다 한 명꼴로 총을 맞는 셈이다.

사태는 21세기에 접어들면서 호전되는 기미가 보이긴 하지만 통계청에 의한 지난 15년간의 자료를 분석하면 인구증가율보다 살인률이 웃도는 곳이 브라질이란다. 현재 인구가 2억인데 그 중 총기로 인한 젊은이의 사망자 특히, 남자들이 이토록 사망한다면 성비의 균형이 깨질 테고 수십 년 뒤 브라질은 인종의 씨가 말라버릴 수 있다는 이야기다.

심각하지 않은가? 도대체 빈민가, 즉 파벨라가 뭐기에 이토록 사람들이 두려워하고 또 문제가 될까? 마나우스에서 파벨라에 며칠간 살아본 나는 그 느낌을 알 것 같긴 하다. 미래가 보이지 않는 그곳은 당장 지구 상에서 사라진다 한들 그 누구도 관심을 가질 이유가 못 된다. 인간의 존엄성을 강조하는 가톨릭국가에서도 방치를 해 버린 파벨라. 리우는 파벨라가 가장 많은 곳 중 하나다.

리우는 그래도 사람들이 많이 찾는다. 아름다운 자연환경과 더불어 기이한 문화재가 많기에 언제나 인기가 좋은 곳이다. 상파울로보다 훨씬 더 관광지 냄새가 나는 이곳은 브라질에 들르는 사람들이 꼭 방문하는 곳이기에 여행자를 위한 시설도 나름 괜찮다. 특히 사람들이 리우를 아름답게 생각하는 것 중 하나가 리우시내 전체를 내려다보는 거대한 예수상 때문이 아닐까. 사진으로 봐왔던 거대한 예수상. 코르도바도 언덕 위에 위치한 700미터 규모의 거대 예수상은 리우의 상징이자 해결되지 못한 불가사의로 꼽힌다. 예수님이 양팔을 펼친 채 도시를 바라보며 품에 안는 리우. 사실 내가 머문 코파카바나 지역에서는 리우가 왜 위험한지도 왜 살벌한지도 결코 알 수가 없다. 그 예수상 덕분이다.

예수상을 보기 위해 꼭대기로 향하면 사람들은 예수님의 시선이 놓인 아름다운 미항을 바라보며 리우가 정말 아름다운 곳이라 극찬했고 신의 은총이 있는 이곳이 마냥 평화로울 것이라는 착각에 빠지곤 했다. 그들은 중요한 걸 놓쳤다. 리우는 신이 지켜주는 땅과 신이 버린 땅으로 구분해야 한다는 것이다. 예수상이 등지고 있는 도시로는 코파카나바 지구보다 불빛의 밝기가 확연히 줄어드는데 그곳이 바로 리우의 빈민가다.

　인구의 대다수가 가톨릭을 믿는 신도들이어서 그들에겐 예수의 방향이 남다를 수도 있겠다. 돈이 많은 사람들은 예수님이 품어 안는 코파카바나 지구를 원했을 테고 거기서 나름대로 번성했을 것이다. 그리고 그들 모두가 신이 지켜주기에 안전한 땅이라 여겼을 것이다. 신이 지켜주는 땅만큼이나 그 규모가 방대한 곳, 신이 버린 땅을 잊어버린 채 말이다. 신은 정말 그들을 버린 것일까.

　쉽게 생각하면 해결책은 없지 않아 보인다. 경찰병력을 강화하고 범죄자들과의 전쟁을 한바탕 치른다면 언제든지 소탕이 가능할 것이라고 생각하기 쉽다. 삼청교육대가 존재했던 우리나라의 과거를 떠올리는 이들이라면 더욱이. 하지만 브라질에선 특히 리우에선 큰 문제가 하나 더 있다. 바로 경찰의 부패다. 리우의 실화를 바탕으로 그려낸 영화에선 서두에 이렇게 설명한다.

　실제로 리우에는 경찰이 마약딜러들의 뒤를 봐주는 실태가 비일비재하며 그들을 동조한다. 정직한 경찰은 딜러들과 싸우기도 하지만 그들은 매해 1,000명 가까이 파벨라에서 피살당한다. 문제는 결국 제도적인 취약함에서

기인하는 것이다. 월급으로 200달러를 받는 경찰들은 치솟는 물가를 감당하기 위해 마약상들과 모종의 거래를 할 수밖에 없고 브라질 정부는 교도소에 투입하는 비용을 최소한으로 아낀단다. 브라질과 인구가 비슷한 미국과 비교했을 때 교도소에 수감되는 범죄자의 비율은 1/3도 되지 않으며 50만 명이 넘는 범죄자의 구속영장이 처리되지 않는 실정이다. 수년 전 리우로 이종격투기 유학을 다녀온 학교선배는 이렇게 말했다.

"리우는 내가 가본 도시 중 제일 살벌한 도시였지. 범죄자가 과잉되는 바람에 교도소가 감당을 못한 거야. 결국 범죄자들을 대상으로 일괄적인 휴가를 내주고 말았거든. 돌아오는 사람은 다시 수감시키고 아닌 사람은 다시 사회로 나가게 돼. 또다시 범죄와의 전쟁이 시작되는 악순환의 연속인 거지."

정녕 리우는 희망이 보이질 않는 컴컴한 터널에서 빠져나올 수는 없을까? 이 암흑기를 이겨낼 방법은 결코 존재하지 않는 것일까?

사람들은 언제나 희망을 갈구하고 또 그 희망을 위해 삶을 살아간다. 삶에 있어서 '희망'이라는 단어가 차지하는 비중은 절대적이니깐. 그리고 그 희망은 브라질 국민들이 이미 가지고 있을 것이다. 그들은 생활 속에서 언제나 '에스페란사(Esperanza)'라는 말을 외쳤다. '내가 희망하는 일들이 언젠가는 실현될 거야.'라는 뜻의 에스페란사. 그들은 그렇게 치열하게 살면서도 결코 희망의 끈을 버리는 법이 없다.

세상엔 통계적인 수치로 가늠하기 어려운 일들이 있다. 가령 우리나라가 2002월드컵을 통해 그토록 천문학적인 브랜드가치와 국가수익을 올릴 줄 누가 알았을까? 경제적인 수입을 떠나 국가와 시민의식을 좀 더 희망적으로 끌어올린 단 한 번의 월드컵은 역대 월드컵개최국의 통계를 아무리 분석해도 나오질 않을 만큼 기형적인 일이다.

브라질은 2014년에 월드컵을 개최하고 리우는 2016년에 올림픽을 개최한다. 성공적인 개최를 위해 정부는 부단히 움직일 것이며 두 번의 국가적인

행사로 언젠가 리우가 탈바꿈하리란 걸 브라질사람들 모두가 희망적으로 알고 있을지도 모르겠다. 신은 리우를 한번 버렸지만 두 번의 기회를 부여하려고 한다. 그리고 그 신의 품에서 사는 리우의 주민들은 언젠가 자신들이 희망하는 세상이 실현되리라고 굳게 믿고 있을 것이다.

에스페란사, 브라질...!

처음부터 우리에게 지도 따윈 없었다

출국을 앞두고 마지막으로 아름다운 코파카바나 해변을 다시 찾았다. 차가운 밤바다에 괜히 발도 담가보고 백사장에 앉아 대서양을 바라보며 바다 건너 있을 나의 조국을 그렸다. 백사장 위로 아이들이 맨발로 발자국을 찍었고 파도가 쓸려오자 모든 흔적을 다시 지웠다. 소중했던 나의 추억들이 언젠가 아이의 발자국처럼 흔적도 없이 사라져 버리진 않을까 두려웠다.

고작 25년밖에 살지 않았지만, 그 사이에 이렇게 큰 인생의 이벤트를 가질 수 있었다는 건 굉장한 기회임을 누구보다 잘 알고 있었다. 그리고 돌아가서 그 꿈을 먹고 또 견뎌내야 한다는 것도 잘 알고 있었다. 어차피 언제까지 여행할 수는 없으니깐…. 아쉬움은 세찬 파도와 같이 흘려보내고 지나간 추억들은 바닷바람과 함께 들이마시며 리우의 마지막 밤을 보냈다.

배낭을 정리하면서 이제는 쓸모가 없어질 가이드북을 고스란히 호스텔의 책꽂이에 놓아두었다. 누군가에게 더 유용하게 쓰일 가이드북을 굳이 한국으로 가지고 갈 마음도 없었다. 어차피 한국으로 돌아간다면 가이드북이나 지도 따윈 필요가 없을 테니깐.

나는 한국으로 돌아가는 길이 괜시리 설레였다. 한국으로 귀국하는 게 아니라 한국으로 여행을 하는 기분이 들었다고 할까. 여행하듯이 여유롭게 살지는 못할지언정 한국에서 하는 모든 일들도 여행의 연속이라고 믿어 의심치 않았다. 그리고 앞으로의 삶에 있어서 가이드북이나 지도가 존재하질 않는다는 걸 알고 있었다.

인생을 하나의 여행이라고 한다면 혹은 저승에서 머물던 나의 영혼이 이승으로 잠시 여행을 온 것이라 가정한다면 삶은 더 스펙타클하다. 지도 없이 여행하면 어떤 일이 발생할까? 급한 대로 현지인을 찾아서 정보를 구할 것이며 그 고마움을 보답하고자 베푸는 방법을 찾게 될 것이다. 또한, 이곳에 처음 온 여행자가 방황한다면 먼저 다가가 정보를 알려주고 그에게 지도역할을 해 줄 수도 있겠다. 그래서 우리에겐 인생의 선배인 부모님과 선생님이란 존재가 항상 삶의 방향을 가르쳐주는 지도역할을 해왔었다. 이제는 오롯이 스스로가 감당해야 될 몫임을 우리는 이미 알고 있다.

여행은 곧 인생의 함축적인 이야기다. 남미여행은 끝났지만, 또 다른 여행이 이제 내 눈앞에 펼쳐진다. 언제나 그랬듯 여행을 앞두곤 설레며 또 긴장

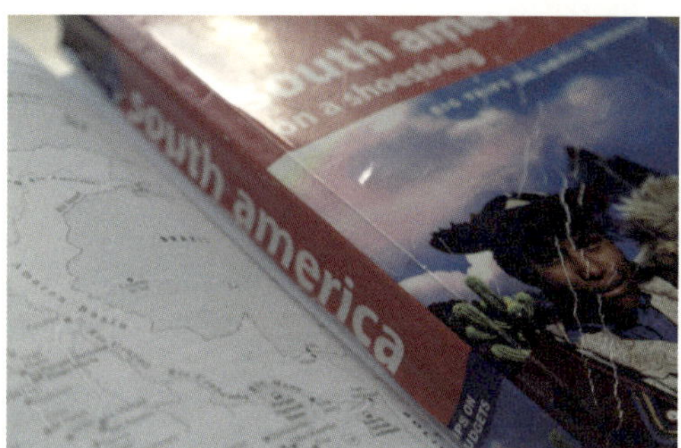

이 된다. 내가 태어난 곳 그리고 내가 살아가야 할 곳으로 회귀한다면 나는 사람들에게 여행을 간절히 권해보고 싶었다. 물고기가 태어난 곳으로 회귀하는 이유도 산란을 하기 위함이니 말이다. 내가 한 마리 물고기라 한다면 파도에 쓸려가는 발자국이 아쉬워 어떻게든 여행의 흔적을 주위사람들에게 남기고 싶었으니까. 그런 나를 두고 사람들은 시큰둥한 반응을 보일지도 모르겠다. 남미 여행은 꽤 오랜 시간을 투자해야 할 텐데 그 시간을 누구에게 보상받냐고 묻는다면 난 할 말이 없다. 당신이 대학생이라면 여행을 마치고 강의실로 돌아왔을 때 가장 나이가 많을 테고, 당신이 직장인이라면 동료들이 결혼과 승진을 하는 동안 한 걸음 물러서서 바라보게 될 것이다. 하지만, 이미 우리는 한 청년의 여행이야기를 통해서 때론 돌아서 갈 수밖에 없는 길이 삶의 재미란 걸 알고 있으며 자신에게 더 감사한 일임을 알고 있다. 그 용기와 설렘을 가슴속 깊이 묻어두고 있을 그대에게 이 책을 바친다.

 이 시간 이후로 남미를 꿈꾸는 이들이 점점 더 많아졌으면 좋겠다.

Epilogue

학교에서 선생님들은 신학기가 되면 꼭 이렇게 말씀하셨다.

"공부를 잘하려면 예습 보다 복습이 중요하다."

여행은 공부와는 상극이니깐 계획을 세울 때는 그 반대다.

고로 "여행을 잘하려면 복습 보다 예습이 중요하다."

어떤 이들은 여행지에서 만나는 낯선 분위기를 즐기길 권하고

어떤 이들은 길을 잃어버릴 때 만나는 기막힌 우연이

여행이 가지는 진정한 묘미이며 가치라 말했다.

그들의 말에 전적으로 동의하지만 그래도 당신이 여행이 꿈꾼다면

나는 최대한 많이 그 나라에 대해서 알아보길 권해본다.

여행은 완전히 낯설고 새로운 것들을 만나며 알아가는 과정이다.

그럼에도 불구하고 여행은 과거지향적이다.

잃어버린 '나'의 발견과 내가 놓친 것들을 다시금 느끼는 과정들.

사람들은 내가 여행을 떠나기 전엔 왜 여행을 가냐고 물었고

여행을 마치고 돌아왔을 땐 무엇을 가졌는가를 열심히 물었다.

여행 후 내가 얻은 것들은 어차피 무형의 자산이니 물음표로 해 두자.

원래 여행은 느낌표 보다 물음표가 더 어울린다.

그렇다면 여행을 왜 떠났냐는 질문에 아주 성실하게 답해보자면?

"모르겠다."

여행을 하는 이유는 시점과 상관없이 시시각각으로 변하기 때문에 알 수가 없다.

여행을 떠나기 전의 이유와 여행을 하는 도중의 이유

그리고 여행이 그리워질 때의 이유는 모두 다르다.

그래도 흥미로운 공통분모가 존재해서 참 다행이다.

생각하면 행복해지는 게 바로 여행이다.

젊음은
춤 물고기도
추게 한다

흐르는 강물을 거꾸로 거슬러 오르는 연어들의
도무지 알 수 없는 그들만의 신비한 이유처럼
그 언제서 부터인가 걸어 걸어 걸어 오는 이 길
앞으로 얼마나 더 많이 가야만 하는지

여러 갈래 길 중 만약에 이 길이 내가 걸어가고 있는
돌아서 갈 수밖에 없는 꼬부라진 길 일지라도
딱딱 해지는 발바닥 걸어 걸어 걸어 가다보면
저 넓은 꽃밭에 누워서 난 쉴 수 있겠지

그래도 나에겐 너무나도 많은 축복이란 걸 알아
수없이 많은 걸어 가야할 내 앞길이 있지 않나
그래 다시 가다보면 걸어 걸어 걸어 가다보면
어느 날 그 모든 일들을 감사해 하겠지

- 강산에 <거꾸로 강을 거슬러 오르는 저 힘찬 연어들처럼> 中 -

Caracas
GUYANA
SURINAME
FR. GUIANA
COLOMBIA
Iquitos
PERU
POLICE NATIONALE
HAITI FAAA
13 AOUT 1993
POLYNESIE FRANCAISE
M 006
BRAZIL
GREAT BRITAIN
POSTAGE PAID
GB PB523089
Lima
Cusco
BOURNEMOUTH
13.05.09
DORSET
BOLIVIA
Sucre
de Janeiro
São Paulo
PARAGUAY
Asunción
CHILE
Visa
Entradas
KINGDOM OF BAHRAIN
ENTRY   42
2 7 AUG 2008
WELCOME TO
BUSINESS
friendly
BAHRAIN
ARGENTINA
URUGUAY
Montevideo
AIR MAIL
Santiago
Buenos Aires
Andes
Patagonia
CAYMAN ISLANDS IMMIGRATION
Permitted to Enter/Remain in and
Cayman Islands until 29/10/96
Unauthorized Employment Prohibited
IMMIGRATION OFFICE
48
OCT. 1 2 1996
ENTRY
CAYMAN ISLANDS
Ushaia
DEC